Unity 2D 游戏开发

[美] 杰瑞德·哈尔彭(Jared Halpern) 著
郭华丰 陶有旺 译

清华大学出版社
北 京

北京市版权局著作权合同登记号　图字：01-2019-6104

Developing 2D Games with Unity: Independent Game Programming with C#

Jared Halpern

EISBN：978-1-4842-3771-7

图书在版编目(CIP)数据

Unity 2D 游戏开发 / (美)杰瑞德•哈尔彭(Jared Halpern) 著；郭华丰，陶有旺 译. —北京：清华大学出版社，2020.5（2025.3 重印）

书名原文：Developing 2D Games with Unity: Independent Game Programming with C#

ISBN 978-7-302-55052-5

Ⅰ. ①U… Ⅱ. ①杰… ②郭… ③陶… Ⅲ. ①游戏程序—程序设计 Ⅳ. ①TP311.6

中国版本图书馆 CIP 数据核字(2020)第 042978 号

责任编辑： 王　军

装帧设计： 孔祥峰

责任校对： 牛艳敏

责任印制： 杨　艳

出版发行： 清华大学出版社

网　　址：https://www.tup.com.cn，https://www.wqxuetang.com

地　　址：北京清华大学学研大厦 A 座　　邮　　编：100084

社 总 机：010-83470000　　邮　　购：010-62786544

投稿与读者服务：010-62776969，c-service@tup.tsinghua.edu.cn

质 量 反 馈：010-62772015，zhiliang@tup.tsinghua.edu.cn

印 装 者： 小森印刷霸州有限公司

经　　销： 全国新华书店

开　　本： 170mm×240mm　　**印　　张：** 17　　**字　　数：** 362 千字

版　　次： 2020 年 6 月第 1 版　　**印　　次：** 2025 年 3 月第 9 次印刷

定　　价： 79.80 元

产品编号：084276-01

作者简介

Jared Halpern 是一名拥有计算机科学背景和超过 12 年各种技术工作经验的软件开发人员。最近他专注于 Apple 和 Unity。多年来，Jared 已经开发了许多 iPhone 应用程序，包括游戏、增强现实(AR)、摄影、电子商务、视频和 GIF 应用程序。他的兴趣包括 Swift、Unity、AR、游戏开发，以及使用这些技术开发的创造性应用程序。他对游戏开发充满热情，希望将游戏作为一种交互媒介用于讲故事，以及提供其他媒介无法提供的体验。他目前喜欢做一名自由软件开发人员。

技术审校者简介

Jason Whitehorn是一位经验丰富的企业家和软件开发人员。他通过野外数据采集和机器学习帮助许多石油和天然气公司实现自动化并增强其油田解决方案。Jason从阿肯色州立大学获得了计算机科学学士学位，但他对软件开发的热情可以追溯到很多年前，他还在上中学的时候就开始在自己家里的计算机上自学了BASIC。

当他不在指导和帮助团队工作、写作或从事许多业余项目时，Jason喜欢与他的妻子和四个孩子共度时光。他们生活在俄克拉荷马州的塔尔萨地区。

致　谢

最重要的是，我要感谢妻子 Drew，在过去的一年里，当我晚上和周末写作这本书时，她给了我无限的支持、爱、建议、耐心、零食和鼓励。没有你，我不可能完成本书。

我要感谢 Apress 出版社给了我写作这本书的机会。与编辑 Aaron Black 和 Jessica Vakili 合作的经历从始至终都是一种真正的乐趣。他们的专业性、洞察力和帮助对每一个环节的影响都不容小觑。这本书受益于技术审校者 Jason Whitehorn 和开发编辑 James Markham 对细节的指导和关注。感谢来自 Apress 社交团队的 Liz Arcury，感谢你提供的帮助。

我亏欠我的父母太多，他们一直支持我对技术和写作的兴趣，我的姐姐 Sam 的职业道德激励着我，我的兄弟 Zach 总是支持我。

我还要感谢我的朋友和家人，特别是 Derina、Justin Man、Brian Wesnofske、George Peralta、Nelson Pereira、Jolene、Maris Schwartz、Melissa Gordon、Constantinos Sevdinoglou、Ben Buckley 和 Gene Goykhman，感谢他们的积极和热情支持。

前　　言

我的视频游戏历史是从公共图书馆开始的，当时我发现了一系列类似于讲解如何用 BASIC 编写自己的电脑游戏的书籍。通过将书中的代码复制到编辑器中，我能够制作基本的冒险游戏。在大学里，我使用 C++和 Direct-X 制作了一个带有星际迷航主题的宝石迷阵复制品。作为一名 iOS 开发人员，我最终使用 Apple 的 SceneKit 和 SpriteKit 框架开发了一款虚拟宠物游戏。当我发现 Unity 游戏引擎时，我一直试图做的一切都集中在一起了。Unity 允许我拖放精灵表(spritesheet)，单击按钮，然后继续开发，而不是花半周时间编写解析和切片精灵的代码。我终于可以专注于制作游戏，而不是花大部分时间编写代码。

没有 Unity 或任何游戏引擎，也有可能创造出伟大的视频游戏，但那样的话需要花费很长的时间。你将花费时间和精力去解决那些本不需要解决的问题。一款游戏可能需要几年时间才能完成开发，而在开发游戏的这几年里，生活也在继续，所以实际上很可能，你永远完不成这个游戏。从经验上讲，在使用 Unity 之前，我很少完成任何一个由我启动的游戏项目。

Teddy Roosevelt曾在他的自传中引用过一句话：“在你所处的位置，用你所有的资源，做你力所能及的事。”我赞同这种观点，也相信单靠努力并不总能帮助你实现目标。人生的成功往往与杠杆作用有关：无论你身在何处，利用你拥有的任何资源，以获得最大的影响力。充分利用时间的诀窍是找到乘数：那些能让你产生原本就能产生杠杆效应的东西。Unity就是这样一种乘数。Unity允许你利用任何时间——晚上、周末、30 分钟的午休时间，并最大限度地利用这段时间制作游戏。通过使用Unity来充分利用时间，你更有可能真正完成游戏。

当我开始写作本书时，我想写一本我第一次学习 Unity 时就想阅读的书。希望我能成功。在本书接下来的内容中，你将学习在 Unity 中创建自己的视频游戏所需的基本技能，并且你可能在未来的游戏历史中留下自己的印记。让我们开始吧！

关于本书

本书目标读者

本书是为有兴趣使用 Unity 制作视频游戏的程序员编写的，不建议初学编程的读者阅读。

本书使用的编程语言是 C#。虽然本书不是 C#教程，但 C#语言在语法上与许多其他流行的编程语言类似。如果你已经熟悉 Java 等语言，那么 C#语法对你而言是很自然的。在本书中，构建游戏时使用的代码示例中将包含 C#相关的一些解释。

我们在开发什么游戏

贯穿全书，我们介绍了如何在 Unity 中构建一款 2D RPG 风格的游戏。该游戏采用的是 20 世纪 90 年代的 RPG 游戏风格，但这些概念也可以用于创建其他类型的游戏。

你可以随意修改代码、拆解游戏、更改内容以及调整一些数值。如果你破坏了某些内容并且不知道如何修复，请参阅 Apress GitHub 账户中的源代码。在阅读本书的过程中，请记住，以不同方式解释某些内容会很有帮助。确保你理解其中的运行机理，不要满足于一知半解，否则就是对自己不负责任。

学习本书需要什么

本书对硬件的要求不高，你只需要使用最近几年生产的 PC 或 MacBook 即可。运行 Unity 2018 软件的要求仅为 Windows 7 SP1+、8 或 10，只支持 64 位版本；也可以是 macOS 10.11+。我们将使用 Unity 软件的个人版，该版本是免费的。

艺术资源来源

本书中的敌人精灵是使用 Robert Norenberg 开发的神奇的“程序化精灵生成工具”创建的。

本书的示例游戏中使用的字体称为丝网印刷(Silkscreen)。丝网印刷由 Jason Kotke 创建。

心形和硬币精灵由用户 ArMM1998 创建，并遵循 CC0 公共域许可。

地图瓦片图稿由作者 Jared Halpern 创建，玩家精灵也是作者从头开始创作的。地图瓦片图稿和玩家精灵都遵循 CC0 公共域许可。

目　　录

第 1 章

游戏与游戏引擎

在本章中，我们将介绍游戏引擎是什么，以及使用游戏引擎的理由，还将讨论几个具有历史意义的游戏引擎，并介绍 Unity 的高级功能。如果你想直接制作游戏，那么现在可以随意浏览或跳过本章，稍后需要时再回过头来重读本章。

1.1 游戏引擎——它们是什么

游戏引擎是软件开发工具，旨在降低视频游戏开发所需的成本、复杂性，以及缩短上市时间。这些软件工具在开发视频游戏的最常见任务之上创建了一个抽象层。抽象层是被打包在一起，作为互操作组件而设计的工具，这些组件可以直接被替换或使用其他第三方组件进行扩展。

游戏引擎通过减少制作游戏所需的知识深度来提供巨大的效率优势。它们可以是最少功能的预构建版本，也可以是全功能的，允许游戏开发人员完全专注于编写游戏代码。对于那些只想专注于打造最佳游戏的独立开发者或团队而言，使用游戏引擎相比从零开始具有令人难以置信的优势。在本书中构建示例游戏时，你不需要从头开始构建复杂的数学库，也不需要弄清楚如何在屏幕上渲染像素，因为创建 Unity 游戏引擎的开发人员已经为你完成了这些工作。

精心设计的现代游戏引擎可以很好地在内部划分功能。游戏玩法代码由描述玩家和道具的代码组成，与解压缩 MP3 文件并将它们加载到内存中的代码分开。游戏代码将调用定义良好的引擎 API 接口来请求“在此位置绘制此精灵”之类的任务。

精心设计的游戏引擎的基于组件的体系结构支持可扩展性，因为开发团队不会被限制在一组预定的引擎功能集内。如果游戏引擎源代码不是开源的，或者许可证的价格过高，则这种可扩展性尤为重要。Unity 游戏引擎特意设计成允许使用第三方插件。Unity 甚至提供了包含插件的 Asset Store(资源商店)，其可以通过 Unity 编辑器访问。

许多游戏引擎也允许跨平台编译，这意味着你的游戏代码不受限于单个平台。游戏引擎不预先假定底层计算机体系结构，而是让开发人员指定他们正在使用的平台，由此实现跨平台。如果你要为游戏主机、桌面电脑和移动设备发布游戏，游戏引擎允许你只操作几个开关，就可将构建配置设置为该平台。

不过对于跨平台编译，有一些需要注意的事项。虽然跨平台编译是一项了不起的功能，并且证明了游戏技术的发展程度，但请记住，如果你要为多个平台构建游戏，则需要提供不同的图像大小，并允许代码读取控制器，以接受不同类型的外围设备，如键盘。你可能需要在屏幕上调整游戏布局以及许多其他任务。将游戏从一个平台移植到另一个平台实际上可能需要做很多工作，但你可能不必触及游戏引擎本身。

一些游戏引擎完全面向可视化操作，它们允许无须编写任何代码而创建游戏。Unity能够自定义用户界面，这些界面可以配置为供开发团队的其他非编程人员(如关卡设计师、动画师、艺术总监和游戏设计师)使用。

有许多不同类型的游戏引擎，并且没有任何规则规定了哪些功能必须是游戏引擎所具备的。最流行的游戏引擎包含以下部分或全部功能：

- 图形渲染引擎，支持 2D 或 3D 图形
- 支持碰撞检测的物理引擎
- 音频引擎，用于加载和播放声音及音乐文件
- 脚本系统，以实现游戏逻辑
- 定义游戏世界内容和属性的世界对象模型
- 动画处理，加载动画帧并播放它们
- 允许多人、可下载内容和排行榜的网络代码
- 多线程，允许游戏逻辑同时执行
- 内存管理，因为没有计算机能有无限的内存
- 用于寻路和创建计算机对手的人工智能

如果你尚未认可使用游戏引擎的意义，请考虑以下类比：假设你想建造房子。首先，这座房子将拥有混凝土地基、漂亮的木地板、坚固的墙壁和经过风化处理的木屋顶。有两种方法可以建造这座房子。

1.1.1　建造房子的第一种方法

用手铲挖掘地面，直到你挖得足够深，才能打地基。可通过在 2640 华氏度(1449 摄氏度)的窑中加热石灰石和黏土来制造混凝土，研磨并混合一点石膏。取出你制作的粉状混凝土，将它与水、碎石或细砂混合，铺好地基。

在打地基的同时，你需要钢筋来加固混凝土。收集制造钢筋所需的铁矿石，并在高炉中冶炼以制造钢锭。将这些锭料熔化并热轧成坚固的钢筋，用于混凝土地基。

在那之后，是建造房子的墙壁、框架结构。拿起斧头，开始砍伐树木。砍伐几百根

原木就足以供应原材料，但接下来你需要将每根原木切割成木材。当你完成后，不要忘记对木材进行处理，使其能够防风、防水，不会腐烂或被昆虫蛀蚀。建造你将要在地面上放置的托梁和大梁，你已经筋疲力尽了吗？我们才刚开始！

1.1.2　建造房子的第二种方法

购买袋装预拌混凝土、钢筋、打磨处理过的木材、十几箱纸带镀锌钉以及气动钉枪。混合并浇灌混凝土打地基，铺设预制钢筋，让混凝土凝固，然后用经过处理的木材建造地板。

1.1.3　关于第一种方法

建造房屋的第一种方法，只是创建开始建造房屋所需的材料就需要大量的知识。这种方法要求你了解所需原材料的精确比例，以及制造混凝土和钢材的技术。你需要知道如何砍伐树木而不会让自己被倒下来的树木压死，你还需要知道处理木材所需的适当化学物质，你要花费很大的力气将原木切割成数百根均匀的梁。即使你拥有以这种方式建造房屋所需的知识，也仍然需要花费数千小时的时间。

第一种方法类似于坐下来不使用游戏引擎编写视频游戏。你必须从头开始：编写数学库、图形渲染代码、碰撞检测算法、网络代码、资产加载库，以及音频播放器代码，等等。即使从一开始你就知道如何做所有的这些事情，编写游戏引擎代码并进行调试仍然需要很长时间。如果你不熟悉线性代数、渲染技术，以及如何优化剔除算法，你应该明白可能需要数年时间才能拥有足够堪用的游戏引擎，才能开始编写游戏相关的代码。

1.1.4　关于第二种方法

建造房屋的第二种方法假设你不是从零开始，不需要你知道如何操作高炉，砍倒数百根原木，或切割和打磨它们来制造木材。第二种方法允许你完全专注于建造房屋，而不是制作建造房屋所需的材料。如果你仔细选择材料并知道如何使用它们，你的房屋将建造得更快、成本更低，并且质量可能更高。

第二种方法类似于坐下来使用预先构建的游戏引擎来编写视频游戏。游戏开发者能够专注于游戏的内容，不需要知道如何进行复杂的计算以确定两个物体是否在空中飞行时相互碰撞，因为游戏引擎会自动完成这些任务；无须构建资产加载系统、编写低级代码来读取用户输入、解压缩声音文件或解析动画文件格式；无须构建所有视频游戏都通用的功能，因为游戏引擎开发人员已经花费数千小时编写、测试、调试和优化了代码，以完成这些工作。

1.1.5 结论

游戏引擎给独立开发者或开发下一个热门游戏的大型工作室团队带来的好处，再怎么夸大都不为过。一些开发人员想要编写自己的游戏引擎作为编程练习，以了解游戏引擎背后的所有工作原理，他们将学到很多东西。

1.2 历史上的游戏引擎

从历史上看，游戏引擎有时与游戏本身密切相关。1987 年，Ron Gilbert 在 Chip Morningstar 的帮助下，在 Lucasfilm Games 工作期间为 Maniac Mansion 游戏创建了引擎 SCUMM 或 Script Creation Utility。SCUMM 是为特定类型的游戏定制的游戏引擎的一个很棒的例子。SCUMM 中的 MM 代表 Maniac Mansion，这是一款广受好评的冒险游戏，也是第一款使用点击式界面的游戏，Gilbert 也发明了这种界面。

SCUMM 游戏引擎负责将由人类可读的标记化单词组成的脚本(如 walk character to door)转换为字节码程序，以供游戏引擎解释器读取。解释器负责在屏幕上控制游戏的角色，并呈现声音和图形。编写游戏玩法脚本而非编码游戏的功能，促进了快速原型制作，并允许团队从早期阶段开始构建并专注于游戏玩法。虽然 SCUMM 引擎是专门为 Maniac Mansion 开发的(见图 1-1)，但它也被用于其他热门游戏，如 Full Throttle、The Secret Monkey Island、Indiana Jones 和 Last Crusade : The Graphic Adventure，等等。

图 1-1　来自 Lucasfilm Games 的 Maniac Mansion 使用了 SCUMM 游戏引擎

与 Unity 这样的现代游戏引擎相比，SCUMM 引擎缺乏极大的灵活性，因为它是针对点击式游戏定制的。然而，与 Unity 一样，SCUMM 引擎允许游戏开发人员专注于游戏玩法，而不是不断地为每个游戏重写图形和声音代码，从而节省了大量的时间和精力。

有时，游戏引擎会对整个行业产生巨大影响。1991 年，一家名为 id Software 的公司引发了业界的巨大转变，当时 21 岁的 John Carmack 为一款名为 Wolfenstein 3D 的游戏构建了一款 3D 游戏引擎。直到那时，3D 图形通常仅限于慢速移动飞行模拟游戏或具有简单多边形的游戏，因为当时可用的计算机硬件太慢而无法计算并显示快节奏 3D 动作游戏所需的表面数量。通过使用称为光线跟踪的图形技术，Carmack 能够解决当时的硬件限制。这允许通过仅计算和显示玩家可见的表面而不是玩家周围的整个区域来快速显示 3D 环境。

这种独特的方法让 Carmack、John Romero、设计师 Tom Hall 和艺术家 Adrian Carmack 创造了一款反暴力的、快节奏的游戏，内容是消灭纳粹分子，而正是这些纳粹分子催生了第一人称射击游戏(FPS)类型的视频游戏。Wolfenstein 3D 引擎已由 id Software 授权给其他几个游戏。到目前为止，他们已经制作了七款游戏引擎，这些游戏引擎已被用于颇具影响力的游戏，如 Quake III Arena、Doom Reboot 和 Wolfenstein II: The New Colossus。

如今，有经验的游戏开发人员可以使用强大的游戏引擎(如 Unity)在几天内大致完成一个 3D FPS 游戏原型的构建。

1.3　今天的游戏引擎

Bethesda Game Studios(贝塞斯达游戏工作室)和 Blizzard Entertainment(暴雪娱乐)等现代 AAA 游戏开发工作室通常拥有自己的内部专有游戏引擎。Bethesda 的内部游戏引擎被称为 Creation Engine，用于创建 The Elder Scrolls V: Skyrim 以及 Fallout 4 等游戏。Blizzard 拥有自己的专有游戏引擎，用于制作《魔兽世界》和《守望者》等游戏。

专有的内部游戏引擎可能最初是针对特定游戏项目而构建的。在项目发布之后，游戏引擎经常会在游戏工作室的下一个游戏中因重复使用而获得新的生命。游戏引擎可能需要升级才能保持最新状态并利用最新技术，但不需要从头开始构建。

如果游戏开发公司没有内部引擎，则其通常使用开源引擎或许可第三方引擎，如 Unity。如今，在不使用游戏引擎的情况下创建重要的 3D 游戏将是一项非常艰巨的任务，无论是在财务上还是在技术上。实际上，拥有内部游戏引擎的游戏工作室需要单独的编程团队，专门构建引擎功能并对其进行优化。

既然说了所有这些，为什么 AAA 工作室不选择使用 Unity 这样的游戏引擎，而是选择建立自己的内部引擎？Bethesda 和 Blizzard 等公司拥有大量预先存在的代码、财务资源以及大量有才华的程序员。对于某些类型的项目，他们希望完全控制他们的游戏和游戏引擎的各个方面。

与典型的小型游戏工作室相比，Bethesda尽管拥有所有这些优势，但却仍然使用Unity开发移动游戏Fallout Shelter；而Blizzard则用Unity开发了一款小型跨平台收藏卡片游戏《炉石传说》。时间等于金钱，像Unity这样的游戏引擎可用于快速创建游戏原型、构建和迭代功能。如果你的计划是将游戏发布到多个平台，则时间显得尤为重要。

将内部引擎移植到 iOS 和 Android 等特定平台可能非常耗时。如果一个项目不需要像开发《守望先锋》等游戏时那样对游戏引擎进行相同级别的控制，那么不用多考虑，可直接使用 Unity 这样的跨平台兼容的游戏引擎！

1.4 Unity 游戏引擎

Unity 是一款非常受欢迎的游戏引擎，与目前市场上的其他游戏引擎相比，它具有很多优势。Unity 提供了具有拖放功能的可视化工作流程，并支持使用非常流行的编程语言 C#编写脚本。Unity 长期以来一直支持 3D 和 2D 图形，并且每个版本的工具集都变得越来越先进和友好。

Unity 拥有多种许可证，对于收入不高于 10 万美元的项目是免费的。Unity 为 27 种不同的平台提供跨平台支持，并充分利用了特定于系统架构的图形 API，包括 Direct3D、OpenGL、Vulkan 和 Metal。Unity 团队提供了基于云的项目协作和持续集成。

自 2005 年首次亮相以来，Unity 已经被用于开发数以千计的桌面电脑、移动和主机游戏和应用程序。多年以来，使用 Unity 开发的一些知名游戏包括 Thomas Was Alone (2010 年)、Temple Run (2011 年)、The Room (2012 年)、RimWorld (2013 年)、Hearthstone (2014 年)、Kerbal Space Program (2015 年)、Pokemon GO (2016 年)和 Cuphead (2017 年)，如图 1-2 所示。

图 1-2　由 StudioMDHR 开发的 Cuphead 使用了 Unity 游戏引擎

对于想要自定义工作流程的游戏开发人员，Unity 提供了扩展默认可视化编辑器的功能。这种极其强大的机制允许创建自定义工具、编辑器和检查器。想象一下，为游戏设计师创建一个可视化工具，可以轻松调整游戏内对象的值，如角色类的生命值、技能树、攻击范围或物品掉落，而无须折腾代码就能修改值或使用外部数据库。通过 Unity

提供的编辑器扩展功能，这一切都变得可行和简单。

Unity 的另一个优势是 Asset Store。Asset Store 是一个在线商店，艺术家、开发人员和内容创建者可以上传要买卖的内容。Asset Store 包含数以千计的免费和付费编辑器扩展、模型、脚本、纹理、着色器等，团队可以使用它们来加快开发速度和改善最终产品。

1.5　本章小结

在本章中，我们学习了使用预制游戏引擎(而不是编写自己的游戏引擎)的许多优点。我们谈到了昔日的几个有趣的游戏引擎以及它们对整个游戏开发的影响。我们还概述了 Unity 提供的具体优势，并提到了一些使用 Unity 引擎开发的知名游戏。也许有一天，有人会提到你的游戏是使用 Unity 制作的知名游戏之一！

第 2 章

Unity 简介

本章介绍 Unity 编辑器的安装、配置、窗口浏览、工具集的使用以及项目结构。并不是所有这些内容都立即与你的日常工作密切相关，你可能需要在将来多次回来参考本章，所以不要试图一开始就把所有内容都记住。

2.1 安装 Unity

首先，前往 https://store.unity.com 下载 Unity。因为我们只是在学习使用 Unity，所以下载免费的 Personal(个人)版即可。

对于本书的目的而言，个人版和 Plus(加强)版的主要区别在于：个人版会在启动画面上显示 Made with Unity，而 Plus 版则允许你创建自定义的启动画面。Plus、Pro(专业)和 Enterprise(企业)版的价格逐步提高，但提供了一些有吸引力的好处，比如更好地分析和控制数据、多人游戏功能、使用 Unity Cloud(云)服务进行测试构建，甚至可以访问源代码。

你应该记住，版本的选择由收入决定。如果你的游戏公司年收入低于 10 万美元，就有资格免费使用 Unity 个人版。如果你的公司年收入低于 20 万美元，就需要使用 Unity Plus 版。最后，如果你的公司年收入超过 20 万美元，就必须使用 Unity Pro 版。

安装 Unity 时，Unity Download Assistant(下载助手)会提示你选择要安装 Unity 编辑器的哪些组件。确保选择了以下组件：Unity 2018(或最新版本)、Documentation、Standard Assets 和 Example Project。在本书中，我们将构建示例游戏，它们可在你的电脑桌面(PC、Mac 或 Linux)上独立运行。如果你愿意，还可以选中 WebGL、iOS 或 Android Build Support 复选框来安装这些组件，以便为这些平台构建项目。

2.2 Unity 配置

安装完 Unity 后首次运行时，系统会提示你登录(见图 2-1)。创建和注册账户并不是真正必要的，除非你想要利用一些更高级的特性，比如 Cloud Builds(云构建)和 Ads(广告)，但是创建和注册账户并没有什么坏处。使用 Unity Asset Store(资产商店)中的任何东西时，都需要有一个账户。

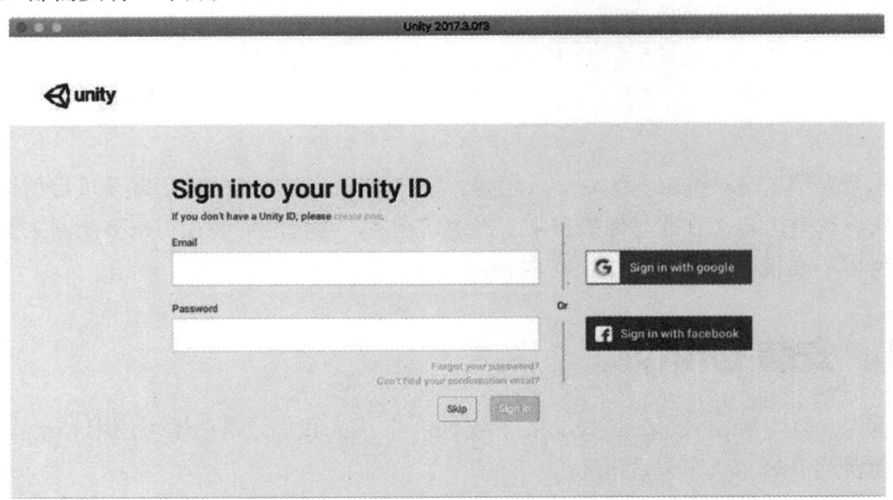

图 2-1　Unity 登录界面

让我们来看看 Unity 的 Projects 和 Learn 界面(见图 2-2)，有几点要说明一下。在左上角，你会注意到两个选项卡——Projects 和 Learn。

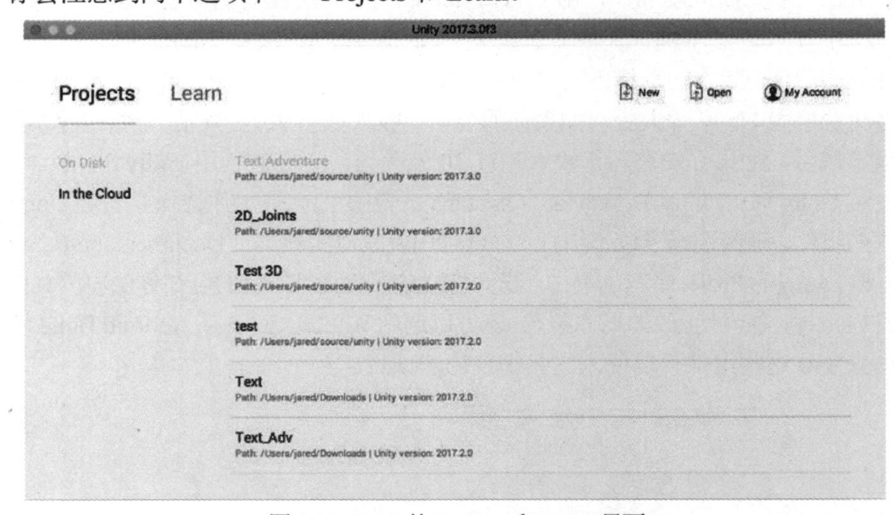

图 2-2　Unity 的 Projects 和 Learn 界面

选择 Projects，浏览以下选项。

选择 On Disk 后会显示最近六个项目的历史记录，可选择这些项目将它们快速打开。

选择 In the Cloud 后，显示的是使用基于云的协作项目，我们不讨论这块内容。Unity 团队有一个被称为 Unity Collaborate 的特性，它允许团队成员更新项目中的文件并将这些文件的更改发布到云中。然后，其他团队成员可以查看这些更改，并决定是将更改同步到本地项目，还是忽略它们。如果你曾经使用过 Git，就会觉得 Unity Collaborate 与 Git 非常相似，但是 Git 有一点学习难度，而 Unity Collaborate 被有意设计得非常直观和易于使用。

现在选择 Learn 选项卡。在 Learn 选项卡中，可以花几周时间轻松地浏览所有教程、示例项目、资源和链接。不要害怕打开那些看起来远远超出你已知范围的示例项目。随意探索、调整事物和破坏事物，这就是学习的方式。如果你破坏了某些内容且无法修复，可以随时关闭并重新加载示例项目。

好了，下面开始创建项目。

在 Projects 和 Learn 界面的右上角选择 New。你将会看到一个界面，如图 2-3 所示，其中包含一些设置新项目的配置选项。

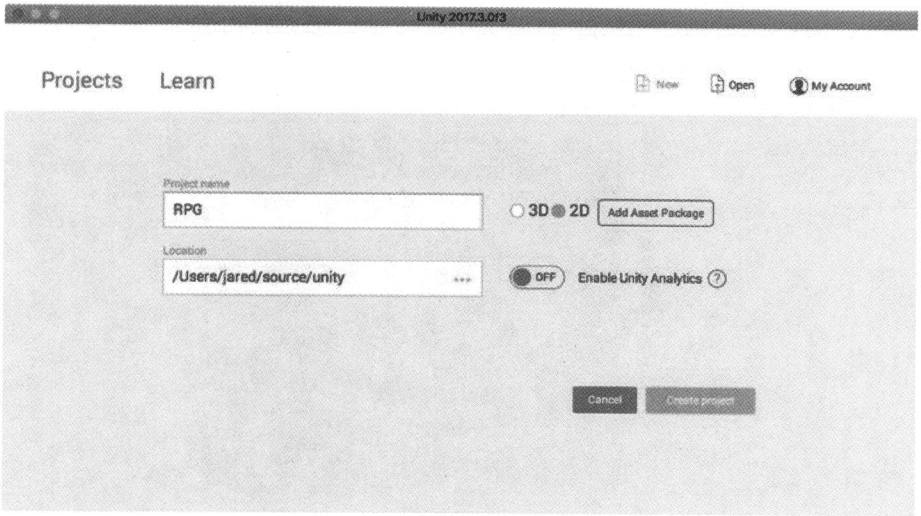

图 2-3　创建项目

新 Unity 项目的默认名称是 New Unity Project。如图 2-3 所示，将 Project name 改为 RPG 或 Greatest RPG Ever。选中 2D 单选按钮，将项目配置为始终显示 2D 视图。

注意 Location 文本框中的文件路径，那是 Unity 保存项目的地方。笔者喜欢把电脑上的源代码放在 source 父文件夹里，把 Unity 代码放在 unity 子文件夹里，你可以按照自己的意愿组织目录结构。如果你已经登录，就会看到一个可打开 Unity Analytics 的切换开关。

单击 Create project 按钮，用这些设置新建一个项目，并在 Unity 编辑器中打开它。

2.3 脚本编辑器：Visual Studio

从 Unity 2018.1 开始，Visual Studio 是开发 C#脚本的默认脚本编辑器。之前 Unity 内置的脚本编辑器是 MonoDevelop，但从 Unity 2018.1 开始，Unity 在 macOS 上与 Visual Studio for Mac 而不是 MonoDevelop 一起发布。在 Windows 上，Unity 与 Visual Studio 2017 Community 一起发布，不再与 MonoDevelop 一起发布。

2.4 浏览 Unity 界面

横跨 Unity 编辑器顶部的是 Tool Bar(工具栏)，它由 Transform Toolset(变换工具集)、Tool Handle Controls(操作工具控制按钮)、Play(播放)、Pause(暂停)、Step(步进)、Cloud Collaboration Selector(云协作选择器)、Services Button(服务按钮)、Account Selector(账号选择器)、Layers Selector(层选择器)和 Layout Selector(布局选择器)组成。我们会在适当的时候把这些都讲一遍。

Unity 界面(见图 2-4)由多个视图组成，下面我们将查看这些视图。

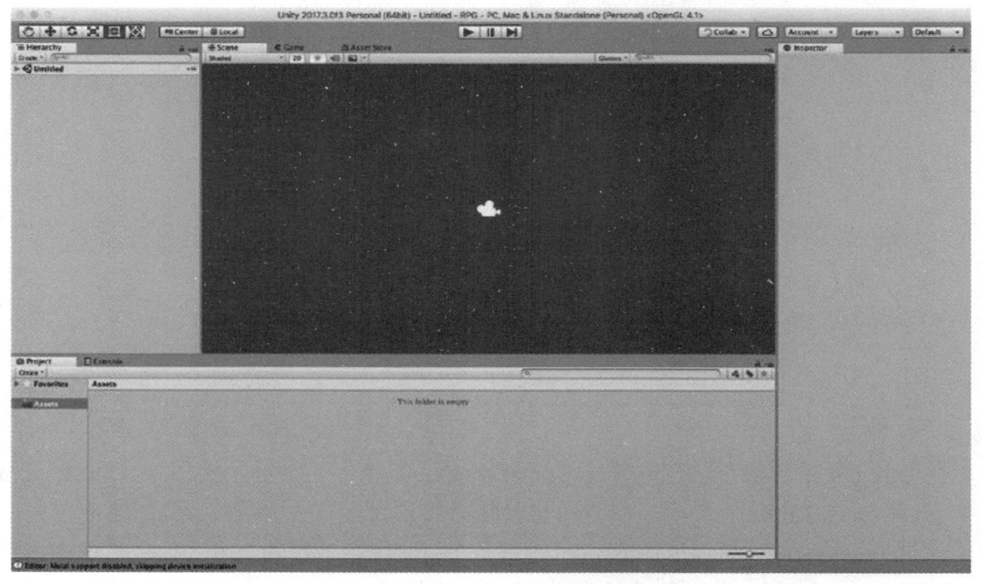

图 2-4　Unity 编辑器

2.5　了解不同的视图

让我们浏览一下在默认编辑器布局(Default Editor Layout)中显示的各种视图。除了我们下面讨论的视图之外，还有许多其他视图可用，本书后面会介绍其中一部分视图。

Scene 视图

Scene(场景)可以认为是 Unity 项目的基础，所以当你在使用 Unity 编辑器工作时，大部分时间都会打开 Scene 视图。游戏中发生的一切都发生在场景中。Scene 视图是我们构建游戏并使用精灵和碰撞器完成大部分工作的地方。场景包含 GameObject，它们包含与场景相关的所有功能。在第 3 章会更详细地介绍 GameObject，但现在只需要知道 Unity 场景中的每个对象都是 GameObject。

Game 视图

Game 视图从当前活动相机的视角渲染游戏。Game 视图也是在 Unity 编辑器中进行操作时查看和播放实际游戏的地方。也有在 Unity 编辑器之外(如独立应用程序、在 Web 浏览器中或移动电话)构建和运行游戏的方法，稍后将介绍其中的一些平台。

Asset Store

当选择 Unity 创建游戏时，Asset Store 是一个很吸引人的因素。如第 1 章所述，Asset Store 是一个在线商店，设计师、开发人员和内容创建者可以在这里上传要买卖的内容。Unity 编辑器有一个内置选项卡，可以方便地连接 Asset Store，但是你也可以通过 https://assetstore.unity.com 网站访问 Asset Store。可以将 Asset Store 放到布局中，也可以隐藏它并且只在需要时打开它。

Hierarchy 面板

Hierarchy 面板以层次结构格式列出当前场景中的所有对象。Hierarchy 面板还允许通过左上角的 Create 下拉菜单创建新的 GameObject。搜索框允许开发者通过名字搜索特定的 GameObject。在 Unity 中，GameObject 可以在“父-子”关系中包含其他 GameObject。Hierarchy 面板将以一种有助于理解的嵌套格式显示这些关系。图 2-5 描绘了一个示例场景中的 Hierarchy 面板。

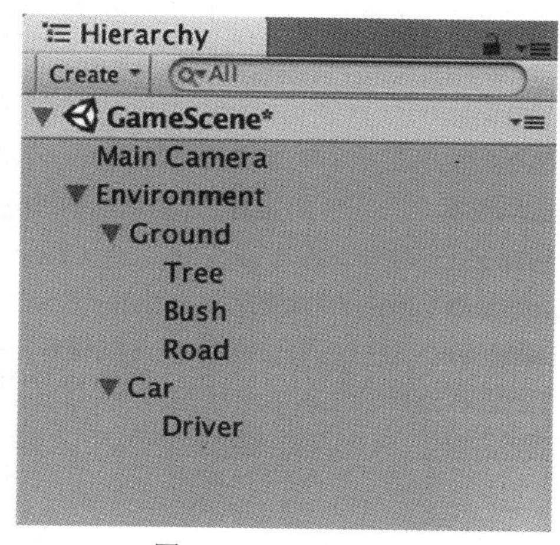

图 2-5　Hierarchy 面板

下面简要解释一下 Hierarchy 面板中

“父-子”关系的含义。图 2-5 中的示例场景名为 GameScene，它包含一个名为 Environment 的 GameObject。Environment 是多个 GameObject 的父对象，其中包含一个名为 Ground 的对象。Ground 相对于 Environment 而言是子对象。然而，Ground 又包含自己的几个子对象：Tree、Bush 和 Road。Ground 相对于这些子对象而言是父对象。

Project 视图

Project 视图提供 Assets 文件夹中所有内容的概况。在 Project 视图中创建文件夹有助于组织项目资源，比如音频文件、材质、模型、纹理、场景和脚本等资源。在项目的整个生命周期中，你将花费大量时间拖动和重新排列文件夹中的资源，并选择这些资源以在 Inspector 面板中查看它们。在本书中，我们将展示一种推荐使用的项目文件夹结构，但你应该可以自由地以一种合乎逻辑且符合自己喜好的方式重新排列它们。

Console 视图

Console 视图会显示 Unity 应用程序的错误、警告和其他输出。一些 C#脚本函数可用于在运行时将信息输出到 Console 视图，以帮助调试。稍后讨论调试时，我们会讲述这些内容。你可以通过 Console 视图右上角的三个按钮打开和关闭各种形式的输出。

提示 有时你会在 Unity 的每帧更新的方法中收到错误消息，这些错误消息会很快塞满 Console 视图。这种情况下，单击 Collapse 开关以将所有相同的错误消息折叠成一条消息是很有帮助的。

Inspector 面板

Inspector 面板是 Unity 编辑器中最有用、最重要的窗口，你一定要熟悉它。Unity 中的场景由 GameObject 组成，GameObject 由 Script(脚本)、Mesh(网格)、Collider(碰撞器)等组件(Component)以及其他元素组成。你可以选择一个 GameObject 并使用 Inspector 窗口查看和编辑它的附加组件及其各自属性。还有一些技术可以在 GameObject 上创建自己的属性，并可以对其进行修改。我们将在后面的章节中更详细地介绍这一点。你还可以使用 Inspector 窗口查看和更改 Prefab(预制件)、Camera(相机)、Material(材质)和 Asset(资源)上的属性。如果 Asset(如音频文件)被选中，则 Inspector 窗口会显示文件加载方式、导入的大小和压缩比等详细信息。Material Maps(材质贴图)之类的 Asset 则允许你查看 Rendering Mode(渲染模式)和 Shader。

提示 请注意，可以通过快捷方式访问许多常用的窗口：Control(PC)或 Cmd / ⌘ (Mac) +数字键。例如，在 Mac 上，⌘+1 和⌘+2 分别用于在 Scene 视图和 Game 视图之间进行切换。这是一种可以节省一些时间的好方法，可避免使用鼠标切换常见的窗口。

2.6　配置和自定义布局

通过按住窗口左上角的选项卡并拖动，可以重新排列每个窗口。Unity 允许用户通过拖动窗口，将它们锁定在合适的位置并根据喜好调整大小，然后保存布局来创建自定义编辑器布局。

要保存布局，有两个选择。

- 转到菜单选项：Window | Layouts | Save Layout。出现提示时，对自定义布局命名，然后单击 Save 按钮。
- 单击 Unity 编辑器右上角的布局选择器(见图 2-6)。最初显示的是 Default。然后选择 Save Layout，对自定义布局命名，然后单击 Save 按钮。

以后可以从同一菜单 Window | Layouts 加载任何布局，或使用布局选择器。如果要重置布局，可从 Layout 选择器中选择 Default。

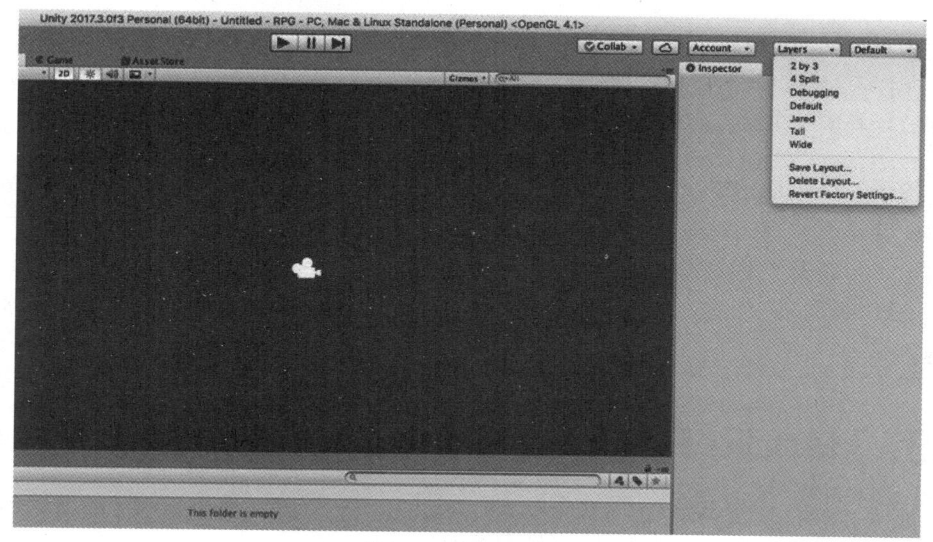

图 2-6　布局选择器

2.7　Transform Toolset

接下来，我们将介绍组成 Tool Bar 的不同按钮和开关。目前，Tool Bar 上需要注意的三个事物是：Transform Toolset(变换工具集)、Tool Handle Controls(操作柄位置控制)以及 Play、Pause 和 Step 控制按钮。Tool Bar 上还有其他控制按钮，我们将在使用它们时再讲解。

Transform Toolset(见图 2-7)允许用户在场景中移动和操作 GameObject。

图 2-7　Transform Toolset

图 2-7 中的六个工具从左往右依次是：

- 手形工具：使用手形工具可以在屏幕上单击并拖动鼠标以平移视图。请注意，当手形工具被选中时，你将无法选中任何对象。
- 移动工具：选中移动工具并在 Hierarchy 窗口或 Scene 视图中选择一个 GameObject，就可以在屏幕上移动该对象。
- 旋转工具：旋转工具能旋转选定的对象。
- 缩放工具：缩放工具能放大或缩小选定的对象。
- Rect 工具：Rect 工具允许使用显示在选定对象上的 2D 操作柄移动和调整对象的大小。
- 移动、旋转或缩放选中对象：最后这个工具是移动、旋转和缩放工具的组合。

在任何时候，都可以通过按住 Option(Mac)或 Alt(PC)键暂时切换到 Hand 工具(仅在 2D 项目中)并移动 Scene 视图。

提示　Transform Toolset 中的六个控制按钮已分别映射到以下六个快捷键：Q、W、E、R、T 和 Y。使用这些快捷键可在工具之间快速切换。

当使用移动工具(快捷键为 W)时，一个有用的技巧是按住 Control(PC)或 Cmd / ⌘ (Mac)键，使 GameObject 移动特定增量。可在 Edit | Snap Settings 菜单中调整快照增量设置。

2.8 Handle Position Controls

如图 2-8 所示，在变换工具集(Transform Toolset)的右侧可以找到操作柄位置控制按钮。

图 2-8　操作柄位置控制按钮

操作柄是对象上的 GUI 控制按钮，用于在场景中操纵对象。使用操作柄位置控制按钮可以调整选定对象的操作柄位置及朝向。

第一个开关按钮(见图 2-8)允许设置操作柄的位置。

- Pivot：这会将操作柄放置在选定对象的轴心点上。
- Center：这会将操作柄放置在选定对象的中心。

第二个开关按钮允许你设置操作柄的朝向。请注意，如果选择了缩放工具，朝向按钮将变灰，因为朝向与缩放无关。

- Local：当被选中时，变换工具集的功能将相对于 GameObject 起作用。
- Global：当被选中时，变换工具集的功能将相对于世界坐标系方向起作用。

提示　Sprite 的轴心点是可以更改的，在 Project 窗口中选中 Sprite，然后在 Inspector 窗口中将 Sprite Mode 改为 Multiple，接着单击 Sprite Editor 按钮。单击 Sprite Editor 窗口中的 Slice 按钮，从 Pivot 下拉菜单中选择一个轴心点。

2.9　Play、Pause 和 Step 控制按钮

Unity 编辑器有两种模式：播放模式(Play Mode)和编辑模式(Edit Mode)。当按下 Play 按钮时，如果没有出现阻止游戏构建的错误，Unity 编辑器将进入播放模式并切换到 Game 视图(见图 2-9)。进入播放模式的快捷键是 Control(PC)或 Cmd / ⌘ (Mac) + P。

图 2-9　Play、Pause 和 Step 控制按钮

当处于播放模式时，如果要检查正在运行的场景中的 GameObject，可以通过选择 Scene 视图顶部的选项卡切换回 Scene 视图。如果需要调试场景，这将很有帮助。在播放模式下，还可以随时按下 Pause 按钮以暂停正在运行的场景。在 PC 上暂停场景的快捷键是 Control +Shift + P，在 Mac 上是 Cmd / ⌘ (Mac) + Shift + P。

Step 按钮允许 Unity 前进一帧，然后再次暂停。这同样对调试很有帮助。单帧前进在 PC 上的快捷键是 Control + Alt + P，在 Mac 上是 Cmd /⌘(Mac) +Option + P。

在播放模式下再次按下 Play 按钮会停止播放场景，将 Unity 编辑器切换回编辑模式，并切换回 Scene 视图。

在播放模式下工作时要记住的一件重要的事情是，一旦编辑器切换回编辑模式，那么对对象所做的任何更改都不会保存或反映在场景中。当场景运行时，很容易忘记这一点，做一些修改和调整，直到它们完美为止，但当你停止播放时，这些修改就会丢失。

提示　为了让你在播放模式下的表现更加明显，配置 Unity 首选项以在进入播放模式时自动切换编辑器的背景色将非常有用。为此，请转到如图 2-10 所示的界面：选择 Unity | Preferences 菜单。从左侧的选项中选择 Colors，并查找右侧标题为 General 的区域。选择喜欢的背景色，然后退出。现在按下 Play 按钮以查看结果，Unity 编辑器的背景色正是你选定的颜色。

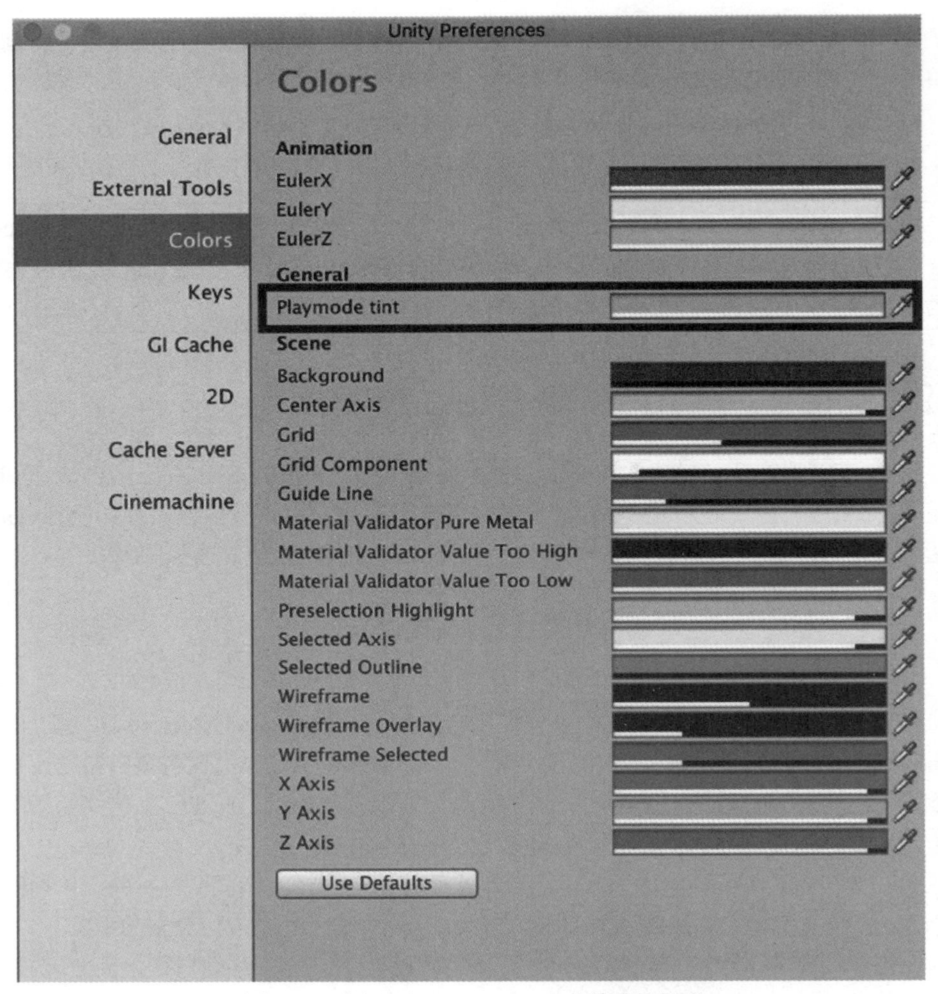

图 2-10　选择 Unity | Preferences 菜单后的界面

2.10　Unity 项目结构

你需要知道的两个主要的 Unity 项目文件夹是 Assets/文件夹和 ProjectSettings/文件夹。如果你正在使用任何形式的源代码版本控制系统，那么这两个文件夹应该检入。

Assets/文件夹是所有游戏资源(包括脚本、图像、声音文件等)的存放位置。

顾名思义，ProjectSettings/文件夹包含与物理、音频、网络、标签、时间、网格等相关的所有类型事项的设置。在 Edit | Project Settings 菜单中设置的所有内容都存储在这个文件夹中。

Unity 项目结构中还有其他文件夹和文件，但它们都是基于 Assets/或 ProjectSettings/

文件夹中的内容生成的。Library/文件夹是导入资源的本地缓存，Temp/用于存放构建过程中生成的临时文件。以.csproj 扩展名结尾的文件是 C#项目文件，以.sln 结尾的文件是用于 Visual Studio IDE 的解决方案文件。

2.11　Unity 文档

Unity有完善的文档，Unity网站(https://docs.unity3d.com/)上提供的文档涵盖了脚本API以及Unity编辑器的用法。Unity在学习门户(https://unity3d.com/learn)中还有许多视频教程，视频内容适合所有级别的开发人员体验。Unity论坛(https://forum.unity.com/)是讨论Unity话题的地方，Unity Answers(https://answers.unity.com)是发布问题以及从社区的Unity开发人员那里获得帮助的良好来源。

2.12　本章小结

在本章中，我们介绍了许多与未来作为 Unity 游戏开发者相关的内容，介绍了 Unity 编辑器中最常用的窗口和视图，如 Scene 视图(可在其中构建游戏)和 Game 视图(可在其中查看正在运行的游戏)。我们讨论了 Hierarchy 面板如何展现当前场景中所有 GameObject 的概况，如何在 Inspector 窗口中编辑这些 GameObject 的属性，以及如何通过 Transform Toolset 和操作柄位置控制按钮操作它们。在此过程中，我们讨论了如何更改这些窗口和视图的布局，并保存布局供将来使用。你了解到 Console 视图会显示错误消息，以及可以在游戏出现问题时用于调试。最后，我们介绍了大量的 Unity 文档、视频教程、论坛和问答资源。

第 3 章

Unity 基础

既然我们已经熟悉了 Unity 编辑器，是时候开始制作游戏了。本章将带你了解如何构造对象并编写组成游戏的代码。我们将讨论 Unity 里使用的软件设计模式、一些更高层次的计算机科学思想以及它们与游戏制作的关系，还将学习如何控制屏幕上的玩家和播放玩家动画。

3.1 Game Object：容器实体

Unity 制作的游戏由场景组成，场景中的所有东西都被称为 GameObject。在探究 Unity 的过程中，你将会遇到脚本、碰撞器和其他类型的元素，它们都是 GameObject。将 GameObject 视为由许多单独实现的功能组成的容器，将有助于我们理解它。正如我们在第 2 章所讨论的，GameObject 还可以在父-子关系中包含其他 GameObject。

接下来我们要创造第一个 GameObject，然后讨论为什么 Unity 使用 GameObject 作为构建游戏的基本要素。

在Hierarchy面板中，打开左上角的Create下拉菜单(见图 3-1)，并且选择 Create Empty。这会在 Hierarchy 面板中创建一个新的 GameObject。

创建 GameObject 有几种不同的方法，也可以右击 Hierarchy 面板，或者在顶部的菜单中选择 GameObject | Create Empty。

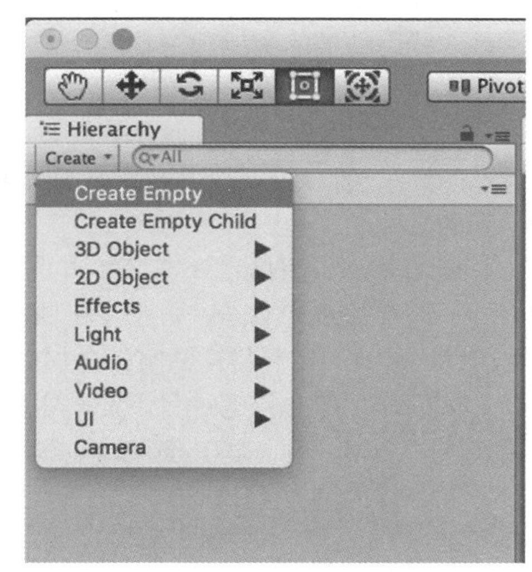

图 3-1　在 Hierarchy 面板中新建 GameObject 的一种方法

右击那个新的 GameObject 并且选择 Rename，重命名为 PlayerObject。PlayerObject 将包含 RPG 中英勇的玩家的所有相关逻辑。

创建第二个 GameObject，并命名为 EnemyObject。EnemyObject 将包含玩家必须击败的敌人的所有相关逻辑。

在学习如何在 Unity 中创建游戏的过程中，你还将学习要成为综合能力更好的程序员所必须理解的计算机科学思想，以及这些思想如何让游戏开发人员的工作变得更轻松。

3.2 Entity-Component Design

计算机科学中有一个被称为“关注点分离”的概念。关注点分离是一种设计原则，它描述了如何根据软件具备的功能将软件划分为模块。每一个模块只负责单一的功能关注点，模块应该完整地把功能关注点封装进内部。当具体实现时，关注点可以是一个比较宽泛和说明性的概念——关注点可以宽泛到负责在屏幕上呈现图形，也可以具体到空间中的一个三角形与另一个三角形重叠时的计算。

在软件设计中，分离关注点的主要动机之一是减少开发人员编写重复或重叠功能时造成的浪费。比如，你有一份用来把图片渲染到屏幕的代码，你应该只需要编写这份代码一次。一款电子游戏将会有几十甚至几百种需要把图形图像渲染到屏幕上的情况，但是开发者只需要编写那份代码一次，然后就可以在任何地方重复使用它们。

Unity 基于关注点分离的理念，在游戏编程中有一种非常流行的设计模式，叫作实体-组件设计(Entity-Component Design)，实体-组件设计倾向于“组合优于继承”，也就是说，对象或“实体”应该通过包含封装特定功能的类的实例来支持代码重用。实体通过这些组件类的实例获得功能。当使用恰当的时候，组合可以产生更少的代码，从而更容易理解和维护。

这与常见的对象从父类继承功能的设计方法不同。使用继承的缺点是：这会造成深且宽的继承树，当在父类中修改一点小东西时，修改的效果会向下传递，产生意想不到的影响。

在 Unity 的实体-组件设计中，实体是 GameObject，组件是 Component。Unity 场景中的一切都被视为 GameObject，但是 GameObject 自身不做任何事情，所有功能都在组件中实现，然后将这些组件添加到 GameObject 中，赋予它们我们想要的行为。向实体添加功能和行为时只需要向实体添加组件。组件本身可以看作独特的模块，只关注一件事，并且与其他关注点和代码解耦。

参考表 3-1，以便更好地理解我们如何在假想的游戏环境中使用实体-组件设计。

表 3-1　实体-组件设计参考表

	Graphics Renderer (图形渲染)	Collision Detection (碰撞检测)	Physics Integration (物理效果)	Audio Player (音频功能)
玩家(Player)	×	×	×	×
敌人(Enemy)	×	×	×	×
枪(武器)	×	×	×	
树(Tree)	×	×		
村民(Villager)	×	×		×

正如你所看到的，玩家和敌人将需要所有四种组件功能，枪(武器)将需要大部分功能，尤其是扔出去的时候要使用的物理效果，但是没有音频功能。树不需要物理效果和音频功能，只需要图形渲染，以及确保任何撞到的东西都不能通过碰撞检测。上例中的村民需要图形渲染和碰撞检测，但只会在场景中走动，所以不需要物理效果。如果想让游戏播放村民与玩家互动的音频效果，可能需要音频功能。

Unity 的实体-组件设计并非没有局限性，尤其是对于大型项目，并且已经开始显得有些陈旧，在未来会被更面向数据的设计取代。

现在让我们将这些新知识付诸实践。

3.3　Components: Building Blocks

在 Hierarchy 面板中，选择 PlayerObject，并且注意 Inspector 面板中的数值是如何变化的。你应该会看到类似于图 3-2 所示的内容。

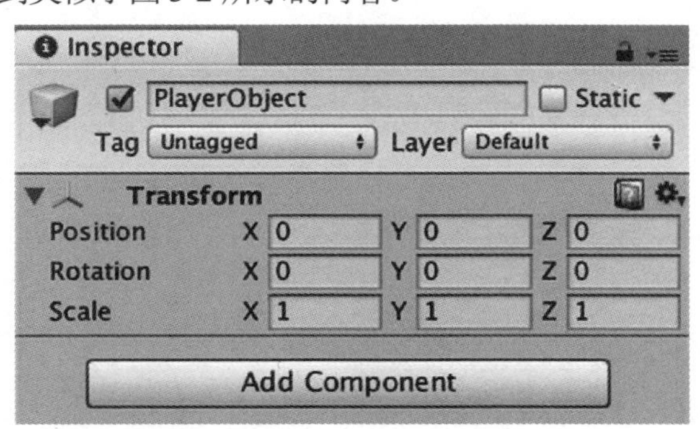

图 3-2　Transform 组件

在 Unity 中，所有 GameObject 的通用元素是 Transform 组件，它被用来确定 GameObject 在场景中的位置、旋转和缩放。当我们想在游戏中移动主角时，就需要用到 Transform 组件。

3.4 精灵

如果你是游戏开发新手，可能会问“什么是精灵？”在电子游戏开发中，精灵只是2D 图像。如果你在任天堂上见过 Super Mario Brothers (见图 3-3)，或者玩过 Stardew Valley (见图 3-4)、Celeste、Thimbleweed Park 和 Terraria 这样的游戏，那就已经玩过使用精灵的游戏了。

图 3-3　马里奥的人物精灵，Super Mario Brothers 中的英雄水管工(任天堂)

图 3-4　鸡、鸭、稻草人、蔬菜和树木，以及这张 Stardew Valley 图片中的所有其他形象都是单独的精灵

2D 游戏中的动画效果可以使用类似动画电影、动画或卡通制作的技术来实现。就像

卡通动画中的单个单元帧一样，精灵也会被预先绘制并保存到磁盘中。快速地依次显示一系列单个精灵能制造出运动的效果，比如角色的行走、战斗、跳跃和死亡效果。

要在屏幕上看到玩家角色，我们需要使用 Sprite Renderer 组件来显示图像。我们将把 Sprite Renderer 组件添加到玩家 GameObject 中。向 GameObject 添加组件有几种不同的方式，但我们第一次会使用 Add Component 按钮。

从 Inspector 面板中选择 Add Component 按钮，然后输入 sprite ren 并选择 Sprite Renderer(见图 3-5)。这个操作会把组件添加到我们的玩家 GameObject 里。我们也可以通过 GameObject 菜单，选择 2D Object | Sprite，以创建带有 Sprite Renderer 组件的 GameObject。

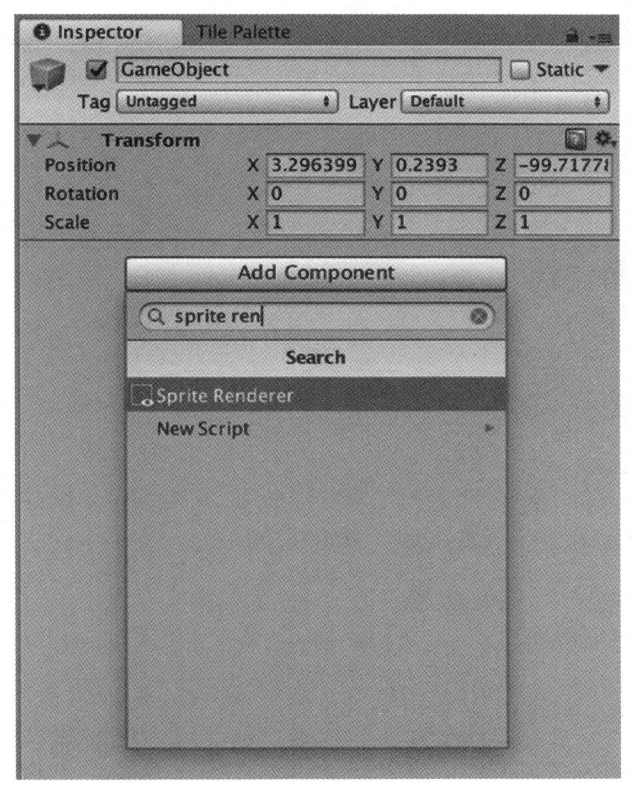

图 3-5 向玩家 GameObject 添加 Sprite Renderer 组件

使用相同的方法向 EnemyObject 添加 Sprite Renderer 组件。

保存场景是一个好习惯，所以，让我们立马保存场景。按下 Control (PC) / CMD (Mac) + S 快捷键，然后新建一个文件夹，命名为 Scenes，将场景保存为 LevelOne。这样我们就创建了一个文件夹，保存了刚才创建的场景，这个游戏的其他场景也将保存在同一个文件夹中。

下一步，在 Project 视图中创建一个名为 Sprites 的文件夹。你可能已经猜到了，它将包含我们项目中的所有精灵资源。在 Sprites 文件夹下创建两个子文件夹，一个子文件夹名为 Player，另一个名为 Enemies。在 Project 视图中选择 Sprites 文件夹，然后跳转到之前放置本书游戏资源解压文件的文件夹。

在第3章的下载资源中，选择名为Player. Png、EnemyWalk_1.png和EnemyIdle_1.png 的文件，并将它们拖放到 Project 视图的 Sprites 文件夹中。进入 Sprites 文件夹后，将它们拖到相应的 Player 和 Enemies 子文件夹中。Project 视图现在应该类似于图 3-6。

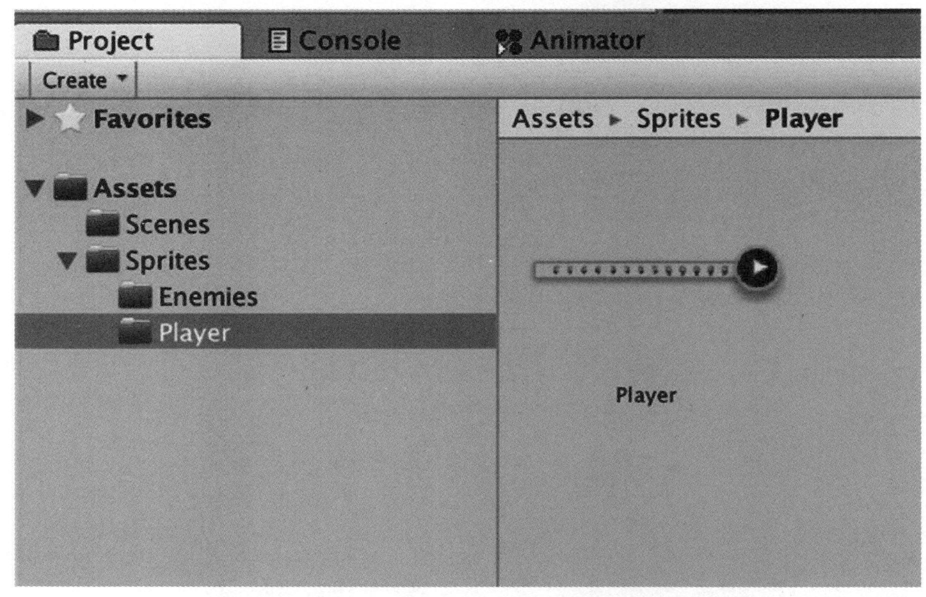

图 3-6　添加玩家精灵表后的 Project 视图，敌人的精灵表在 Enemies 文件夹里

选择 Project 视图中的 Player 精灵表，注意它的属性是如何出现在右侧的 Inspector 面板中的。我们将在 Inspector 面板中配置 Import Settings，然后使用 Sprite Editor 将这个精灵表切割成单个精灵。

设置 Texture Type(纹理类型)为 Sprite(2D and UI)，打开 Sprite Mode(精灵模式)下拉菜单并选择 Multiple，这表明精灵表资源中有许多精灵。

将 Pixels Per Unit(像素单位)设置为 32，当我们讨论相机时会解释 Pixels Per Unit 或 PPU 设置。

将 Filter Mode(过滤模式)更改为 Point(no filter)(单点插值(无过滤))，这会使得纹理变得块状化，使得我们的图片资源像素化更完美。

在底部，单击 Default 按钮，将 Compression 设置为 None。

再次检查 Inspector 面板中的属性是否匹配图 3-7。

单击 Apply 按钮应用我们的修改，然后单击 Inspector 面板中的 Sprite Editor 按钮，是时候把精灵表切割成精灵了。

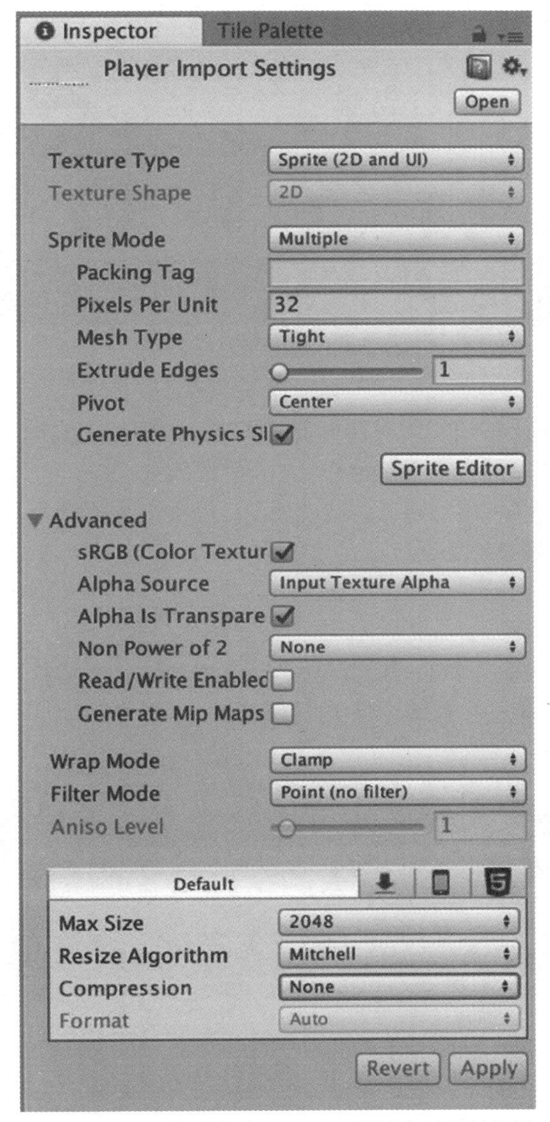

图 3-7　Player 精灵表在 Inspector 面板中的属性设置

Unity 引擎内置的精灵编辑工具能非常方便地读取由许多精灵组成的精灵表，并将它们分割成单个的精灵资源。

在精灵编辑工具的左上角选择 Slice(切割)，将 Type(类型)选择为 Grid By Cell Size(单元格大小)，这将允许我们设置切片的尺寸。在 Pixel Size(像素尺寸)的 X 和 Y 文本框中分别输入 32、32。

单击 Slice 按钮。如果仔细查看图 3-8，你将看到一条微小的白线，它描绘了每个玩家精灵的轮廓。这条白线表示精灵表被切割的位置。

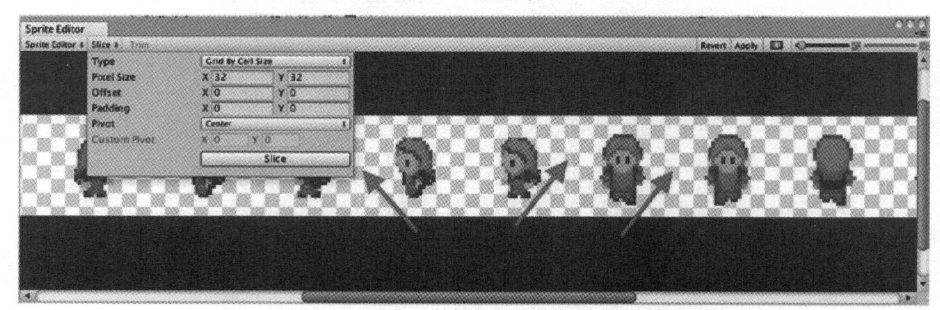

图 3-8　为导入的玩家精灵表设置 Pixel Size(像素尺寸)

现在，单击 Apply 按钮应用对精灵表的切割。关闭精灵编辑工具。

我们能够为这个精灵表输入精确的尺寸，是因为我们事先知道尺寸。当创造自己的游戏时，将用到包含各种尺寸精灵的精灵表，可能不得不调整一下尺寸来让它们刚好合适。Unity 精灵编辑器还能够通过在精灵编辑工具的 Slice 菜单中选择 Automatic 来自动检测导入的精灵表中的精灵尺寸。根据使用的精灵表，使用这种方法可能会得到形形色色的结果，但这只是起点。

所有这些切割后的小图能为我们做什么？单击 Player 精灵表旁边的小三角形，查看从 Player 精灵表中提取的所有单个精灵(见图 3-9)。下面使用新裁剪的玩家精灵创建一些动画。

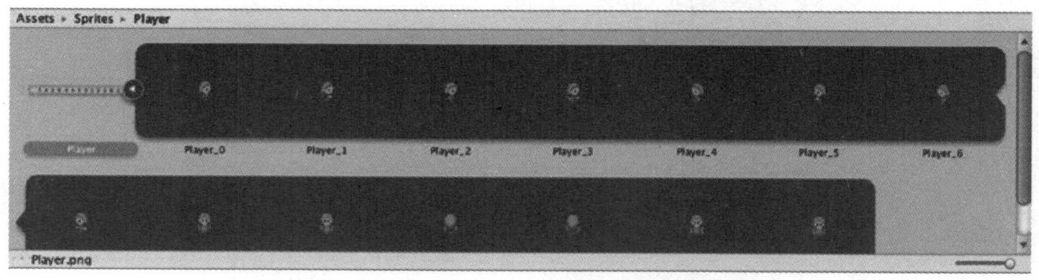

图 3-9　从 Player 精灵表中得到的切片精灵

让我们把这些精灵派上用场。选择 PlayerObject。在 Inspector 面板中，在 Sprite 属性的右侧将看到一个小圆圈(见图 3-10)。单击这个小圆圈，弹出 Select Sprite 面板，如图 3-11 所示。

在 Select Sprite 面板中，双击选择一个 Player 精灵，当编辑游戏时，用它在场景中表示我们的 PlayerObject(见图 3-11)。

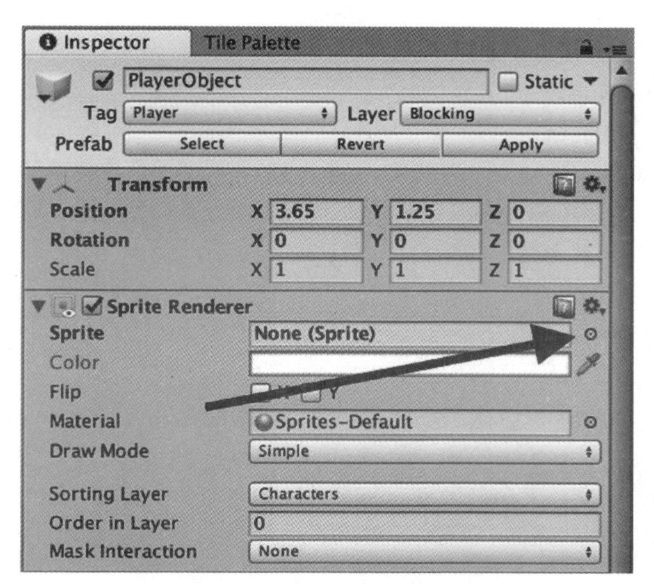

图 3-10　单击这个按钮会弹出 Select Sprite 面板

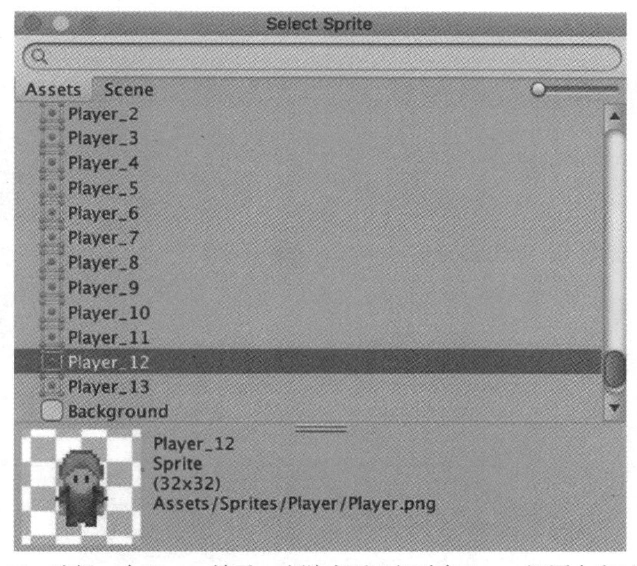

图 3-11　选择一个 Player 精灵，当游戏不运行时在 Scene 视图中表示玩家

现在我们有了所有的玩家精灵，让我们导入敌人精灵表。选择 EnemyIdle_1 精灵表，然后就像我们的 PlayerObject 一样在 Inspector 面板中设置属性。

Texture Type：Sprite (2D and UI)

Sprite Mode：Multiple

Pixels Per Unit (PPU)：32

Filter Mode：Point (no filter)

Compression：None

最后单击 Apply 按钮。

使用精灵编辑器将精灵表切割成 32 像素×32 像素的单个精灵。确保白色切割线出现在正确的位置，然后单击 Apply 按钮并关闭精灵编辑器。对 EnemyWalk_1 精灵表执行相同的步骤，将其分割为单独的精灵。

3.5 动画

让我们创建一个新的文件夹用于保存将要创建的动画。还记得怎么做吗？在 Project 视图中选择 Assets，单击鼠标右键，然后选择 Create | Folder。也可单击 Project 视图左上方的 Create 按钮，将文件夹命名为 Animations。选择 Animations 文件夹，在其中创建两个子文件夹，名为 Animations 和 Controllers。

在 Project 视图中，单击 Player 精灵表旁边的小箭头，展开后选择第一个 Player 精灵——这应该是向东行走的 Player 精灵。按住 Shift 键将它旁边的三个精灵一同选中。将这四个精灵一并拖到 PlayerObject 上，如图 3-12 所示。

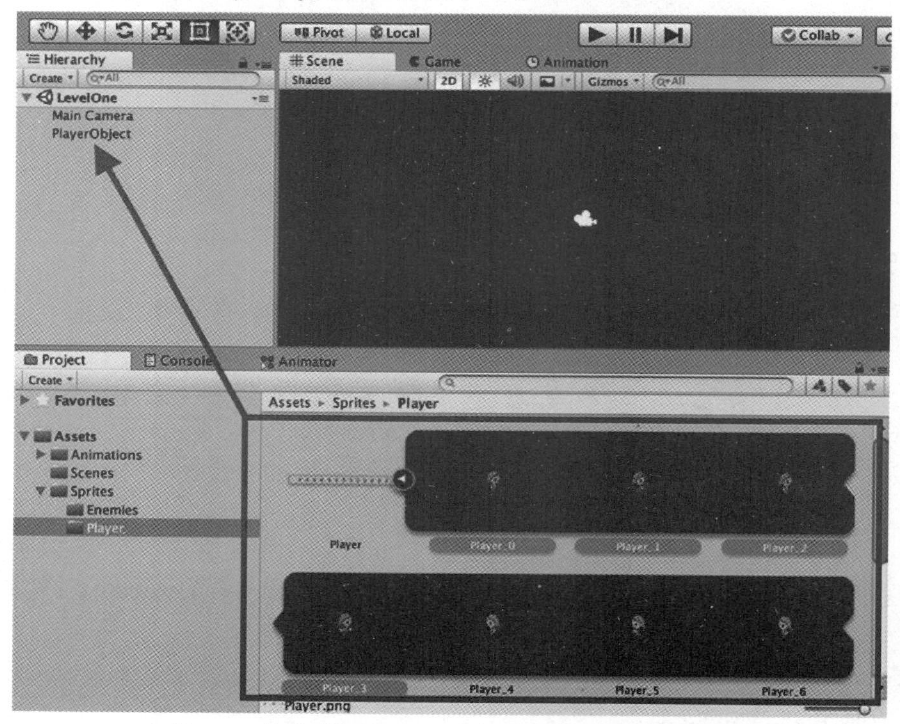

图 3-12　将精灵拖到 PlayerObject 上以创建一个新的动画

出现用于创建新动画的引导界面(见图 3-13)。定位到我们之前创建的 Animations | Animations 子文件夹，然后将动画保存为 player-walk-east。

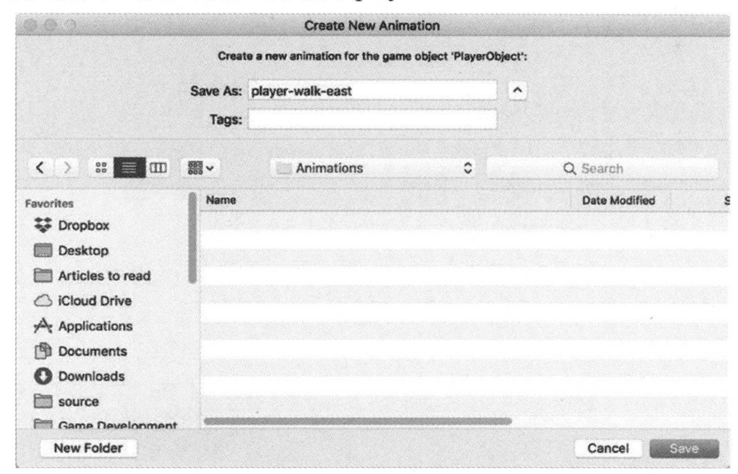

图 3-13　新建并保存动画

选中PlayerObject并查看Inspector面板，注意多了两个组件(见图 3-14)：Sprite Renderer 和Animator。

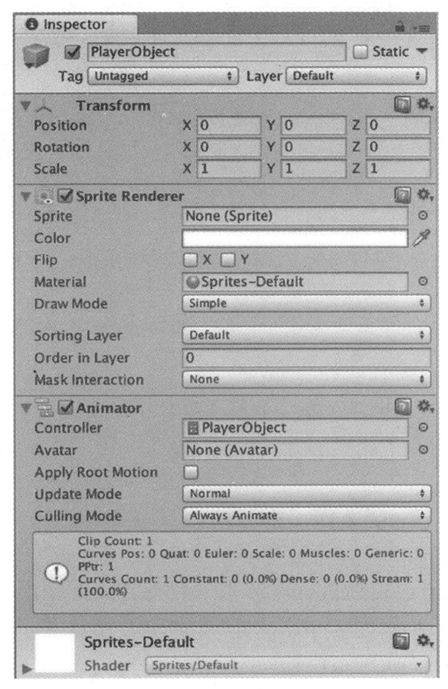

图 3-14　两个被自动添加上去的新组件：Sprite Renderer 和 Animator

Sprite Renderer 组件负责展示和渲染精灵。Unity 还添加了一个 Animator 组件，该组件包含一个可以播放动画的 Animator Controller。

将精灵拖曳到 PlayerObject 并创建一个新的动画，会致使这两个组件被添加到 PlayerObject 上。

当在 PlayerObject 上添加一段动画时，Unity 编辑器很智能地知道我们需要一些播放和控制动画的方法。因此，它自动添加了一个 Animator 组件来播放动画，并为 Animation Controller 附加了 PlayerObject 对象。也可单击 Inspector 面板中的 Add Component 按钮，搜索 Animator，然后手动添加 Animator 组件。

名为 PlayerObject 的动画控制器，将默认出现在保存 player-walk-east 动画的文件夹中。动画控制器的默认名是 PlayerObject(见图 3-15)，这会让人难以分辨，因为主角的 GameObject 也叫作 PlayerObject。

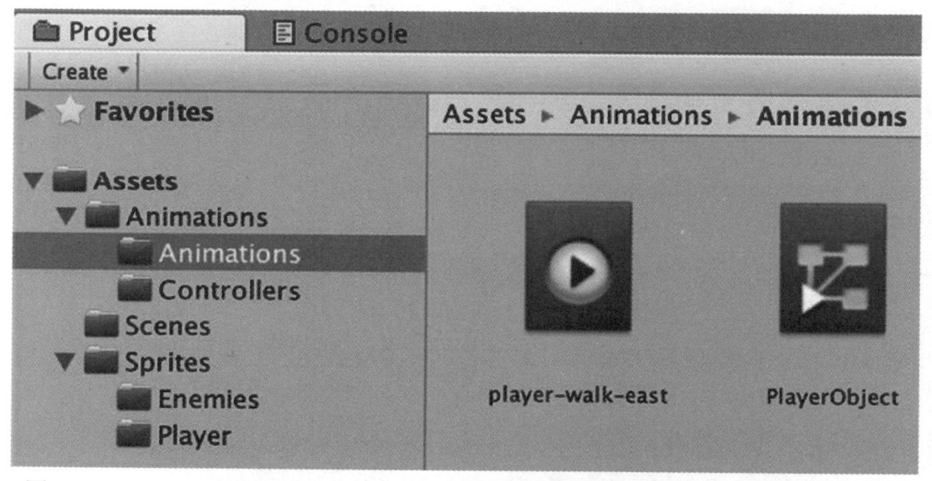

图 3-15 自动创建的动画控制器 PlayerObject 以及我们的第一个动画对象 player-walk-east

重命名动画控制器，以表达更多的信息。选中 PlayerObject，按下 Enter 键，或者右击，然后重命名为 PlayerController。

选中后拖曳 PlayerController，将它移动到我们创建的 Controllers 文件夹里。

双击 PlayerController，打开 Animator 窗口。

动画状态机(Animator State Machine)

动画控制器(Animation Controller)维护了一组规则，称为状态机，用于根据玩家所处的状态确定要为关联对象播放哪个动画片段。玩家对象使用状态的一些例子可能包括行走、攻击、空闲、进食和死亡。我们进一步将这些状态划分成方向，是因为当玩家处于这些状态时可能面向北方、南方、东方或西方。Animator 窗口中展示了这些状态的可视化流式表示，如图 3-16 所示。

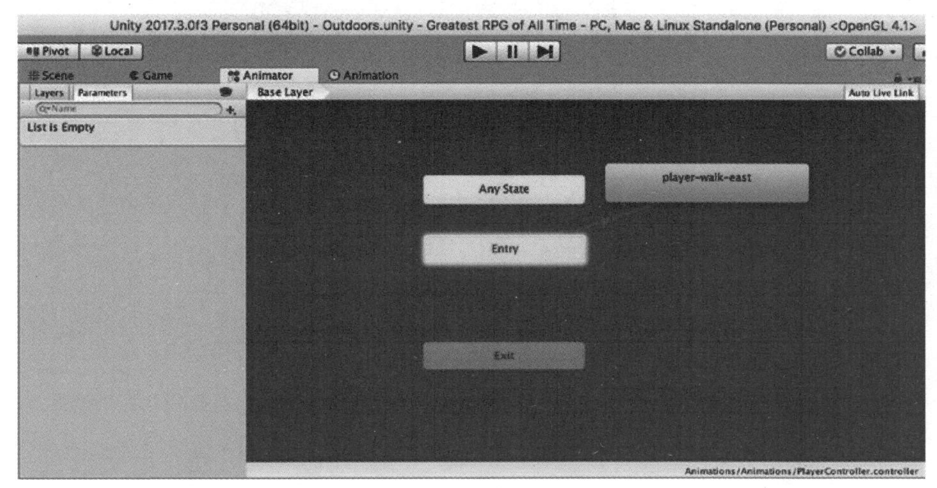

图 3-16　Animator 窗口

可将动画控制器看作控制动画的“大脑”，动画状态机中的每个状态都由附加到其上的动画对象表示。动画对象包含要为状态播放的实际动画片段。动画控制器还维护如何在动画状态之间转换的详细信息。

在 Animator 窗口中可以看到，我们的动画控制器有以下状态：Entry、Any State、Exit 以及我们刚添加的状态 player-walk-east。当想要转换到某个状态时，会用到 Any State，例如从任意状态转换到跳跃。

如果没有看到 Exit 状态，那么需要滑动一下窗口。也可以通过鼠标或触控板上的滚动按钮来放大或缩小，以获得更好的视角，并且在拖动背景的同时按住 Option / Alt 键，可使背景与动画对象一起在 Animator 窗口中移动。在任何时候，都可以随意移动这些动画对象，并用一种方便的方式排列它们。

让我们添加其余的动画。回到 Sprites 文件夹，选择接下来的四个精灵。这些是玩家向西行走时使用的精灵。将这四个精灵拖到 PlayerObject 上，与之前创建行走动画的方法相同。当出现创建新动画的保存提示时，输入 player-walk-west 并保存到 Animations | Animations 文件夹中。你应该会看到新的动画出现在 Animator 窗口中。按照相同的步骤为其他精灵创建新的动画。注意，向南走和向北走的动画只有两帧而不是四帧。将动画命名为 player-walk-south 和 player-walk-north，并保存到 Animations | Animations 文件夹中。

此时，Animator 窗口应该和图 3-17 一样显示了所有四个动画对象。这四个动画对象代表四种不同的行走状态，并保存了相应动画片段的引用。

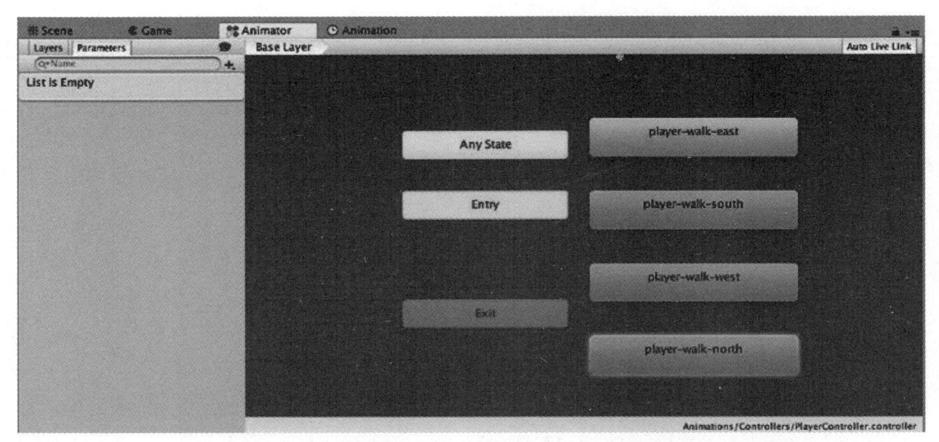

图 3-17　将四个玩家行走动画添加到 PlayerObject 后，Animator 窗口中显示了它们

这些工作都已经完成了，但是屏幕上仍然没有任何动画。还有最后一步——在 Hierarchy 面板中选择 Main Camera GameObject 并将 size 属性设置为 1。这是暂时的，以便可以清楚地看到玩家动画。在本书后面将会解释更多关于相机的内容。

单击工具栏上的 Play 按钮。如果一切顺利，你会看到英勇的玩家正疯狂地在原地跑动，如图 3-18 所示。

图 3-18　我们尝到了像素化胜利的甜蜜滋味

让我们把玩家的速度降下来。双击 PlayerObject Animator 或选择 Animator 选项卡以打开 Animator 窗口。选择 player-walk-east 动画，并将 Speed 值更改为 0.6，如图 3-19 所示。

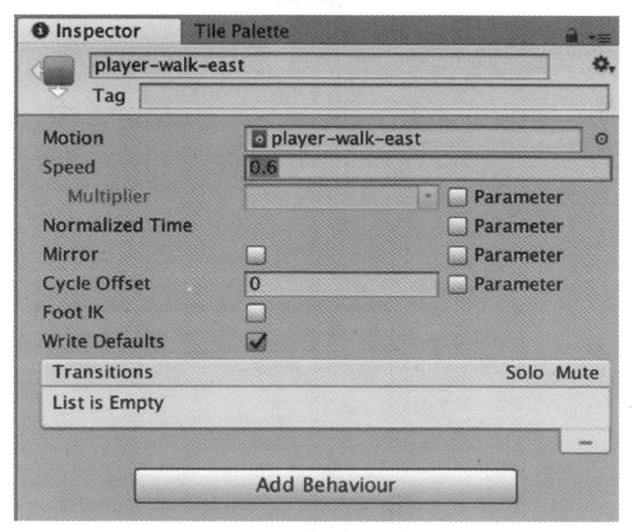

图 3-19　改变动画速度

然后再次单击 Play 按钮，可以看到玩家的步伐更平稳了。可以把速度调整到觉得自然为止。

再次单击 Play 按钮，停止正在播放的场景。

现在为 EnemyWalk_1 和 EnemyIdle_1 创建并保存动画。每个动画包含 5 个精灵。将动画命名为 enemy-walk-1 和 enemy-idle-1。将 EnemyObject 动画控制器重命名为 EnemyController，并移动到 Animations | Controllers 子文件夹。将敌人动画移动到 Animations | Animations 子文件夹。

3.6　碰撞器(Collider)

接下来我们将学习碰撞器。碰撞器被添加到 GameObject 里，并被 Unity 物理引擎用于确定两个对象之间何时发生碰撞。碰撞器的形状是可调整的，通常或多或少有点像它们所代表物体的轮廓。有时在计算上无法承受描画物体的精确形状，而且通常也没有必要，因为粗略的物体形状足以满足碰撞目的，并且在运行时玩家无法区分。通过使用一种名为“基本碰撞器(Primitive Collider)”的碰撞器对物体形状进行近似表示，可减少处理器资源占用。在 Unity 2D 中有两种类型的基本碰撞器：Box Collider 2D 和 Circle Collider 2D。

选中 PlayerObject，然后在 Inspector 面板中单击 Add Component 按钮。搜索并选择 Box Collider 2D，将一个 Box Collider 2D 添加到 PlayerObject 里，如图 3-20 所示。

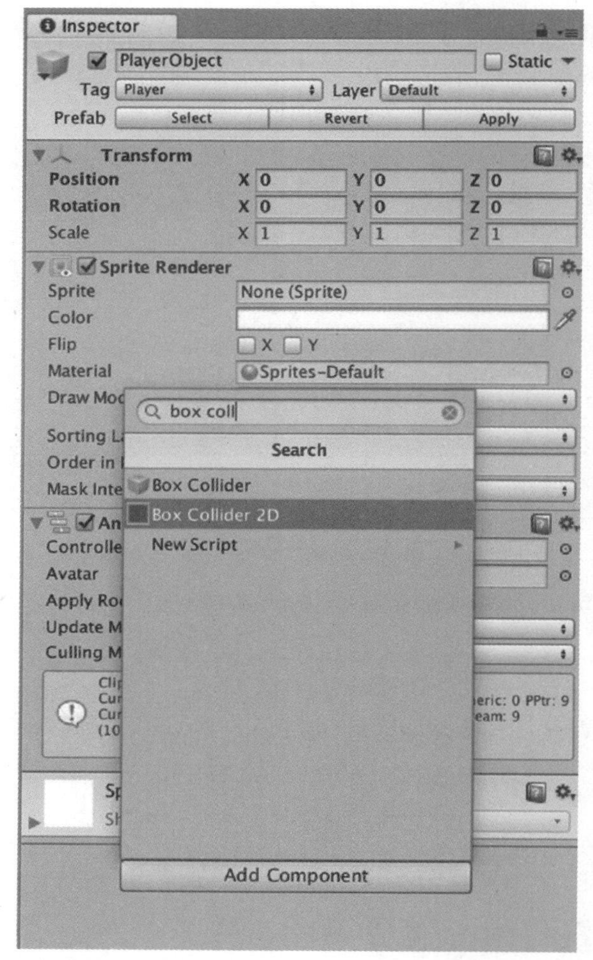

图 3-20　给 PlayerObject 添加一个 Box Collider 2D

我们需要知道玩家什么时候与敌人发生碰撞，因此也给 EnemyObject 添加一个 Box Collider 2D。

3.7　Rigidbody(刚体)组件

添加到 GameObject 里的 Rigidbody 组件使得 GameObject 可以与 Unity 物理引擎交互。这就是 Unity 知道将重力等作用力应用到 GameObject 的原因。Rigidbody 还让你可以通过脚本将作用力作用到 GameObject。例如，你的游戏可能有一个名为 car 的 GameObject，它包含了一个 Rigidbody。根据玩家单击了哪个按钮——gas 还是 turbo，可以对 car 对象施加一定的力，使其向当前方向移动。

选中 PlayerObject，单击 Inspector 面板中的 Add Component 按钮，搜索 Rigidbody 2D，并将其添加到 PlayerObject 里。在 Rigidbody 组件的 Body Type 下拉菜单中选择 Dynamic。Dynamic Rigidbody 会和其他对象相互作用并碰撞。将 Rigidbody 2D 的 Linear Drag(线性阻尼)、Angular Drag(角度阻尼)和 Gravity Scale(重力缩放)属性设置为 0，将 Mass(质量)设置为 1。

Body Type 下拉菜单中的另一种类型是 Kinematic。Kinematic Rigidbody 2D 组件不受重力等外力的影响。它们可以有速度，但只有当我们改变它们的 Transform 组件时才会移动，通常是通过脚本去改变。相对于我们之前描述的通过对 GameObject 施加力来移动它，这是一种不同的方法。Body Type 下拉菜单中的第三种类型是 Static，用于在游戏中根本不会移动的对象。

同样，选中 EnemyObject 并给它添加一个 Dynamic 类型的 Rigidbody 2D 组件。

现在你已经给玩家和敌人都添加了一个 Rigidbody 2D，他们都将受到重力的影响。因为我们的游戏使用自顶向下的视角，所以关闭重力，这样玩家就不会飞离屏幕。转到 Edit | Project Settings | Physics 2D，将 Gravity Y 值从−9.81 更改为 0。

3.8　标签和层

3.8.1　标签(Tag)

标签允许我们标记 GameObject，以便在游戏运行时方便引用和比较它们。

选中 PlayerObject，在 Inspector 面板左上角的 Tag 下拉菜单中选择 Player 标签，给 PlayerObject 添加一个标签，如图 3-21 所示。

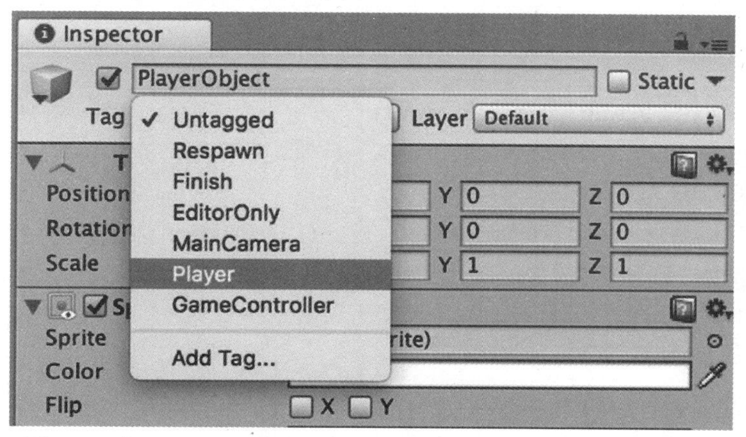

图 3-21　在 Inspector 面板中选择 Player 标签，将其分配给 PlayerObject

Player 标签是默认标签，在 Unity 的每个场景中都有，但也可以根据需要添加标签。

新建一个名为 Enemy 的标签，并使用它设置 EnemyObject 的 Tag 属性。我们将在稍后的游戏开发中为其他物体添加标签。

3.8.2 层(Layer)

层用来定义 GameObject 的集合。这些集合用于确定发生碰撞检测时哪些层可以相互感知，从而进行交互。然后我们可以在脚本中创造逻辑去决定当两个 GameObject 发生碰撞时该做什么。如图 3-22 所示，我们创建一个新的用户层，命名为 Blocking。在 User Layer 8 区域中输入 Blocking。

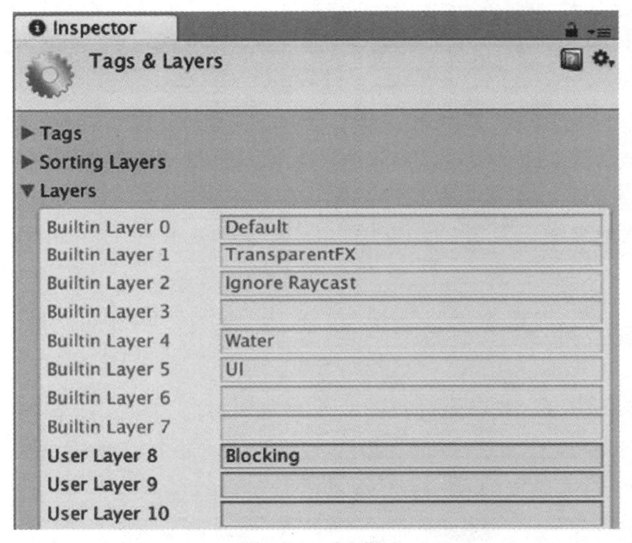

图 3-22　创建层

现在再次选中 PlayerObject，在 Inspector 面板中查看它的属性。选择刚刚创建的 Blocking 层(见图 3-23)，将 PlayerObject 添加到该层。选择 EnemyObject，并在 Inspector 面板中也将层设置为 Blocking。

稍后，我们将对游戏进行配置，以强制某些 GameObject 不能穿过 Blocking 层中的任何对象。例如，玩家将在 Blocking 层，所有的墙壁、树木或敌人也在。敌人不能穿过玩家，玩家也不能穿过任何墙壁、树木或敌人。

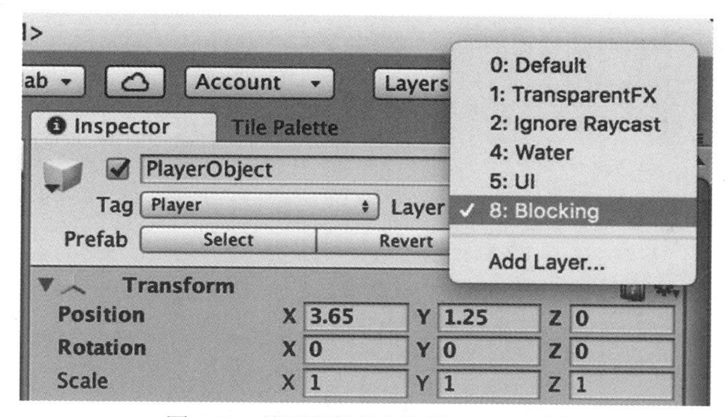

图 3-23　从下拉菜单中选择 Blocking 层

3.8.3　Sorting Layer(排序层)

现在让我们看看另一种类型的层：Sorting Layer。Sorting Layer 与普通层不同，它们使得我们可以告知 Unity 引擎屏幕上的各种 2D 精灵应该以何种顺序渲染或绘制。因为 Sorting Layer 与渲染相关，所以总是能在 Renderer 组件里看到 Sorting Layer 下拉菜单。

为了更好地理解我们所说的精灵渲染的“顺序”是什么意思，请查看图 3-24 所示点击式冒险游戏 Thimbleweed Park 的截图。该截图显示两个玩家角色在一个房间里。我们可以看到房间里各种各样的家具，如文件柜和桌子。在这幅截图上，女侦探 Agent Ray 看上去像是站在文件柜前。这种效果是通过游戏引擎渲染文件柜之后，再渲染 Agent Ray 的精灵来实现的。

图 3-24　Thimbleweed Park 的一张截图，显示人物站在物体前面

Thimbleweed Park 使用自己的专有游戏引擎而不是 Unity，但是所有的引擎都必须以某种逻辑来描述渲染像素的顺序。

在我们的 RPG 中，将会采用自顶向下的角度，也就是所谓的正交视角。当讲到相机时，会更多地讨论这意味着什么，但是目前我们知道，Unity 首先需要为地面绘制像素，然后渲染所有的角色，如玩家或地面上的敌人，这样角色看上去就像走在地面上。

添加一个名为 Characters 的 Sorting Layer，用于玩家和所有敌人。

在 Inspector 面板的 Sprite Renderer 组件里，打开 Sorting Layer 下拉菜单并选择 Add Sorting Layer，如图 3-25 所示。虽然 Sorting Layer 是从 PlayerObject 的菜单中创建的，但是它将在整个游戏中可用。

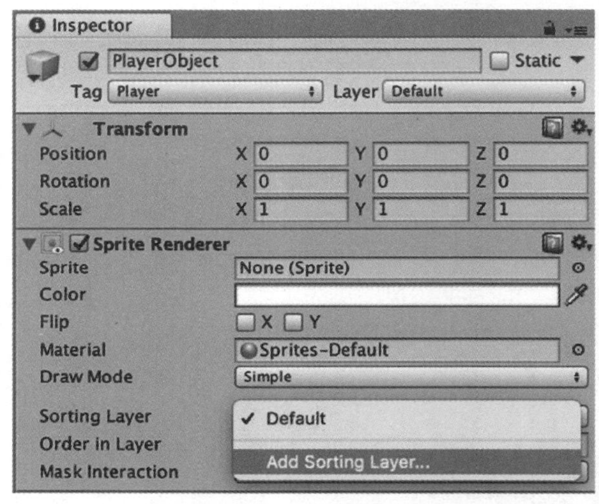

图 3-25　添加一个 Sorting Layer

添加一个名为 Characters 的 Sorting Layer(见图 3-26)，然后再次单击 PlayerObject，打开 Inspector 面板，并从 Sorting Layers 下拉菜单中选择新建的 Characters Sorting Layer，如图 3-27 所示。

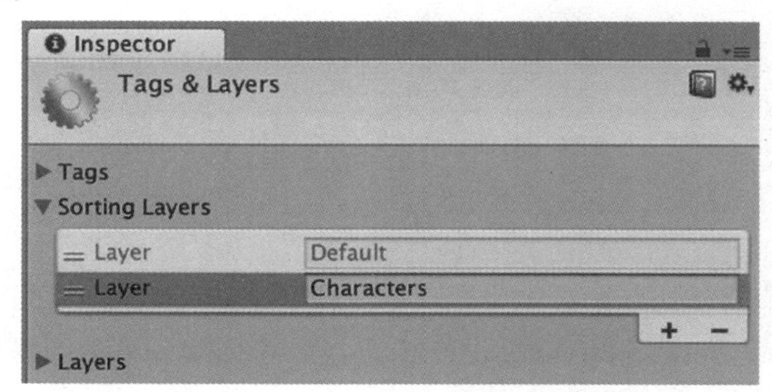

图 3-26　添加一个名为 Characters 的 Sorting Layer

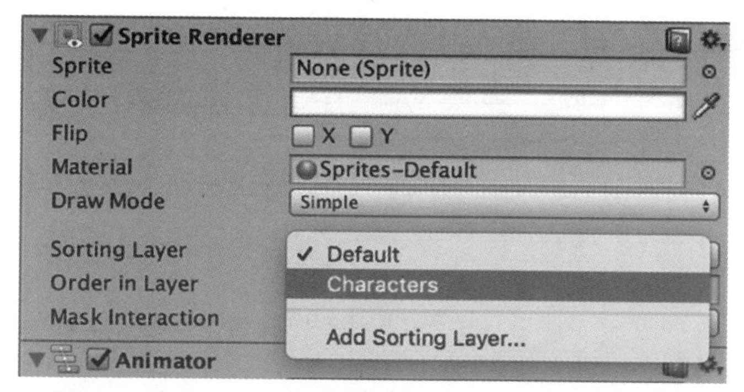

图 3-27 在 PlayerObject 中使用新的 Characters Sorting Layer

选中 EnemyObject 并将它的 Sorting Layer 设置为 Characters，因为我们希望敌人角色也能渲染在地砖之类的物体上面。

3.9 预制件(Prefab)介绍

Unity 允许使用内置的组件来构建 GameObject，然后使用 GameObject 创建名叫“预制件”的东西。预制件可以被看作预先制作的模板，通过预制件可以创建或实例化已经制作好的 GameObject 的新副本。预制件有一个非常有用的特性，它使你可以通过更改预制件模板而达到一次性编辑所有预制件的目的。此外，你还可以选择更改其中的一个预制件，并保持其余预制件与原始预制件相同。

例如，假设如下场景：你有一个玩家在酒馆里。酒馆里有许多小道具，如椅子、桌子和几杯啤酒。假设你为所有这些道具都创建了单独的 GameObject，它们中的每一个都是可独立编辑的。如果想更改每个桌子的某个属性，例如，将它们设置为深色木材而不是浅色木材，那么必须选择并编辑每个桌子。如果桌子对象是预制件实例，则只需要更改单个对象——预制件的属性，然后单击按钮，将更改应用于源于该预制件的所有实例。

我们将在整个游戏开发过程中不断地使用这种简单的预制件技术。

用 GameObject 创建预制件真的非常简单。首先，在 Project 视图中的 Assets 文件夹下创建一个 Prefabs 文件夹。然后在 Hierarchy 面板中选择 PlayerObject 并将其拖放到 Prefabs 文件夹中。

图 3-28 所示的截图显示了将 PlayerObject 拖入 Prefabs 文件夹后的预制件。

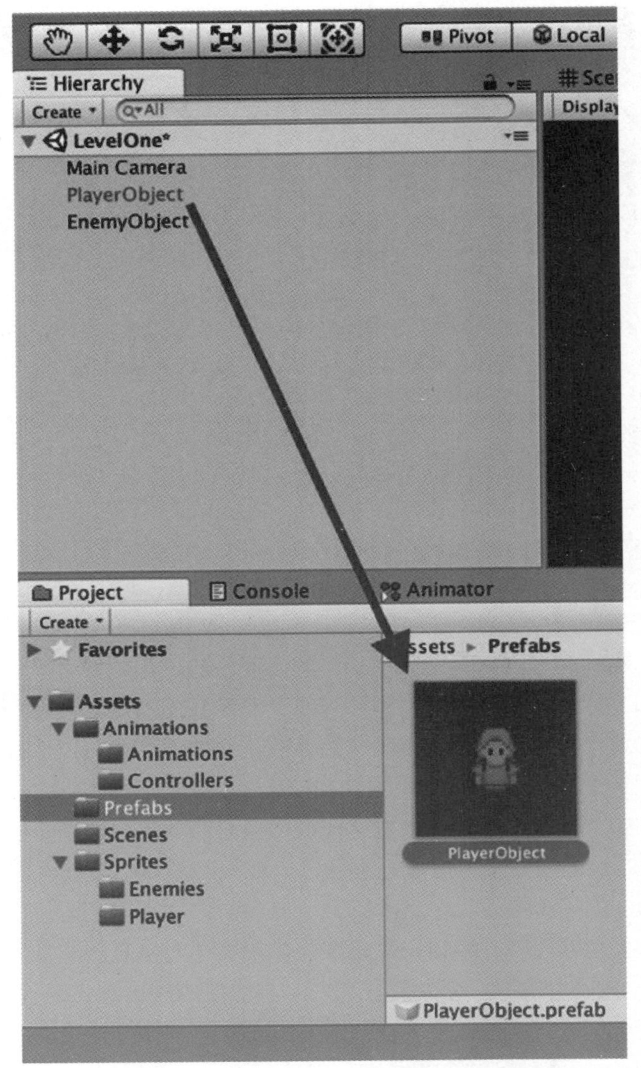

图 3-28 通过拖曳任意 GameObject 到 Prefabs 文件夹来创建预制件

查看图 3-28 中的 Hierarchy 面板。你将注意到 PlayerObject 文本是淡蓝色的，这表明 PlayerObject 是基于预制件的。这也意味着，如果你对 PlayerObject 做了任何更改，并且希望将更改应用于该预制件的所有实例，那么需要在 Project 视图中选中那个 GameObject，然后在 Inspector 面板中单击 Apply 按钮(见图 3-29)。

你现在可以安全地从 Hierarchy 面板中删除 PlayerObject，因为现在有了一个 PlayerObject 预制件，可以一直用它来重新创建 PlayerObject。如果你想编辑预制件的所有实例，只需要将预制件对象拖回 Hierarchy 面板并进行更改，然后单击 Apply 按钮。

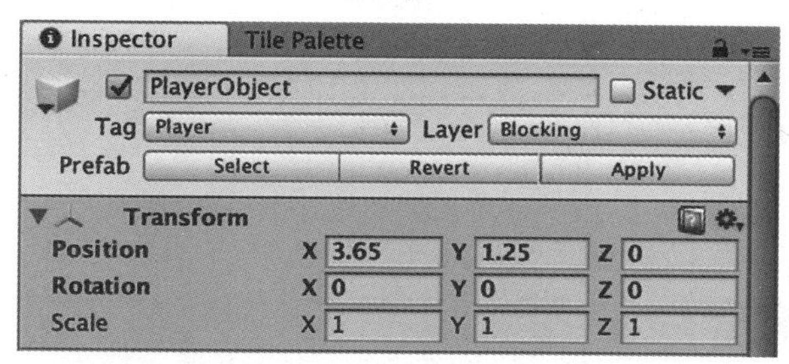

图 3-29　单击 Apply 按钮，将你对 PlayerObject 所做的任何更改应用到预制件的所有实例中

对 EnemyObject 执行相同的操作：将其拖放到 Prefabs 文件夹中，并从 Hierarchy 面板中删除原始的 EnemyObject。

现在是再次保存场景的好时机，所以要确保保存好。

3.10　脚本：组件逻辑

我们有了 PlayerObject 和 EnemyObject。下面使它们动起来！选择 PlayerObject 预制件并将其拖放到 Hierarchy 面板中。你将注意到，Inspector 面板中再次填入 PlayerObject 的属性。

滚动到 Inspector 面板的底部并单击 Add Component 按钮。输入单词 script 并选择 New Script。将新脚本命名为 MovementController，如图 3-30 所示。

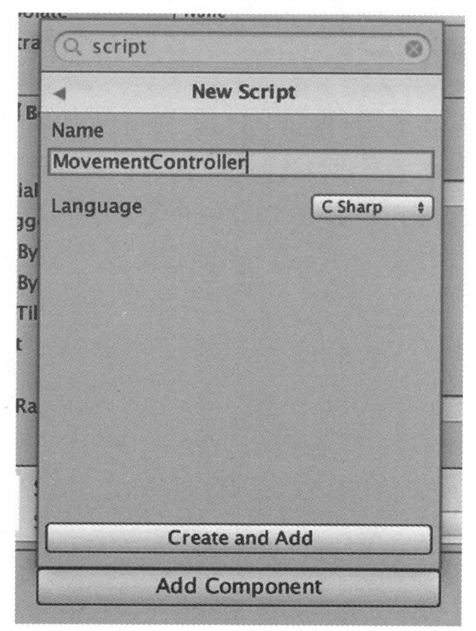

图 3-30　将新脚本命名为 MovementController

在 Project 视图中创建一个名为 Scripts 的文件夹。刚才那个新脚本应该已经位于 Project 视图中最顶层的 Assets 文件夹中。将 MovementController 脚本拖放到 Scripts 文件夹中，然后双击它，在 Visual Studio 中打开。

是时候编写第一个脚本了。Unity 中的脚本是用 C#语言编写的。在 Visual Studio 中打开了 MovementController 脚本，效果应该类似于图 3-31。

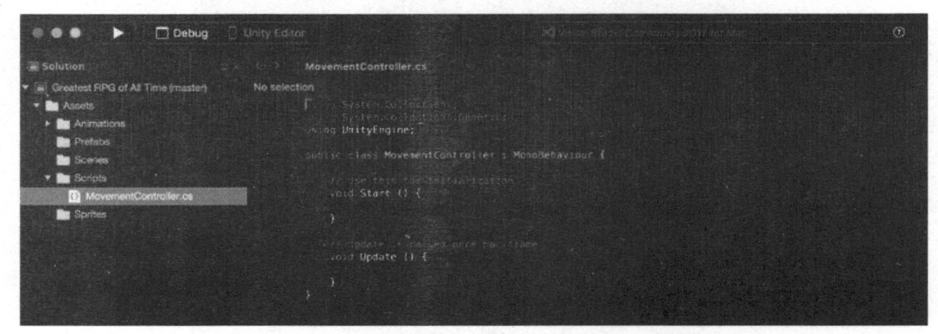

图 3-31　Visual Studio 中的 MovementController 脚本

注意　截至目前，Unity 允许开发者用两种不同的语言编写脚本：C#以及一种类似于 JavaScript 的被称为 UnityScript 的语言。从 Unity 2017.2 Beta 版开始，Unity 开始不支持 UnityScript，但是你可能会在其他非 Unity 官方处找到 UnityScript 的一些例子。接下来，你应该只使用 C#编写 Unity 脚本。你可以在 Unity 的博客上阅读有关弃用原因的更多信息：https://blogs.unity3d.com。

让我们来看看一个典型的 Unity 脚本的结构。下面所有的代码行都应该按照你看到的那样输入，C#中的每一行都应该以分号结束。编程语言非常注重书写规范，不能容忍省略分号、回车或额外的字母和数字。以//开头的行是注释，仅用于说明，不必键入这些注释。C#中的注释可以使用两个正斜杠//，或者在注释内容的前面加上/*，并以*/结尾。

```
// 1
using System.Collections;
using System.Collections.Generic;
using UnityEngine;
// 2
public class MovementController : MonoBehaviour
{
// 3
    // 进行初始化
```

```
    void Start()
    {
    }
// 4
    // Update()方法每帧都被调用一次
    void Update()
    {
    }
}
```

下面进行分解介绍。

```
// 1
using System.Collections;
using System.Collections.Generic;
using UnityEngine;
```

命名空间用于组织和控制 C#项目中类的范围，以避免类冲突，也让开发人员的工作更轻松。关键字 using 用于声明.NET 框架中特定的命名空间，并为开发人员省去每次使用命名空间中的方法时都必须输入完全限定名的麻烦。

例如，如果引入 System 命名空间，如下所示：

```
using System;
```

则不必输入如下烦琐的语句：

```
System.Console.WriteLine("Greatest RPG Ever!");
```

而是只需要输入更简短的版本：

```
Console.WriteLine("Greatest RPG Ever!");
```

这是可行的，因为 using System;声明了这个类文件中的代码将使用 System 命名空间。

C#中的命名空间也是可以嵌套的。这意味着你可以引用命名空间中的命名空间，比如 System 中的 Collections。书写形式如下：

```
using System.Collections;
```

UnityEngine 命名空间包含许多专门的 Unity 类，其中一些我们已经在场景中使用过，比如 MonoBehaviour、GameObject、Rigidbody2D 和 BoxCollider2D。通过声明 UnityEngine

命名空间，我们可以在C#脚本中引用和使用这些类。

```
// 2
public class MovementController : MonoBehaviour
```

一个类要想作为组件附加到场景中的 GameObject，就必须继承自 UnityEngine 的 MonoBehaviour 类。通过继承 MonoBehaviour 类，就可以使用 Awake()、Start()、Update()、LateUpdate()和 OnCollisionEnter()等方法，并保证这些方法会在 Unity 事件函数执行周期的某个特定时间点被调用。

```
// 3
void Start()
```

父类 MonoBehaviour 提供的方法之一是 Start()。稍后我们将讲解事件方法的执行周期，但是从名称可以猜到，Start()方法是脚本执行时首先调用的方法之一。如果满足以下几个条件，则在第一帧更新之前调用 Start()方法：

(1) 脚本必须继承自 MonoBehaviour 类。我们的 MovementController 类确实继承自 MonoBehaviour 类。

(2) 脚本必须在初始化时启用。默认情况下，初始化时脚本将被启用，但是有可能没有被启用，这可能是错误来源。

```
// 4
void Update()
```

Update()方法每帧都被调用一次，用于更新游戏行为。因为 Update()方法每帧都被调用一次，所以每秒 24 帧的游戏将每秒调用 Update()方法 24 次，不过邻近两次调用的时间间隔可能有所不同。如果需要方法调用的时间差一致，那么使用 FixedUpdate()方法。

现在我们已经熟悉了默认情形下的 MonoBehaviour 脚本。用以下代码替换 MovementController 类：

```
using System.Collections;
using System.Collections.Generic;
using UnityEngine;
public class MovementController : MonoBehaviour
{
    //1
    public float movementSpeed = 3.0f;
    // 2
```

```
    Vector2 movement = new Vector2();
    // 3
    Rigidbody2D rb2D;
    private void Start()
    {
        // 4
        rb2D = GetComponent<Rigidbody2D>();
    }
    private void Update()
    {
        // 暂时空着
    }
    // 5
    void FixedUpdate()
    {
        // 6
        movement.x = Input.GetAxisRaw(“Horizontal”);
        movement.y = Input.GetAxisRaw(“Vertical”);
        // 7
        movement.Normalize();
        // 8
        rb2D.velocity = movement * movementSpeed;
    }
}
// 1
public float movementSpeed = 3.0f;
```

声明一个公共的 float 变量，我们将用它来调整和设置人物角色的移动速度。通过声明它是公共的，当它所附加的 GameObject 被选中时，movementSpeed 变量将出现在 Inspector 面板中。

查看图 3-32，观察公共变量如何出现在 Inspector 面板的 Movement Controller (Script) 区域。Unity 会自动将公共变量的第一个字母大写，并在第二个大写字母前添加一个空格，这意味着 movementSpeed 将以 Movement Speed 出现在 Inspector 面板中。

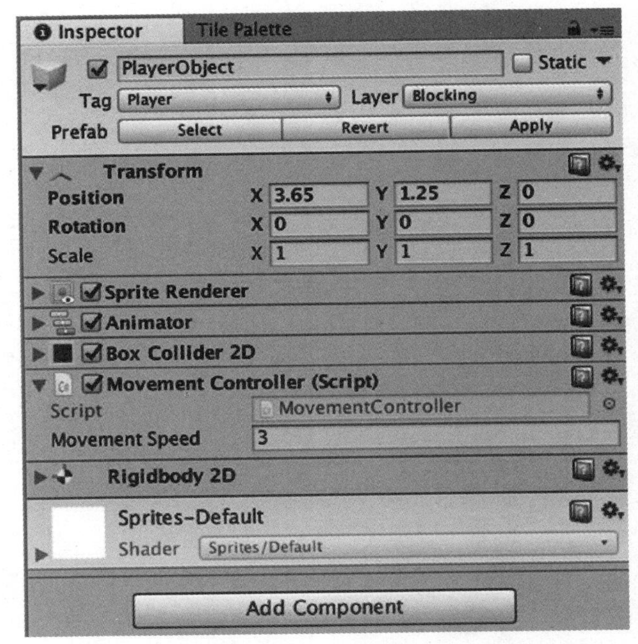

图 3-32　公共变量 movementSpeed 显示为 Movement Speed

```
// 2
Vector2 movement = new Vector2();
```

Vector2 是保存二维向量或点的内置数据结构。我们将用它来表示玩家或敌人角色在 2D 空间中的位置或角色移动的位置。

```
// 3
Rigidbody2D rb2D;
```

声明一个变量以保存对 Rigidbody2D 的引用：

```
// 4
rb2D = GetComponent<Rigidbody2D>();
```

方法 GetComponent()接收一个类型参数，如果当前对象附加有此类型的组件，则返回该类型的组件。调用 GetComponent<Rigidbody2D>，获取在 Unity 编辑器中附加到 PlayerObject 的 Rigidbody2D 组件的引用。我们将使用这个组件让玩家四处移动。

```
// 5
FixedUpdate()
```

正如前面所讲，FixedUpdate()由 Unity 引擎以固定的时间间隔调用。这与每帧调用一次的 Update()方法有差别。在较慢的硬件设备上，游戏帧率可能会下降，在这种情况下，Update()方法被调用的频率会变低。

```
// 6
movement.x = Input.GetAxisRaw("Horizontal");
movement.y = Input.GetAxisRaw("Vertical");
```

Input 类提供了几种获取用户输入的方法。我们使用 GetAxisRaw()方法获取用户输入，并将值赋给 Vector2 结构的 *x* 和 *y* 值。GetAxisRaw()方法使用一个参数来指定我们要获取哪一个 2D 轴——水平轴或垂直轴，然后从 Unity Input Manager(Unity 输入管理器)中取得 -1、0 或 1 并返回。1 表示单击右键或按下 D(使用常用的 W、A、S、D 输入配置)键，而 -1 表示单击左键或按下 A 键。0 表示没有按下键。键位映射表可以通过 Unity Input Manager 进行配置，稍后我们将对此进行解释。

```
// 7
movement.Normalize();
```

这将使我们的向量归一化，无论玩家是对角线、垂直还是水平移动，都使他们的移动速度一致。

```
// 8
rb2D.velocity = movement * movementSpeed;
```

将 movementSpeed 和 movement 向量的积设置给 PlayerObject 上附加的 Rigidbody2D 的 velocity 属性，从而移动 PlayerObject。

回到 Unity 编辑器，确保在 Hierarchy 面板中看到 PlayerObject。如果没有看到，就将 PlayerObject 从 Prefabs 文件夹拖动到 Hierarchy 面板中。

还有最后一个非常重要的步骤：将脚本添加到 PlayerObject 中。

要将脚本添加到PlayerObject中，可以将MovementController脚本从Scripts文件夹拖到Hierarchy面板中的PlayerObject上，或者在选中PlayerObject时将该脚本拖到Inspector面板中。在将MovementController脚本附加到特定对象之后，就可以访问PlayerObject中的其他组件。

现在单击 Play 按钮，你应该可以看到玩家角色在原地行走。按下键盘上的箭头或 W、A、S、 D 中的任意一个键，玩家角色将四处走动。

恭喜！你刚刚给曾经只是电子脉冲的东西注入了生命。你知道它们对强大力量的看法吗？

3.11 状态和动画

3.11.1 多状态机

现在我们知道了如何在屏幕上移动角色，接下来我们将讨论如何根据当前玩家状态在动画之间切换。

跳转到 Animations | Controllers 文件夹，然后双击 PlayerController 对象。观察 Animator 窗口，其中正在显示我们之前设置的状态机。如前所述，Unity 的动画状态机使得我们可以查看所有不同的玩家状态及关联的动画片段。

单击并拖动动画状态对象，直到与图 3-33 相似，player-idle 在一边，而 player-walk 动画分组在一起。在对齐它们时不需要太精确，因为真正重要的是动画状态对象之间的方向箭头。

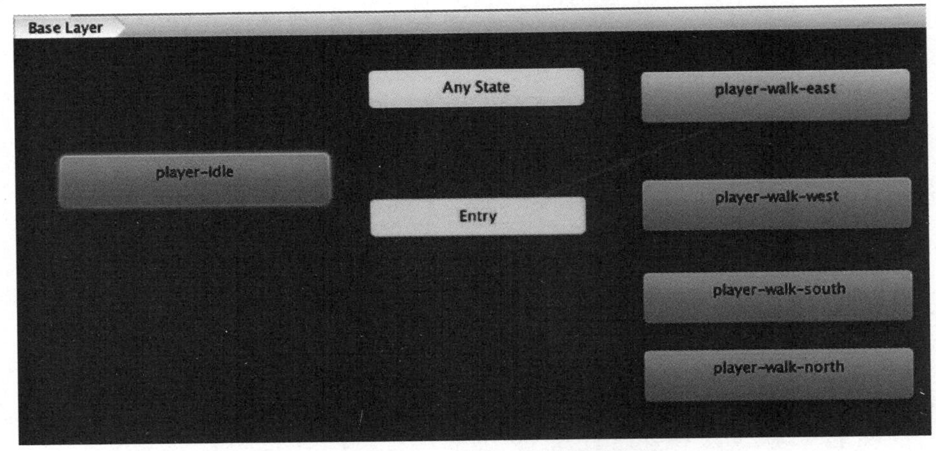

图 3-33 Animator 窗口中动画的组织

在图 3-33 中，可以看到 player-walk-east 动画状态是橙色的，橙色表示动画的默认状态。选中后右击 player-idle 动画状态，从弹出菜单中选择 Set StateMachine Default State，如图 3-34 所示。player-idle 动画状态的颜色应该变成橙色。

我们希望 player-idle 是默认状态，这是因为当不触碰方向键时，我们想要玩家角色处在空闲状态，并朝向南方面对用户。这看起来就像玩家角色在等待玩家。

现在选中并右击 Any State，然后从弹出菜单中选择 Make Transition。将出现一条带箭头的线，附在鼠标上并跟随鼠标移动。单击 player-walk-east，在 Any State 和 player-walk-east 之间创建转换。

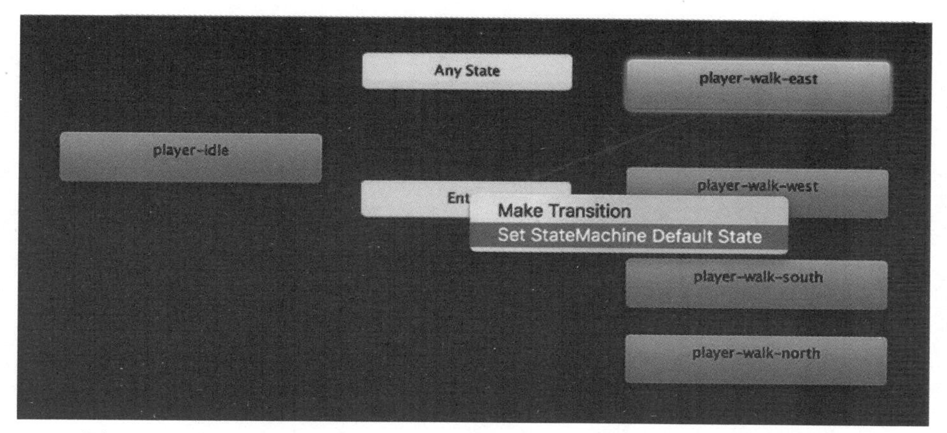

图 3-34　选择 Set StateMachine Default State，将 player-idle 动画设置为默认状态

如果正确完成了这一操作，那么结果应该如图 3-35 所示。

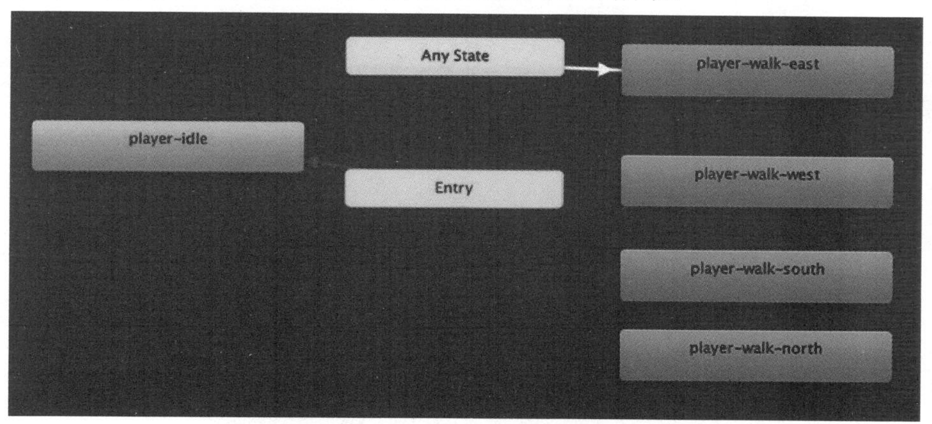

图 3-35　创建从 Any State 到 player-walk-east 的转换

现在对剩下的动画状态做同样的操作：右击 Any State，选择每个动画状态并为之创建转换。正如我们前面提到的，当想要转换到某个状态时，可以使用 Any State，例如从任意状态转到 jump。

你应该总共创建五个从 Any State 指向所有四个 player-walk 动画状态和 player-idle 动画状态的白色转换箭头，还应该有一个橙色的表示默认状态的箭头从 Entry 动画状态指向 player-idle 动画状态，如图 3-36 所示。

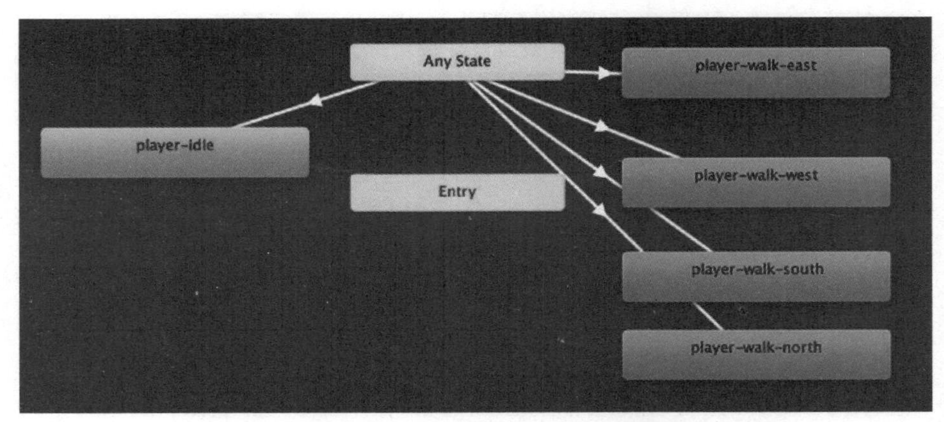

图 3-36　创建从 Any State 到所有动画状态的转换

3.11.2　动画参数

要使用这些转换和状态，需要创建名为动画参数(Animation Parameter)的东西。动画参数是动画控制器中定义的变量，脚本使用它们来控制动画状态机。

我们将在 MovementController 脚本中使用你在转换中创建的动画参数，控制 PlayerObject 并让它在屏幕上走动。

选择 Animator 窗口左侧的 Parameters 菜单(见图 3-37)。单击加号并从下拉菜单中选择 Int(见图 3-38)。将创建的动画参数重命名为 AnimationState(见图 3-39)。

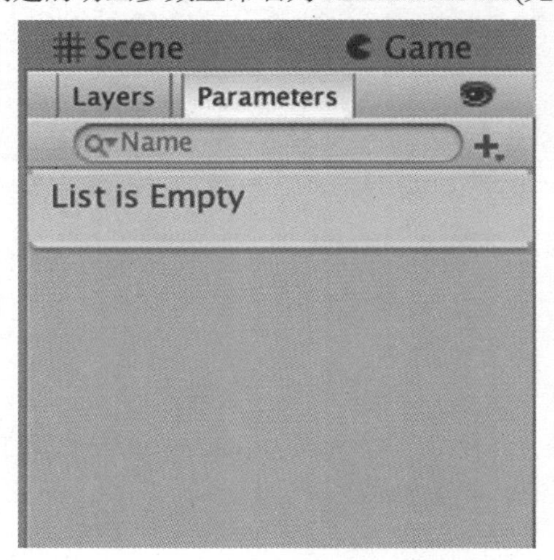

图 3-37　Animator 窗口中的 Parameters 菜单

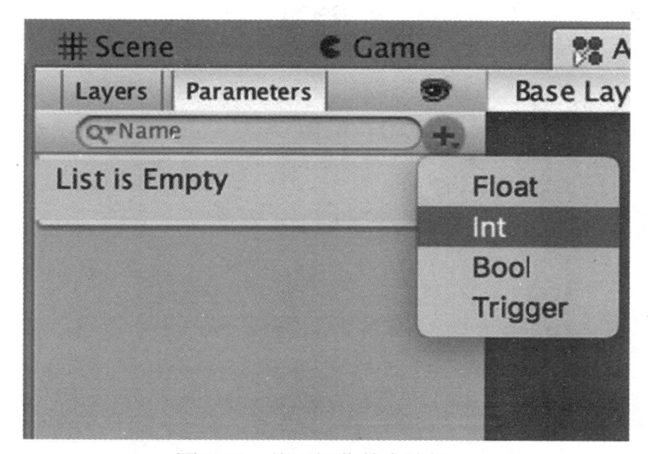

图 3-38　从下拉菜单中选择 Int

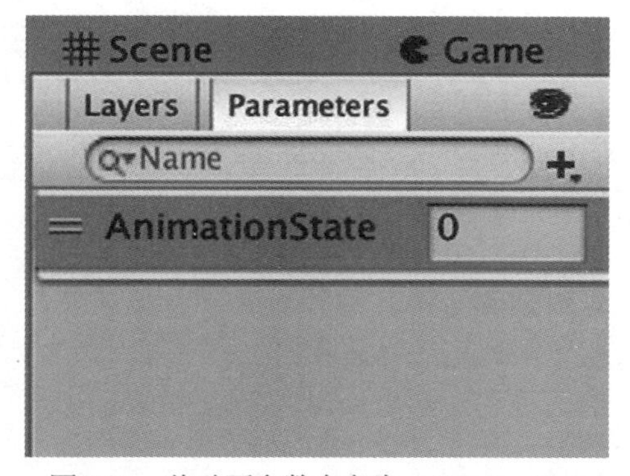

图 3-39　将动画参数命名为 AnimationState

我们将设置每一个转换的动画参数为一个特定条件。如果在游戏过程中该条件为 true，那么 Animator 将转换到该动画状态，并播放相应的动画片段。因为这个 Animator 组件附加在 PlayerObject 上，所以动画片段将基于 PlayerObject 的 Transform 组件在场景中的位置播放。我们使用脚本将动画参数条件设置为 true 并触发状态转换。

选择连接 Any State 到 player-walk-east 动画状态的白色转换线。在 Inspector 面板中，更改设置，使它们与图 3-40 相同。

我们希望取消选中 Has Exit Time、Fixed Duration 和 Can Transition to Self 等复选框。确保将 Transition Duration (%)设置为 0，将 Interruption Source 设置为 Current State Then Next State。

取消选中 Has Exit Time 复选框，这是因为如果用户按下不同的键，我们将需要中断动画。如果我们选中了 Has Exit Time 复选框，那么动画会一直播放到 Exit Time 文本框中指定的百分比位置，然后才能开始播放下一个动画，这会导致糟糕的玩家体验。

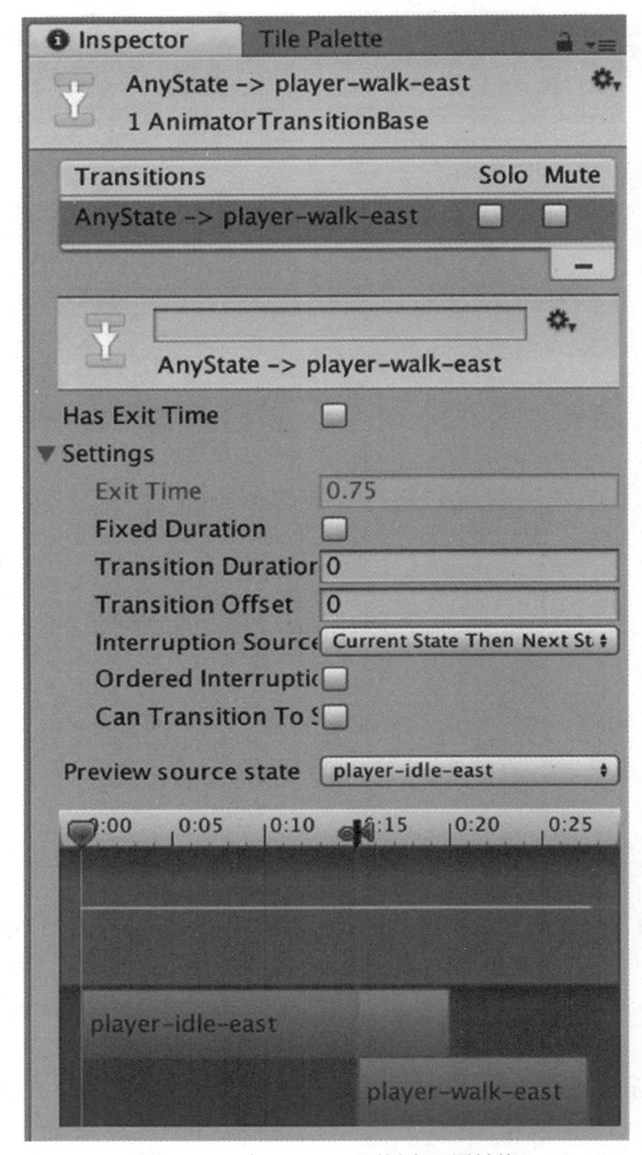

图 3-40　在 Inspector 面板中配置转换

在 Inspector 面板的底部，你将看到一个标题为 Conditions 的区域。单击右下角的加号，分别选择 AnimationState 和 Equals，然后输入 1(见图 3-41)。我们刚刚创建了一个条件：如果名为 AnimationState 的动画参数等于 1，则进入动画状态并播放动画。这就是在将要编写的脚本中触发状态改变的方法。

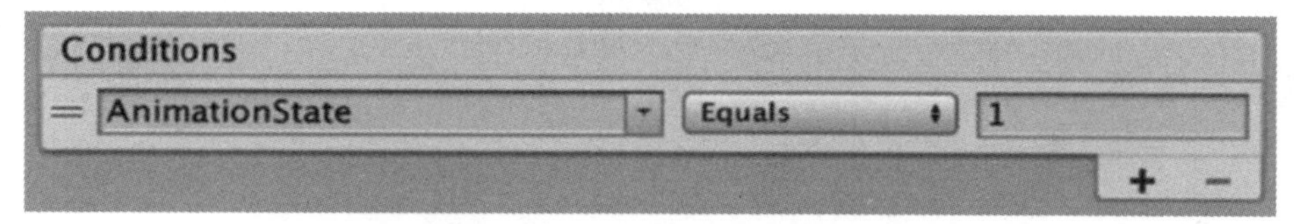

图 3-41　设置动画参数的条件：AnimationState

注意　因为会很容易不小心将 AnimationState 设置为 Greater 而不是 Equals，所以要注意这一点。如果我们不将条件设置为 Equals，将会无法正常转换。

接下来要做的是在脚本中将 AnimationState 参数设置为 1。回到 Visual Studio 的 MovementController 脚本中，将 MovementController 类替换为：

```
using System.Collections;
using System.Collections.Generic;
using UnityEngine;
public class MovementController : MonoBehaviour
{
    public float movementSpeed = 3.0f;
    Vector2 movement = new Vector2();
// 1
    Animator animator;
// 2
    string animationState = "AnimationState";
    Rigidbody2D rb2D;
// 3
    enum CharStates
    {
        walkEast = 1,
        walkSouth = 2,
        walkWest = 3,
        walkNorth = 4,
        idleSouth = 5
    }
    private void Start()
    {
// 4
```

```
            animator = GetComponent<Animator>();
            rb2D = GetComponent<Rigidbody2D>();
        }
        private void Update()
        {
    // 5
            UpdateState();
        }
        void FixedUpdate()
        {
    // 6
            MoveCharacter();
        }
        private void MoveCharacter()
        {
            movement.x = Input.GetAxisRaw("Horizontal");
            movement.y = Input.GetAxisRaw("Vertical");
            movement.Normalize();
            rb2D.velocity = movement * movementSpeed;
        }
        private void UpdateState()
        {
    // 7
            if (movement.x > 0)
            {
                animator.SetInteger(animationState, (int)
                CharStates.walkEast);
            }
                else if (movement.x < 0)
            {
                animator.SetInteger(animationState, (int)
                CharStates.walkWest);
            }
            else if (movement.y > 0)
            {
```

```
            animator.SetInteger(animationState, (int)
            CharStates.walkNorth);
        }
        else if (movement.y < 0)
        {
            animator.SetInteger(animationState, (int)
            CharStates.walkSouth);
        }
        else
        {
            animator.SetInteger(animationState, (int)
            CharStates.idleSouth);
        }
    }
}
// 1
Animator animator;
```

我们创建了一个名为 animator 的变量，稍后将使用该变量存储这个脚本附加的 GameObject 中 Animator 组件的引用。

```
// 2
string animationState = "AnimationState";
```

可直接在将要使用的代码中写入字符串，这被称为“硬编码”值。在错字难以避免的情况下，它也是常见的 bug 来源，因此让我们通过只拼写一次来完全避免错误的可能性，然后在需要使用字符串时使用相应的变量。

```
// 3
enum CharStates
```

数据类型 enum 用于声明一组枚举常量。每个枚举常数对应一个基础类型值，例如 int (integer)，可以引用枚举(enum)来得到相应的值。

我们在此声明了一个名为 CharStates 的枚举，并用它映射角色的各个状态(向东走，向南走，等等)到对应的 int 值。我们很快就要使用这些 int 值来设置动画状态。

```
// 4
animator = GetComponent<Animator>();
```

获取脚本附加的 GameObject 中 Animator 组件的引用。我们希望保存组件引用，以便稍后通过变量快速访问组件，而不必每次需要时都去获取。GetComponent()是在脚本中访问其他组件的最常见方法，你甚至可以使用它访问其他脚本。

```
// 5
UpdateState();
```

调用我们编写的更新动画状态机的方法。我们将逻辑移到单独的方法中，以保持代码库的整洁和易于阅读。方法中的代码越多，读起来越困难。越难以阅读的代码，调试、测试和维护起来就会越难。

```
// 6
MoveCharacter();
```

我们已经将移动玩家的代码移到另一个方法中以保持代码的清晰和可读。

```
// 7
```

这一系列 if-else-if 语句取决于 Input.GetAxisRaw()调用的返回值是－1、0 还是 1，并相应地移动角色。

例如：

```
if (movement.x > 0)
{
    animator.SetInteger(animationState, (int) CharStates.walkEast);
}
```

如果沿 x 轴的移动大于 0，那么表示玩家按下了向右移动的键。

我们想告知 Animator 对象，应该将状态转变为 walk-east，因此调用 SetInteger()方法来设置之前创建的动画参数的值，并触发状态转换。

SetInteger()接收两个参数：一个 string 值和一个 int 值。第一个值是之前在 Unity 编辑器中创建的动画参数(见图 3-42)，名为 AnimationState。

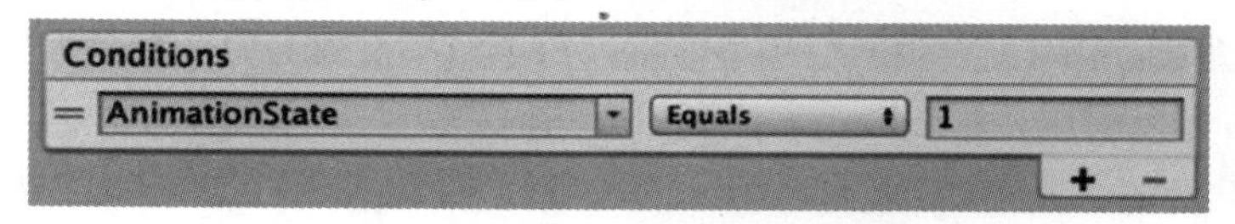

图 3-42　从脚本中设置动画参数

我们已经将这个动画参数的名称存储在脚本里名为 animationState 的字符串变量中，

并作为第一个参数传递给 SetInteger()。

SetInteger()的第二个参数是赋予 AnimationState 的实际值。因为 CharStates 枚举中的每个值都对应一个 int 值，所以在输入如下语句后：

```
CharStates.walkEast
```

实际上使用的是枚举中 walkEast 对应的值。在这个例子中，walkEast 对应 1，但是我们仍然需要通过在变量左侧写入(int)来显式地将其转换为 int 值。需要转换枚举的原因超出了本书的讨论范围，但与 C#语言的底层实现方式有关。

保存脚本并切换回 Unity 编辑器，这样就可以使用所有这些代码。选择指向 player-walk-south 的白色转换箭头，在 Conditions 区域单击加号，分别选择 AnimationState 和 Equals，然后输入值 2，以对应刚刚编写的脚本中的枚举值 2。

现在依次选择 player-walk-west、player-walk-north 以及 player-idle 状态的转换箭头。通过 Inspector 面板给它们中的每一个添加条件，并输入 CharStates 枚举中对应的值：

```
enum CharStates
{
    walkEast = 1,
    walkSouth = 2,
    walkWest = 3,
    walkNorth = 4,

    idleSouth = 5
}
```

当操作每个转换箭头时，记住取消选中 Has Exit Time、Fixed Duration、Can Transition to Self 复选框，并将 Transition Duration (%)设置为 0。

最后一件事，选择每个 player-walk 动画状态对象，将速度调整为 0.6，将每个 idle 动画调整为 0.25。这会使玩家动画看起来恰到好处。

现在你已经设置了游戏所需的大部分玩家动画。单击 Play 按钮，用箭头或 W、A、S、D 键让角色在屏幕上四处移动。

继续操作角色，迈开腿体验一下所有的行走动画。

提示　如果忘记了 C#中方法的确切参数，Visual Studio 将显示包含这些信息的有用弹出窗口(见图 3-43)。可以按 Enter 键自动完成方法调用。

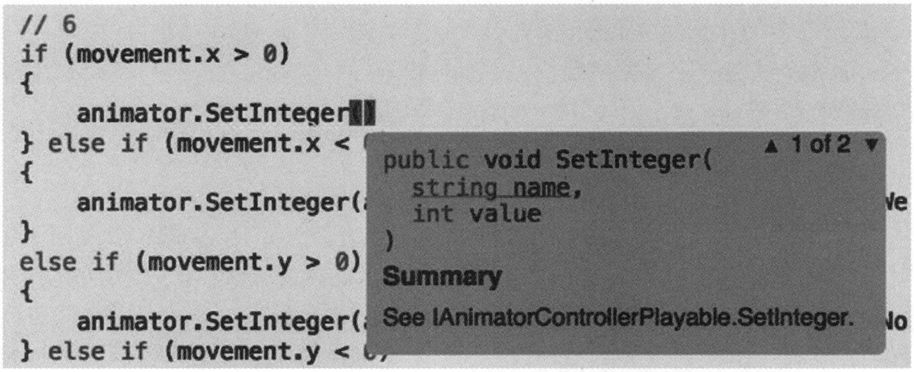

```
// 6
if (movement.x > 0)
{
    animator.SetInteger()
} else if (movement.x <
{
    animator.SetInteger(
}
else if (movement.y > 0)
{
    animator.SetInteger(
} else if (movement.y <
```

```
▲ 1 of 2 ▼
public void SetInteger(
  string name,
  int value
)
Summary
See IAnimatorControllerPlayable.SetInteger.
```

图 3-43 Visual Studio 会显示带有方法的参数名称和类型的弹出窗口

3.12 本章小结

在本章中，我们介绍了在 Unity 中制作游戏所需的许多核心知识，还介绍了 Unity 工作背后的一些设计理念和计算机科学原理，并且讲述了 Unity 中的游戏是如何由场景组成的，场景中的一切都是 GameObject。你学习了 Collider 和 Rigidbody 组件如何一起工作来确定两个 GameObject 何时碰撞，以及 Unity 的物理引擎如何处理交互。你了解了标签是如何在游戏运行时从脚本中引用 GameObject(如 PlayerObject)的。添加到工具箱中的另一个有用工具是层，用于将 GameObject 分组，然后可以通过脚本将逻辑施加于这些层。

你在本章中学到的最有用的概念之一是预制件，我们把它看作预制资源模板，用于创建这些资源的副本。例如，在整个游戏过程中可能会出现数百个敌人对象，甚至一次性出现(如果真的想杀死玩家对象的话)。我们不是创建数百个单独的敌人 GameObject，而是创建敌人预制件，并从预制件实例化敌人 GameObject 的副本。我们已经开始学习如何编写 Unity 脚本，并且将在本书中将继续深入了解这些知识。我们甚至还编写了第一个脚本，通过移动 PlayerObject 的 Transform 组件，让玩家在屏幕上四处行走。我们的脚本还设置了动画状态机使用的动画参数，用来控制玩家状态和动画片段之间的转换。虽然本章介绍了很多内容，但对于 Unity 2D 游戏开发我们真的才刚刚入门！

第4章

构建游戏世界

现在我们已经学会了如何创建基本角色动画并改变它们之间的状态，是时候为这些角色建造居住的世界了。二维(2D)世界通常通过将一系列瓦片(tile)放在一起以绘制背景，然后将其他瓦片放置在背景的上层以创建深度的视觉假象。这些瓦片实际上只是被分割或“切割”成恰当尺寸的精灵，并通常使用 Tile Palette 放置它们。设计师或开发人员可以构建多层瓦片地图(Tilemap)来创建诸如树木、鸟儿飞过头顶，甚至远处的山脉等效果。我们将在本章学习完成这些工作的很多技能。你甚至可以为我们的 RPG 游戏创建自己的自定义 Tilemap。你还将了解 Unity Camera 的工作原理，以及如何创建在玩家走动时跟随玩家的行为效果。

4.1 Tilemap 和 Tile Palette

随着 Tilemap 功能的引入，Unity 在其 2D 工作流工具链上迈出了重要的一步。使用 Unity Tilemap 可以轻松地在 Unity Editor 本地创建关卡，而不是依赖外部工具。Unity 还有许多工具可以增强 Tilemap 功能，我们将在本章中介绍其中的一些工具。

Tilemap 是以特定排列存储精灵的数据结构。Unity 抽象出底层数据结构的细节，使开发人员可以轻松地专注于使用 Tilemap。

首先，需要导入 Tilemap 资源，就像我们在第 3 章中导入用于玩家和敌人的精灵资源一样。

在开始导入资源之前，我们通过如下方式组织它们：在 Sprites 目录中创建名为 Objects 和 Outdoors 的新文件夹。我们将使用这些文件夹来保存用于户外 Tilemap 的精灵表和切片 Sprite，以及将在游戏世界中放置的各种物体。

从下载的本书资源中，在 Chapter 4 文件夹中，找到名为 OutdoorsGround.png 的精灵表，将该精灵表拖动到 Sprites | Outdoors 文件夹中。Inspector 面板中的 Outdoors Import Settings 应如下设置。

Texture Type(纹理类型)：Sprite (2D and UI)

Sprite Mode(精灵模式)：Multiple

Pixel Per Unit(每单位像素数)：32

Filter Mode(过滤模式)：Point (no filter)

确保在底部选择 Default 按钮并将 Compression(压缩)设置为 None，单击 Apply 按钮。

现在我们要对刚刚导入的精灵表进行切片。单击 Inspector 面板中的相应按钮以进入 Sprite 编辑器。单击左上角的 Slice(切片)按钮，然后选择 Type(类型)菜单中的 Grid by Cell Size(按单元格划分网格)。使用 32×32 作为网格大小。单击 Slice 按钮。

检查生成的切片线是否正常，然后单击 Sprite 编辑器右上角的 Apply 按钮。我们现在有了户外瓦片的集合。

接下来我们要创建 Tilemap。在 Hierarchy(层次结构)面板中，右击并选择 2D Object | Tilemap 以创建 Tilemap GameObject。你应该会看到一个名为 Grid 的 GameObject，其中包含名为 Tilemap 的子 GameObject。Grid 对象用于配置子 Tilemap 的布局。子 Tilemap 由 Transform 组件(就像所有 GameObject)、Tilemap 组件和 Tilemap Renderer 组件组成。

这个 Tilemap 组件是我们实际“绘制”瓦片的地方。

4.2 创建 Tile Palette

在绘画之前，我们需要创建由单个瓦片组成的 Tile Palette(瓦片调色板)。转到菜单 Window | Tile Palette 以显示 Tile Palette 面板。将 Tile Palette 面板停靠在与 Inspector 面板相同的区域。

我们希望项目保持井井有条，因此在 Project 视图的主 Assets 文件夹下创建一个名为 TilePalettes 的文件夹，然后在 Sprites 文件夹下创建另一个名为 Tiles 的文件夹。在 Tiles 文件夹中，创建两个名为 Outdoors 和 Objects 的子文件夹。Project 视图现在应类似于图 4-1。

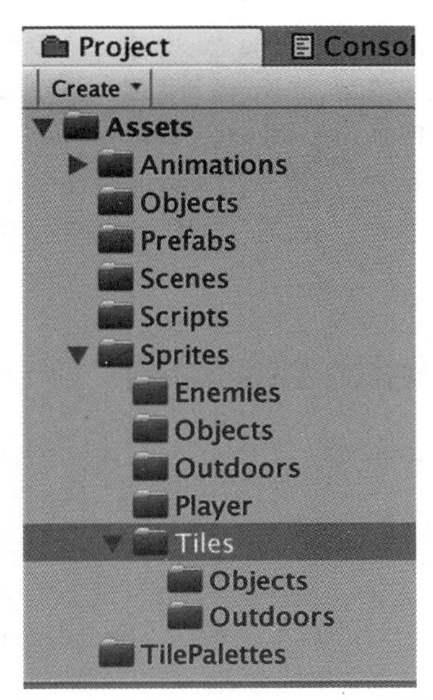

图 4-1　创建文件夹后的 Project 视图

在 Tile Palette 面板中选择 Create New Pallette(创建新调色板)按钮。将 Tile Palette 命名为 Outdoor Tiles，并保留 Grid 和 Cell Size 设置，如图 4-2 所示。

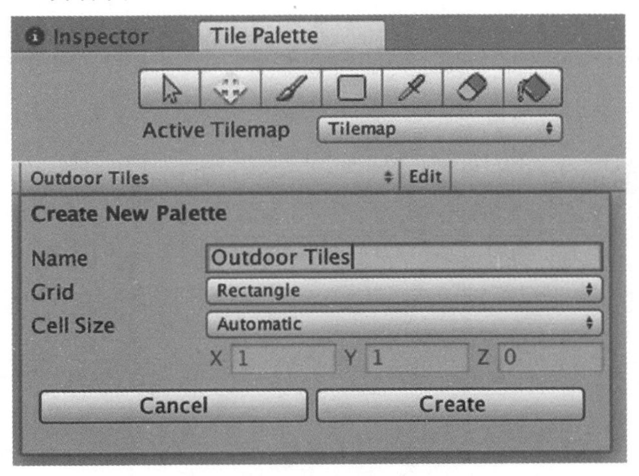

图 4-2　创建新的 Tile Palette

单击 Create 按钮，并将 Tile Palette 保存到新创建的 TilePalettes 文件夹中，这将创建 TilePalette GameObject。

在 Project 视图中选择 Sprite|Outdoors 文件夹，然后从停靠的位置选择 Tile Palette 面板。使用之前导入并切片的 Outdoors 精灵表创建另一个 Tile Palette。

选择 Outdoors 精灵表并将其拖到 Tile Palette 中显示 Drag Tile, Sprite or Sprite Texture assets here(拖动 Tile、Sprite 或 Sprite Texture 资源到此处)的区域。

当系统提示 Generate Tiles into folder(生成瓦片到文件夹)时，导航到之前创建的 Sprites | Tiles | Outdoor Tiles 文件夹，然后单击 Choose(选择)按钮。Unity 现在将从单独切片的精灵生成 Tile Palette 瓦片。片刻之后，你应该会看到 Outdoors 精灵表中的图块出现在 Tile Palette 中。

4.3 用 Tile Palette 绘制地图

现在有趣的部分来了：我们将使用 Tile Palette 绘制 Tilemap。

从 Tile Palette 中选择画笔工具，然后从 Tile Palette 中选择一个瓦片。使用画笔在 Scene 视图中的 Tilemap 上绘画。如果犯了错误，可以按住 Shift 键将瓦片画笔用作橡皮擦。选择画笔后，可以按住 Option(Mac) / Alt(PC)+鼠标左键来平移 Tilemap。

在使用 Option(Mac) / Alt(PC)+鼠标左键平移 Tile Palette 时，单击可选择瓦片，然后单击并拖动以选择一组瓦片。如果鼠标有滚轮，可以用它放大和缩小 Tile Palette，也可以按住 Option(Mac) / Alt(PC)并在触摸板上向上/向下轻扫以放大和缩小 Tile Palette。这些相同的键和手势也适用于 Tile Map。

请自由地发挥想象来绘制 Tilemap，祝你玩得开心！你可以根据自己的喜好来制作 Tilemap(见图 4-3)。

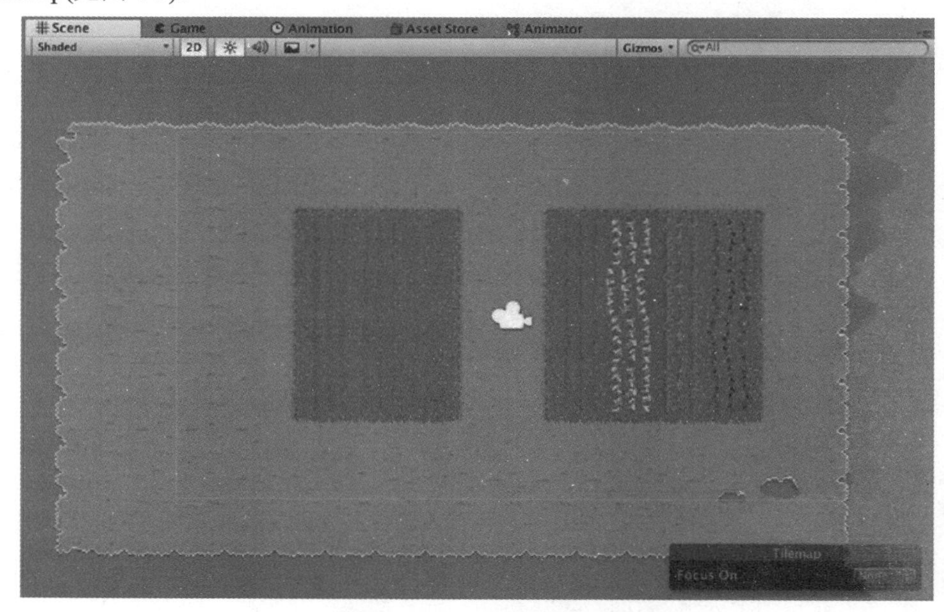

图 4-3　Tilemap 绘制初体验

下面我们仔细看看 Tile Palette 中的工具。

选择：选择网格区域或特定瓦片

移动选择：在选定区域内移动

画笔：从 Tile Palette 中选择瓦片，然后使用画笔在 Tilemap 上绘制

框填充：使用当前选择的瓦片绘制填充区域

拾取新笔刷：使用 Tilemap 中的现有瓦片作为新笔刷

擦除：从 Tilemap 中删除绘制的瓦片(快捷方式为按住 Shift 键)

洪水填充：使用当前选择的瓦片填充区域

下面回过头来创建我们的关卡。

从本书的下载资源中，将 OutdoorsObjects.png 文件拖到 Sprites|Objects 文件夹中。应对 Inspector 面板中的 Import Settings 进行如下设置。

Texture Type(纹理类型)：Sprite (2D and UI)

Sprite Mode(精灵模式)：Multiple

Pixel Per Unit(每单位像素数)：32

Filter Mode(过滤模式)：Point (no filter)

确保在底部选择 Default 按钮并将 Compression(压缩)设置为 None，单击 Apply 按钮。

现在单击 Inspector 面板中的相应按钮以进入 Sprite 编辑器。单击左上角的 Slice(切片)按钮，然后选择 Type(类型)菜单中的 Grid by Cell Size(按单元格划分网格)。使用 32×32 作为网格大小。我们正在重用第 3 章介绍的 Sprite 切片技术。

单击 Slice(切片)按钮，检查生成的白色切片线是否划分在精灵表的正确位置。单击 Sprite 编辑器右上角的 Apply 按钮，我们现在有了一套可以在场景中使用的户外主题的物体精灵。

我们现在要创建 Tile Palette 来绘制这些对象的精灵。返回我们的 Tile Palette 并从下拉列表中选择 Create New Palette。将新调色板命名为 Outdoor Objects，然后单击 Create 按钮。出现提示时，将调色板保存到之前保存了 Outdoor Tiles Palette 的 TilePalettes 文件夹中。

我们将像对待 Outdoor Tiles 一样：选择 Outdoor Objects 精灵表并将其拖到 Tile Palette 中显示 Drag Tile, Sprite or Sprite Texture assets here(拖动 Tile、Sprite 或 Sprite Texture 资源到此处)的区域。

当系统提示 Generate Tiles into folder(生成瓦片到文件夹)时，导航到我们创建的 Sprites | Tiles | Objects 文件夹，然后单击 Choose 按钮。Unity 现在将从单独切片的精灵生成 Tile Palette 瓦片。片刻之后，你应该会看到 Objects 精灵表中的瓦片出现在 Tile Palette 中。

> **提示** 有时精灵由多个瓦片组成。要一次性选择多个瓦片，请确保选择了画笔工具，然后在要使用的瓦片周围单击并拖动一个矩形。这样就可以像正常一样用画笔画画。Objects 精灵表中的大型岩石由四个独立的精灵瓦片组成。

在岩石的四个瓦片的周围单击并拖动出一个矩形，使矩形框住这四个瓦片，这样就实现了从 Outdoor Objects Tile Palette 中选择一个岩石。使用画笔在 Tilemap 上放置一块石头。你会立即注意到一些错误：在岩石精灵的轮廓周围可以看到 Unity Scene 视图的背景(见图 4-4)。

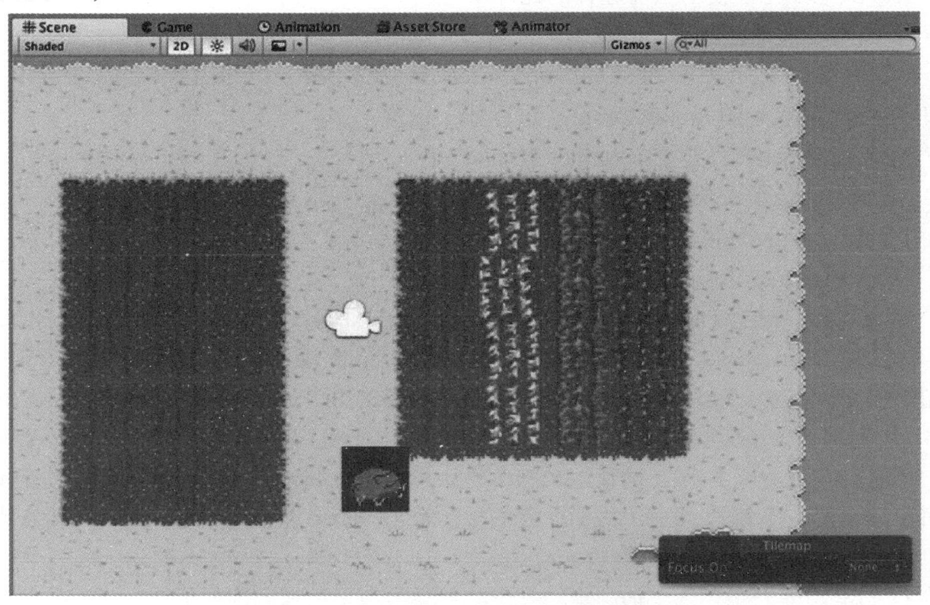

图 4-4 放置的岩石精灵周围的透明边框

当我们在与地面瓦片相同的 Tilemap 上绘制岩石瓦片时，实际上并没有在现有瓦片上绘制，而是用新的瓦片替换现有的瓦片。因为绘制的岩石精灵包含一些透明像素，所以我们可以看到 Scene 视图的背景。为避免这种情况发生，我们将使用多个 Tilemap 和 Sorting Layer(排序图层)。

4.4 使用多个 Tilemap

让我们把 Tilemap 整理得井井有条。单击 Hierarchy 面板中的 Tilemap 对象并将其重命名为 Layer_Ground。

我们将创建多个 Tilemap 并将它们叠加在一起。在 Hierarchy 面板中右击 Grid 物体，然后转到 2D Object | Tilemap 以创建新的 Tilemap，将新创建的 Tilemap 重命名为

Layer_Trees_and_Rocks。正如你可能已经从名称中猜到的那样，我们将在此 Tilemap 上绘制树木、灌木丛、灌木和岩石。

此时，如果开始绘画，你会注意到，你将再次遇到相同的透明度问题。我们必须做两件事才能解决这个问题。

要在特定的 Tilemap 上绘制，就必须在 Tile Palette 面板中将其选为 Active Tilemap。在 Tile Palette 面板中，选择我们的新图层 Layer_Trees_and_Rocks，如图 4-5 所示。

图 4-5　选择 Layer_Trees_and_Rocks 作为 Active Tilemap

如前所述，Sprite Renderer 使用 Sorting Layer 来确定渲染精灵的顺序。在 Layer_Trees_and_Rocks Tilemap 上绘制之前，我们需要为 Tilemap 设置 Sorting Layer。这将确保当绘制树木和岩石时，它们将出现在地面瓦片的上层。

选择 Layer_Ground 并在 Inspector 面板中找到 Tilemap Renderer Component。

单击 Tilemap Renderer 中的 Add Sorting Layer 按钮以创建两个图层，分别命名第一层为 Ground、第二层为 Objects。单击并拖动它们以重新排列这些排序图层，使 Ground 位于列表中 Objects 的上方，如图 4-6 所示。

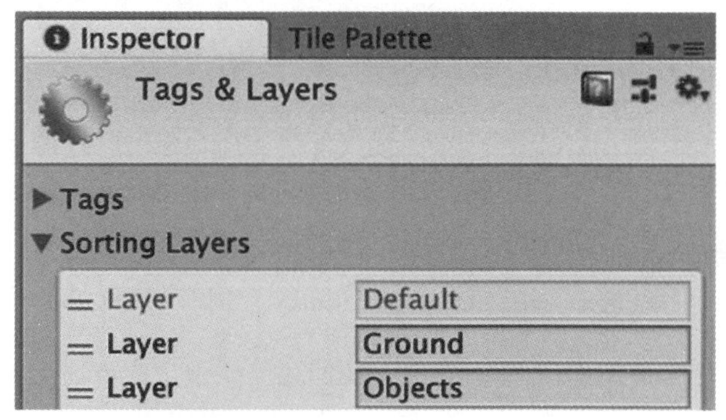

图 4-6　确保 Ground 层位于 Objects 层之上

再次在 Hierarchy 面板中选择 Layer_Ground Tilemap，并在 Inspector 面板中查看其属性。在 Tilemap Renderer 组件中，将 Sorting Layer 更改为 Ground。选择 Layer_Trees_and_Rocks Tilemap，将 Sorting Layer 更改为 Objects。

删除之前在将 Active Layer 设置为 Layer_Ground 时绘制的岩石瓦片，然后从 Tile Palette 工具集中选择擦除工具。你还可以按住 Shift 键并绘画，这样便可使用画笔删除项目。在 Outdoor Objects 调色板中，使用一些草或任何想要的瓦片填充擦除的斑点。

现在我们准备好绘制地图了。当想要绘制地面瓦片时，确保将 Active Tilemap 设置为 Layer_Ground，并且当想要绘制树木、岩石和灌木时，确保 Active Tilemap 是 Layer_Trees_and_Rocks。

提示 可使用方括号键 [和] 旋转选定的瓦片，然后进行绘制。也可以通过这种方式直接在调色板上旋转瓦片。

将 Active Tilemap 设置为 Layer_Trees_and_Rocks 并使用 Outdoor Objects Tile Palette 绘制一些岩石和灌木丛(见图 4-7)。

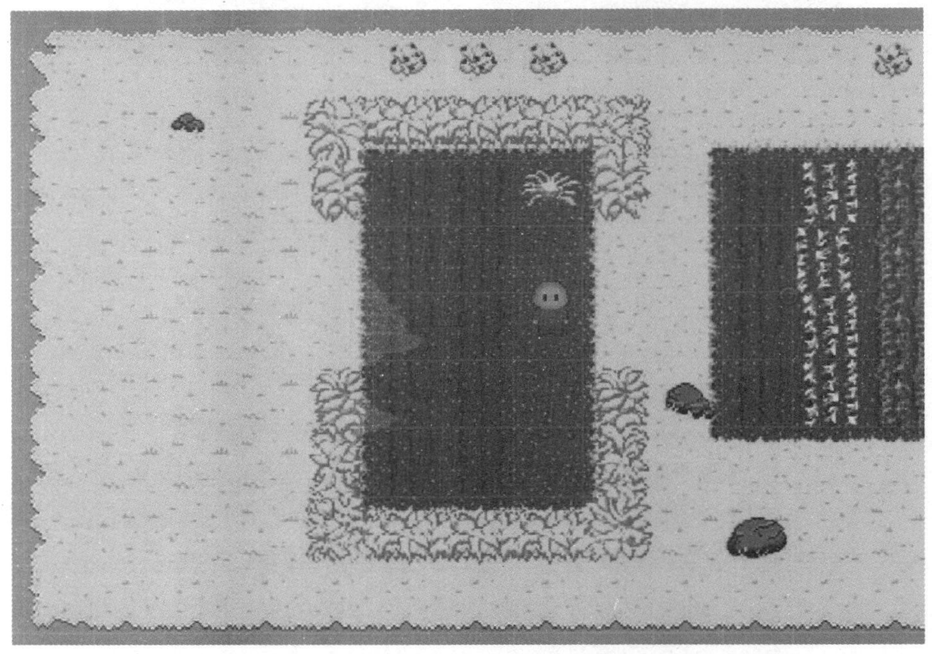

图 4-7 在 Layer_Trees_and_ Rocks Tilemap 上绘制一些岩石和灌木丛

在玩家可以去我们的地图中探索之前，我们还需要做一些事情。

我们希望确保玩家在地面和岩石的前面渲染。我们将通过设置玩家的排序图层来实现此目的。选择 PlayerObject，然后在 Sprite Renderer 组件中查找 Sorting Layer 属性，再单击 Add Sorting Layer 按钮。添加一个名为 Characters 的排序图层，并将其移动到 Ground 和 Objects 图层之后。现在我们已经告诉 Sprite 渲染器从第一个排序图层 Ground 到最后一个排序图层 Characters 按顺序渲染对象。

排序图层应如图 4-8 所示。

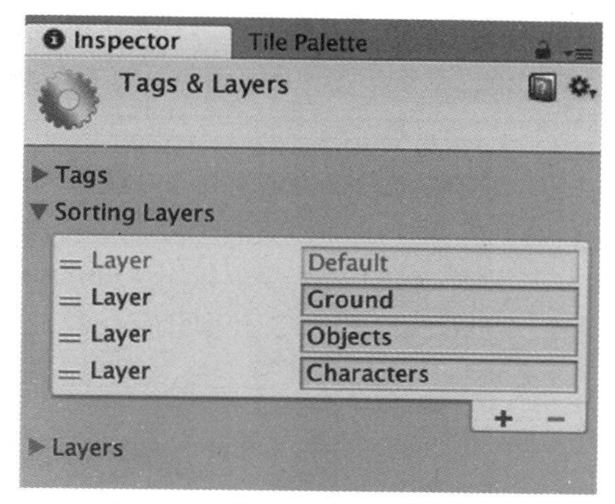

图 4-8 添加 Characters 排序图层

选择 PlayerObject 并将排序图层设置为刚刚创建的 Characters 图层。这将使玩家显示在地面以及地面上所有物体的上方，从而使角色在地面上行走。

我们将在本章后面解释摄像机的工作原理，现在只需要选择摄像机对象并将 Size 属性更改为 3.75。

单击 Play 按钮，然后操纵我们的角色，在小岛周围散步吧！

你会立即注意到一些事情：

- 摄像机不跟随角色。事实上，如果愿意的话，可以直接走出屏幕并继续行走。
- 玩家可以直接穿过地图上的物体。
- 你可能会在 Tilemap 上看到一些奇怪的线条或“眼泪”。如果它们出现，它们将位于两个瓦片相接的位置。

我们将在本章中讨论所有这些问题。

我们将学会使用碰撞器(Collider)防止玩家穿过一切物体，并且使用 Cinemachine 工具让摄像机在玩家走路时跟随玩家。我们还将确保正确配置摄像机。我们将配置图形设置以确保获得清晰的边缘，这对像素艺术很重要，我们将使用材质(Material)来消除“眼泪”。

提示 如果有多个 Tilemap 图层但想要只关注其中一个，请使用 Scene 视图右下角的 Tilemap 焦点模式。这将允许你灰显其他 Tilemap 图层并将焦点放在特定图层上。

4.5 图形设置

让我们调整 Unity 引擎的图形设置，以便我们的像素艺术效果看起来尽可能好。如果当前设备的图形输出不足以将对象的边缘渲染成完美平滑的线条，Unity 将使用名为抗锯齿的算法。对象的边缘不会呈现平滑线条，而是呈现锯齿状图形。抗锯齿算法在对象的边缘上运行，并为其提供平滑的外观以补偿锯齿状图形输出效果。

无论使用的设备的性能如何，默认情况下都会在 Unity 编辑器中打开抗锯齿功能。要关闭抗锯齿功能，请转到菜单 Edit | Project Settings | Quality，然后将 Anti-Aliasing 设置为 Disabled。我们已经了解到，Unity 引擎可用于 3D 和 2D 游戏，但我们不需要对像素艺术风格的 2D 游戏进行抗锯齿处理。

在同一菜单 Edit | Project Settings | Quality 中，禁用 Anisotropic Texture(各向异性纹理)。各向异性过滤(anisotropic filtering)是一种在使用特定类型的摄像机视角时提高图像质量的方法。这与我们在这个项目中所做的事情无关，所以应该把它关掉。

4.6 摄像机

Unity 中的所有 2D 项目都使用正交摄像机。正交摄像机渲染近处和远处的对象为相同尺寸大小。通过渲染所有对象为相同大小，观察者看起来好像与摄像机的距离都相同。这与 3D 项目渲染对象的方式不同。在 3D 项目中，对象以不同的大小呈现，以营造距离和透视的错觉。当我们设置 2D 项目时，我们在一开始时就将 Unity 项目配置为使用正交摄像机。

为了在渲染2D图形时获得最佳效果，了解摄像机在2D游戏中的工作方式非常重要。正交摄像机具有一个名为 Size(尺寸)的属性，该属性确定了用屏幕高度的一半显示竖直方向上“世界单位”(world unit)的数量。世界单位可在 Unity 中通过设置 PPU 来确定。顾名思义，每单位像素(PPU)的设置描述了 Unity 引擎在一个世界单元中应渲染的像素数量，即每单位像素数量。可以在导入资源的流程中设置 PPU。PPU 非常重要，因为当你为游戏创作艺术资源时，需要确保它们在同一个 PPU 中看起来很好。

摄像机尺寸的计算公式为：

$$\text{摄像机尺寸} = (\text{垂直分辨率} / \text{PPU}) \times 0.5$$

下面用一些简单的例子来阐明这个概念。

假定屏幕分辨率为 960 像素×640 像素，垂直屏幕高度为 640 像素。让我们使用 64 的 PPU，从而使我们的计算变得简单：640 除以 64 等于 10。这意味着叠加在彼此顶部的 10 个世界单元将占据整个垂直屏幕高度，5 个世界单位将占据垂直屏幕高度的一半。因此，摄像机尺寸为 5，如图 4-9 所示。

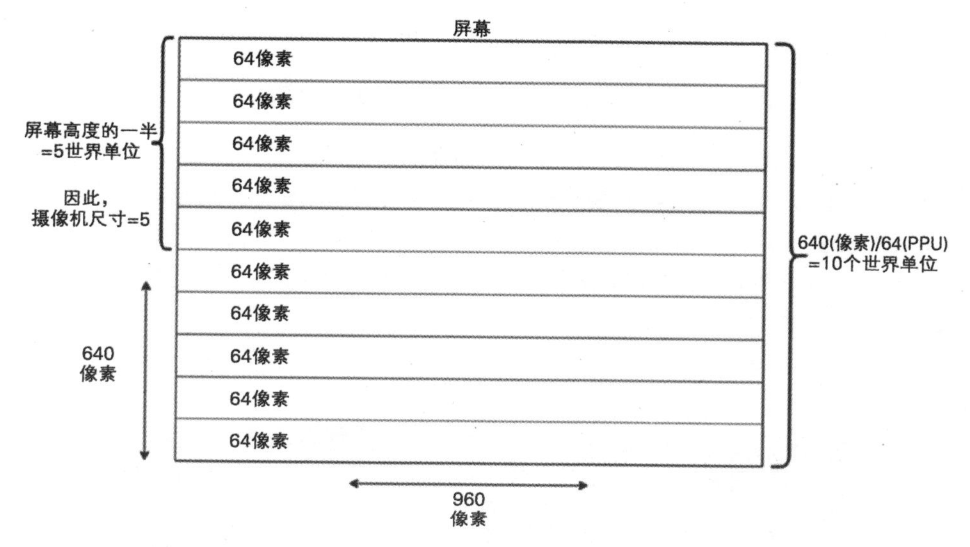

图 4-9　分辨率为 960 像素×640 像素，PPU 为 64，摄像机尺寸为 5

让我们再举一个例子。如果游戏使用的屏幕分辨率为 1280 像素×1024 像素，则垂直屏幕高度为 1024 像素。使用 32 的 PPU，我们将 1024 除以 32，得到 32。这意味着 32 个世界单位相互叠加将占据整个垂直屏幕高度，16 个世界单位将占据垂直屏幕高度的一半。因此，正交摄像机尺寸为 16。

为了强化这个等式，再举最后一个例子。使用 1280 像素×720 像素的屏幕分辨率，垂直屏幕高度将为 720 像素。使用 32 的 PPU，我们将 720 除以 32，得到 22.5。这意味着 22.5 个世界单位相互叠加将占据整个垂直屏幕高度。22.5 除以 2 的结果等于 11.25，这便是垂直屏幕高度的一半，也是正交摄像机的尺寸。

开始掌握这个窍门了？一开始，正交尺寸看起来很奇怪，但实际上，这是一个非常简单的等式。

再次观察这个等式：

摄像机尺寸 = (垂直分辨率/ PPU)×0.5

获得好看的像素艺术游戏的诀窍是要注意相对于分辨率的正交摄像机尺寸，并确保艺术资源在某个 PPU 中看起来很好。

在我们的游戏中，将使用 1280 像素×720 像素的分辨率，但将使用一种技巧来按比例放大美术资源。我们将把 PPU 乘以比例因子 3。

修改后的等式将如下所示：

摄像机尺寸= (垂直分辨率 / (PPU×缩放系数))×0.5

使用 1280 像素×720 像素的分辨率和 32 的 PPU：

$$摄像机尺寸 = (720 / (32 \times 3)) \times 0.5 = 3.75$$

这就是我们之前将摄像机尺寸设置为 3.75 的原因。

现在我们已经更好地了解了摄像机在正交游戏中的工作原理，让我们设置屏幕分辨率。Unity 提供了几种开箱即用的屏幕分辨率，但有时设置自己的屏幕分辨率也是有益的。我们将设置 1280 像素×720 像素的分辨率，这被认为是“标准高清”，应该足以满足我们正在制作的游戏风格。

单击 Game 标签，然后查找 Screen Resolution 下拉菜单。默认情况下，可能会设置为 Free Aspect，如图 4-10 所示。

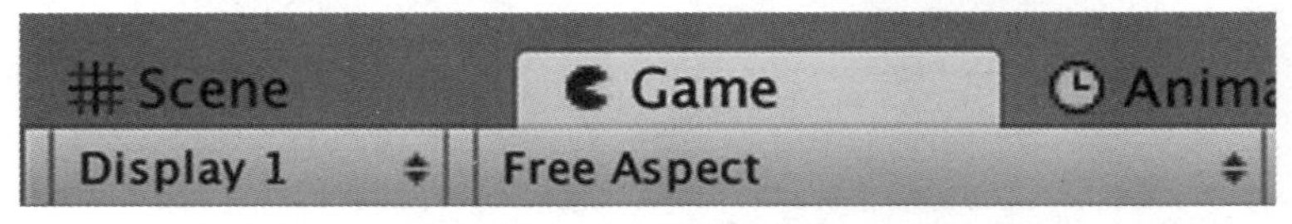

图 4-10　下拉菜单

在下拉菜单的底部，单击加号打开 Add 窗口，可以在其中输入新的分辨率。创建 1280 像素×720 像素的自定义分辨率，如图 4-11 所示。

图 4-11　创建新的自定义分辨率

单击 Play 按钮并让角色在地图上走动，以查看新分辨率和摄像机的运行情况。

我们为玩家创建了地图，但你可能已经注意到，摄像机停留在一个地方。这适用于某些类型的游戏，如益智游戏，但对于 RPG 类型的游戏，我们需要摄像机跟随玩家。可以编写 C#脚本来指示摄像机跟随角色，但我们将使用名为 Cinemachine 的 Unity 工具。

注意　Cinemachine 最初由 Adam Myhill 创建，并在 Unity Asset Store 上出售。Unity 最终收购了 Cinemachine，并向开发者免费提供。如第 2 章所述，你可以创建自己的工具、艺术作品和内容，并在 Unity Asset Store 上出售。

4.7　使用 Cinemachine

Cinemachine 是一套功能强大的 Unity 工具，适用于游戏过程中的摄像机、电影和过场动画。Cinemachine 可以自动化所有类型的摄像机移动，自动在摄像机间进行混合和切换，并自动化所有类型的复杂行为，其中许多行为超出了本书的讨论范围。当角色在地图上走动时，我们将使用 Cinemachine 自动跟踪角色。

Cinemachine 可通过 Asset Store 向 Unity 2017.1 版本提供安装程序，但从 Unity 2018.1 版本开始，Cinemachine 可通过新的 Unity Package Manager 提供。早期版本的 Unity 仍然可以使用 Asset Store 中的 Cinemachine，但不再更新，并且不包含任何新功能。

我们将讨论如何在 Unity 2017 和 Unity 2018 中安装 Cinemachine。请参阅正在运行的 Unity 版本的说明。

1. 在 Unity 2017 中安装 Cinemachine

转到 Window 菜单，然后选择 Asset Store 以打开 Asset Store 选项卡。在屏幕顶部的搜索框中输入 Cinemachine 并按下 Enter 键。你应该得到如图 4-12 所示的结果。

图 4-12　Asset Store 中的 Cinemachine Unity Package

单击 Cinemachine 图标，转到资源页面。在资源页面上，单击 Import 按钮将 Cinemachine Unity Package 导入当前项目。Unity 将为你显示一个弹出界面，如图 4-13 所示，其中显示了包中的所有资源。单击 Import 按钮。

导入的 Cinemachine 软件包现在应该包含一个名为 Cinemachine 的新文件夹。

2. 在 Unity 2018 中安装 Cinemachine

从菜单中选择 Windows | Package Manager，你应该会看到 Unity Package Manager 窗口。选择 All 选项卡，如图 4-14 所示，然后选择 Cinemachine。

图 4-13　导入 Cinemachine Unity Package

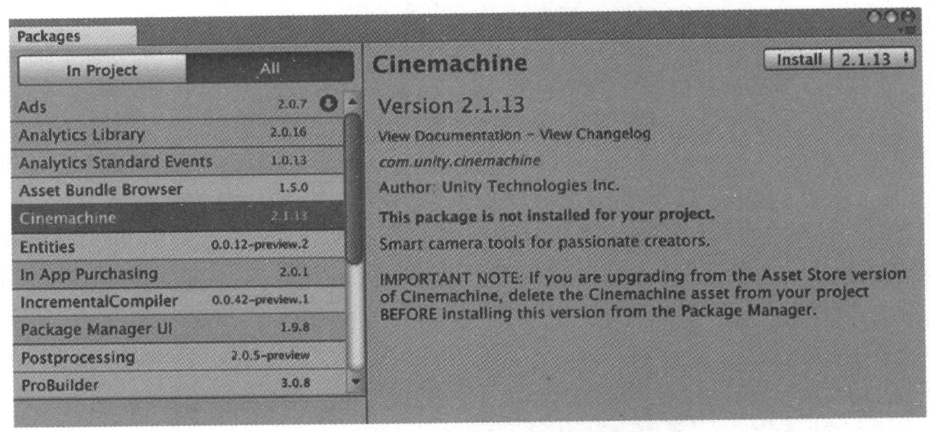

图 4-14　选择 All 选项卡

单击右上角的 Install 按钮，安装 Cinemachine。Cinemachine 完成安装后，关闭 Package Manager 窗口。你应该会在 Project 视图中看到一个新的 Packages 文件夹。

3. 安装 Cinemachine 后

无论运行的是什么 Unity 版本，当 Cinemachine 安装完成后，都应该在屏幕顶部的 Component 和 Window 之间看到 Cinemachine 菜单。

注意　Unity 的包(Package)是可以放入项目的文件集合，能够开箱即用。包以模块化、版本化的形式出现，并自动解决依赖关系。2018 年 5 月，Unity 宣布包是未来发展方向，他们将通过包分发许多新功能。

4.8　虚拟摄像机

转到 Cinemachine 菜单并选择 Create 2D Camera。这应该会创建两个对象：连接到主摄像机的 Cinemachine Brain，以及名为 CM vcam1 的 Cinemachine Virtual Camera GameObject。

什么是虚拟摄像机？Cinemachine 文档使用了很好的类比——虚拟摄像机可以被认为是摄影师。摄像师控制主摄像机的位置和镜头设置，但实际上不是摄像机。虚拟摄像机可以被认为是轻量级控制器，可以指示主摄像机如何移动。我们可以设置虚拟摄像机的跟随目标，沿着路径移动虚拟摄像机，从一条路径混合到另一条路径，并围绕这些行为调整所有类型的参数。虚拟摄像机是 Unity 游戏开发工具箱中非常强大的工具。

Cinemachine Brain 是主摄像机和场景中虚拟摄像机之间的实际链接。Cinemachine Brain 监视当前活动的虚拟摄像机，然后将其状态应用于主摄像机。在运行期间打开和关闭虚拟摄像机可让 Cinemachine Brain 对多个摄像机进行混合，以获得一些非常惊人的效果。

选择虚拟摄像机并将 PlayerObject 拖动到名为 Follow(跟随)的属性中，如图 4-15 所示。

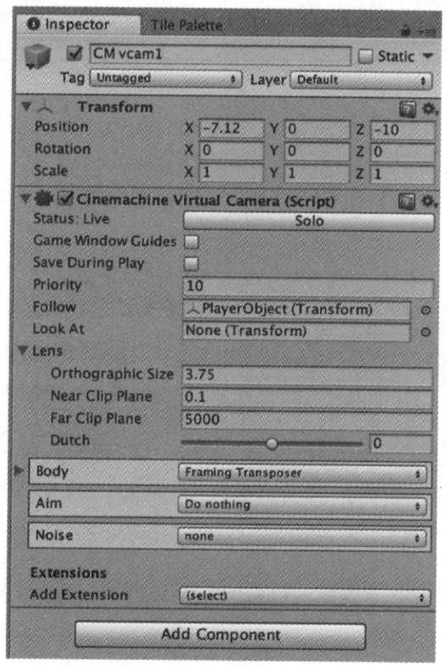

图 4-15　设置 Virtual Camera Follow 目标为 PlayerObject

这将告诉 Cinemachine 虚拟摄像机，当 Player GameObject 在地图上移动时跟随 Transform 组件。

单击 Play 按钮，并观察摄像机跟随角色的效果。很简约！使用 Cinemachine，我们只需要单击几下鼠标即可获得一些非常复杂的摄像机行为。为了更好地了解控制摄像机移动的隐藏参数，让我们隐藏地面层。从 Project 视图中选择 Layer_Ground Tilemap 对象。取消所选中 Tilemap 的 Tilemap Renderer 组件旁边的复选框以取消激活。现在 Unity 不会渲染 Layer_Ground Tilemap。你的场景应该类似于图 4-16，里面隐藏了所有地面瓦片。

图 4-16　取消选中 Tilemap Renderer 组件左侧的复选框以取消激活

现在单击 Hierarchy 面板中的 Main Camera 对象，然后单击 Background 颜色框。将背景颜色更改为白色(见图 4-17)。这样可以更容易地在下一步中看到 Cinemachine 的跟随框。

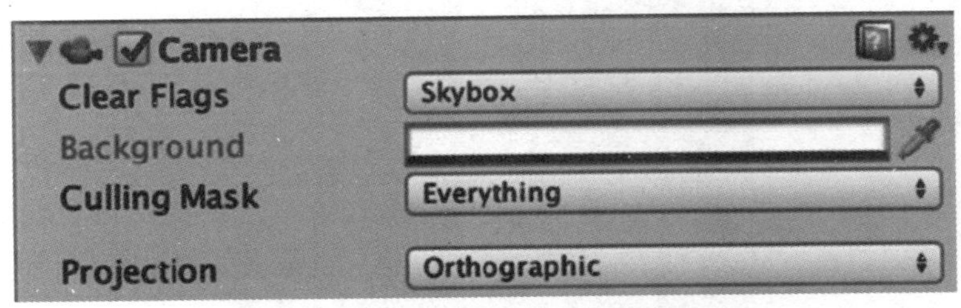

图 4-17　将摄像机的背景色更改为白色

最后，选择虚拟摄像机并确保选中 Game Window Guides 复选框。你将在下一步中看到 Game Window Guides。

再次单击 Play 按钮。注意中间有一个白色的盒子环绕着玩家，周围是浅蓝色区域，红色区域包围着所有区域(见图 4-18)。这个白色的盒子叫作“死区”(Dead Zone)。死区内有一个名为跟踪点(Tracking Point)的黄点，它将直接与玩家一起移动。

图 4-18　角色周围的死区内包含一个黄色的跟踪点

在玩家周围的死区内跟踪点可以移动，而摄像机不会跟随移动。当跟踪点移动到死区外并进入蓝色区域时，摄像机将移动并开始跟踪。Cinemachine 也会为运动增添一点阻尼。如果能够以足够的速度移动以使玩家进入红色区域，摄像机将以 1∶1 跟踪玩家并且无延迟地跟踪每个动作。

确保 Game 视图可见，然后单击白色框的边缘。将白色框拖出一点，调整跟踪区域的大小并使其更大一些。现在玩家可以在没有摄像机移动的情况下走得更远。可以随意调整这些参考线的尺寸，从而获得游戏中感觉自然的摄像机行为。

在 Hierarchy 面板中仍然保持选中 Cinemachine 对象，查看 Cinemachine 虚拟摄像机组件。展开 Body 部分。在 Body 部分内部(见图 4-19)，可以选择调整虚拟摄像机机身的 X 和 Y 阻尼。阻尼是虚拟摄像机死区追赶跟踪点的移动速度。

理解阻尼的最佳方法是在玩家绕地图行走时调整 X 和 Y 阻尼。单击 Play 按钮运行游戏，并尝试“阻尼”值。

如果将玩家带到地图的边缘，你会看到摄像机随目标一起移动，事情看起来并不太糟糕。但我们可以做得更好。

停止播放并在 Hierarchy 面板中选择 Layer_Ground 对象。选中 Tilemap Renderer 组件左侧的复选框，使图层再次可见。

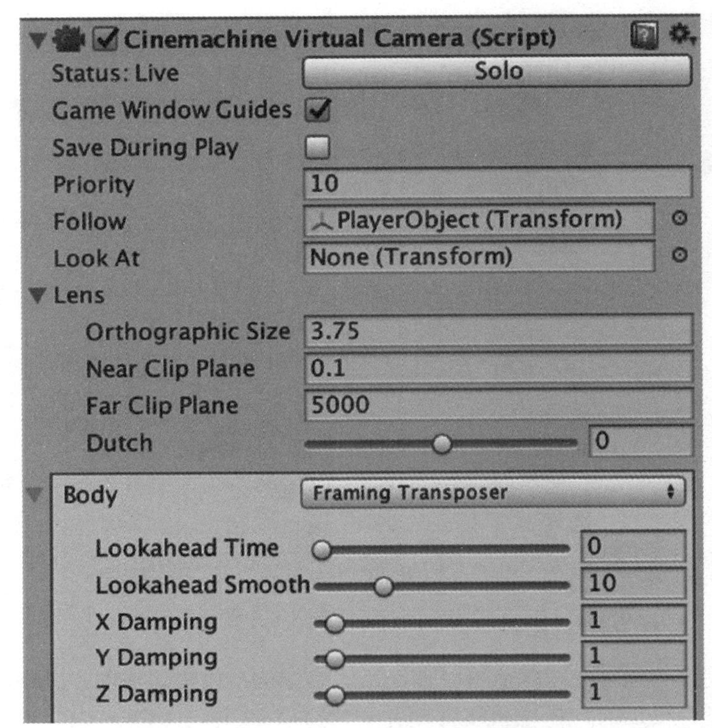

图 4-19 Virtual Camera Body 属性部分的 Damping 属性

1. Cinemachine Confiner

现在我们知道如何让摄像机在角色走动时跟踪角色，我们将学习如何在角色靠近屏幕边缘时防止摄像机移动。我们将使用名为 Cinemachine Confiner 的组件将摄像机限制在某个区域。Cinemachine Confiner 将使用 Collider 2D 对象，我们已预先配置以包围想要约束摄像机的区域。

在开始实现细节之前，让我们想象一下 Cinemachine Confiner 将如何影响摄像机移动。请记住，虚拟摄像机实际上是指示活动的场景摄像机，用于告知移动的位置和速度。

在图 4-20 中，场景中的玩家即将向东行走。

白色区域是当前活动摄像机的可见视口(viewport)。灰色区域是地图的其余部分，位于摄像机视口之外且目前不可见。灰色区域的周边被 Collider 2D 包围。

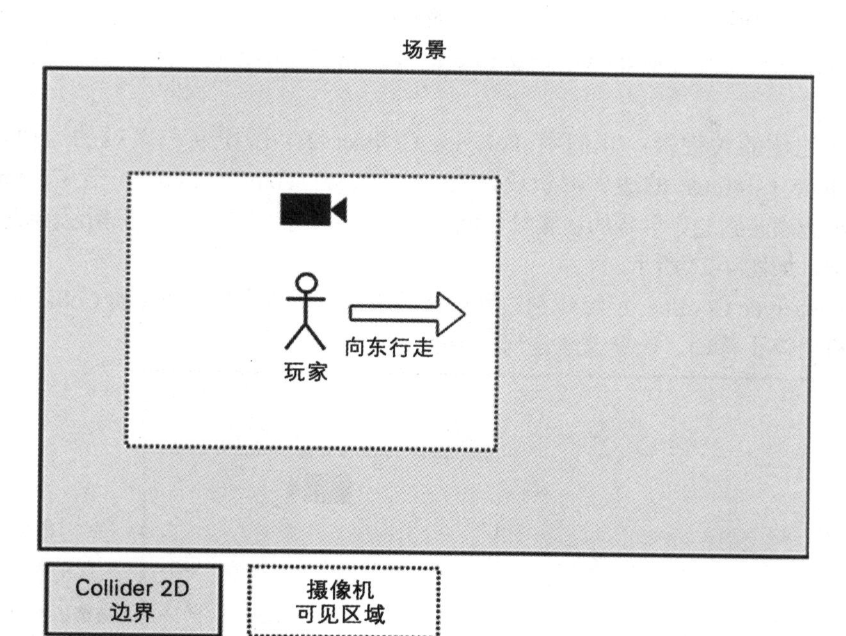

图 4-20　玩家即将向东行走

当玩家向东行走时，虚拟摄像机指示摄像机向东移动并在玩家走过场景时跟踪玩家，如图 4-21 所示。

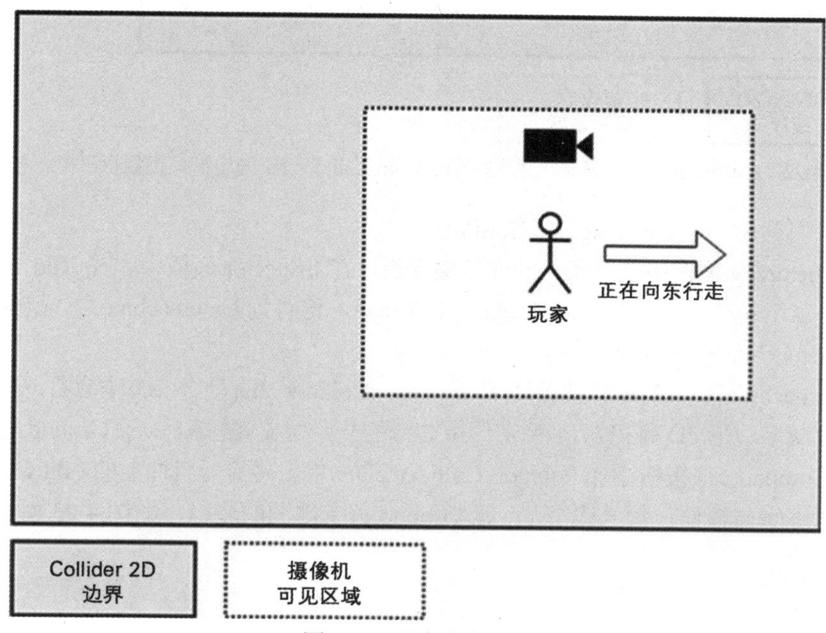

图 4-21　玩家向东行走

虚拟摄像机在移动时将考虑玩家移动速度、死区大小以及应用于摄像机机身的阻尼量。

需要记住的关键是：我们用 Polygon Collider 2D 围绕灰色区域的周边，并将 Cinemachine Confiner 的边界形状设置为指向 Cinemachine Collider。当 Cinemachine Confiner 边缘碰到边界形状的边缘时，就会相互作用并告诉虚拟摄像机指示活动摄像机停止移动，如图 4-22 所示。

Cinemachine Confiner 已经碰到边界形状的边缘，即围绕关卡地图的 Collider 2D。虚拟摄像机已停止移动，玩家继续走到地图的边缘。

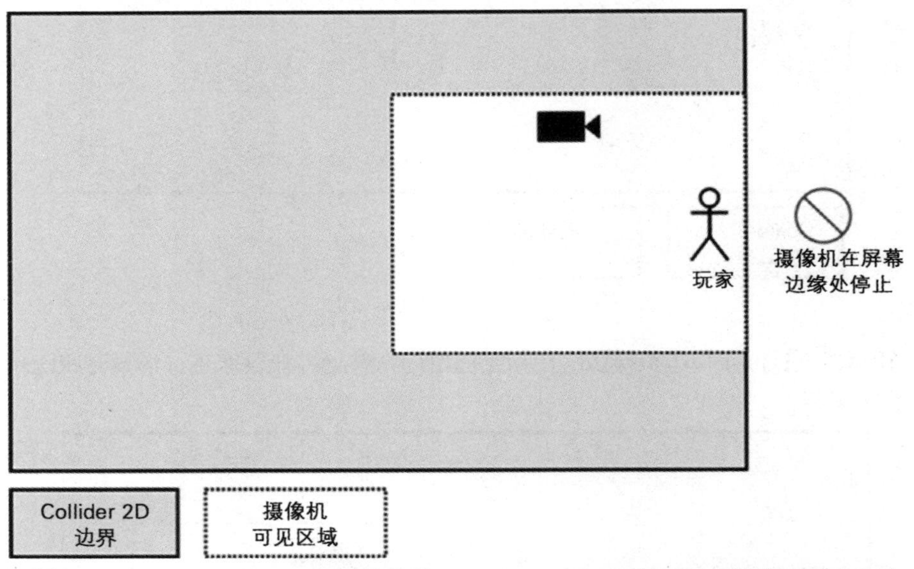

图 4-22　Cinemachine Confiner 已经碰到 Polygon Collider 2D 的边缘，摄像机已停止移动

让我们构建一个 Cinemachine Confiner。

从 Hierarchy 面板中选择我们的虚拟摄像机。在 Inspector 面板中，在 Add Extension 的旁边，从下拉菜单中选择 Cinemachine Confiner，这将为 Cinemachine 2D 摄像机添加一个 Cinemachine Confiner 组件。

Cinemachine Confiner 需要使用 Composite Collider 2D(复合 2D 碰撞器)或 Polygon Collider 2D(多边形 2D 碰撞器)来确定约束边缘的开始位置。选择 Layer_Ground 对象并通过 Add Components 按钮添加 Polygon Collider 2D。单击碰撞器组件上的 Edit Collider 按钮，然后编辑碰撞器，使其围绕 Layer_Ground 关卡地图的边缘，如图 4-23 所示。

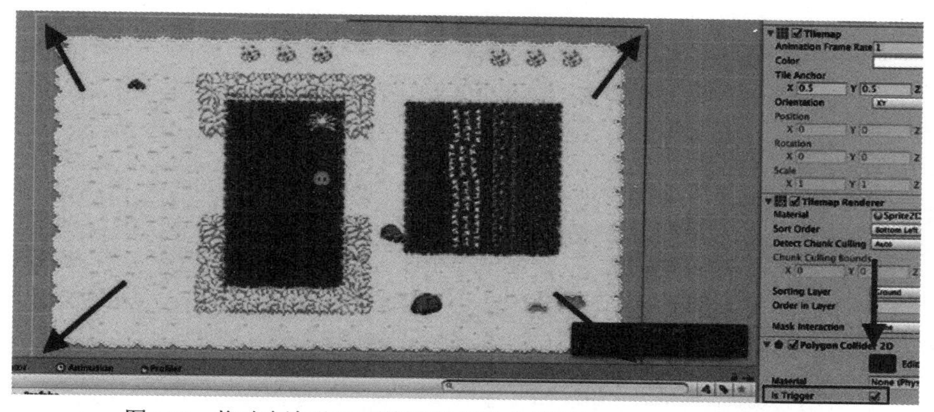

图 4-23 拖动多边形 2D 碰撞器的四个角以匹配 Layer_Ground 的轮廓

图 4-23 中的箭头用于提醒你在碰撞器和地图边缘之间留出一点空间。这样摄像机将显示一点水面，并且不会严格限制在陆地边缘。编辑完碰撞器后，不要忘记再次单击 Edit Collider 按钮。检查碰撞器组件上的 Is Trigger 属性，然后再次选择 Cinemachine Camera。我们希望使用 Cinemachine Collider 作为触发器，因为如果不这样做，当玩家的 Collider 和 Tilemap Collider 相互作用时，玩家将被碰撞器强行推开。这是因为具有碰撞器的两个对象不能占据相同的空间位置，除非其中一个被用作触发器。

选择并将 Layer_Ground 对象拖动到 Cinemachine Confiner 的 Bounding Shape 2D 字段中，如图 4-24 所示。

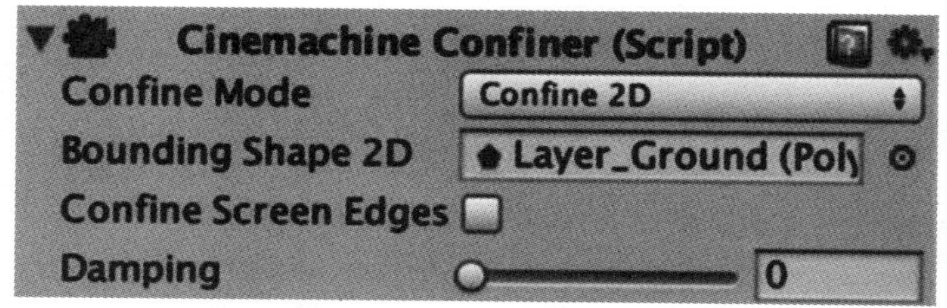

图 4-24 Layer_Ground 中的 Polygon Collider 2D 将用于 Bounding Shape 2D

Cinemachine Confiner 将从 Layer_Ground 对象中获取 Collider 2D 并将其用作 Cinemachine Confiner 的边界形状。确保选中 Confine Screen Edges 复选框，以告知 Cinemachine Confiner 停在 Polygon 2D 边缘。

单击 Play 按钮，然后走向屏幕边缘。如果一切设置正确，一旦摄像机到达我们之前放置多边形 2D 碰撞器的边缘，你将看到虚拟摄像机的死区停止移动。图 4-25 中的箭头指向 Polygon Collider 2D 的边缘。如你所见，玩家已远远走出死区，而当跟踪点继续随玩家移动时，摄像机仍然停止移动。

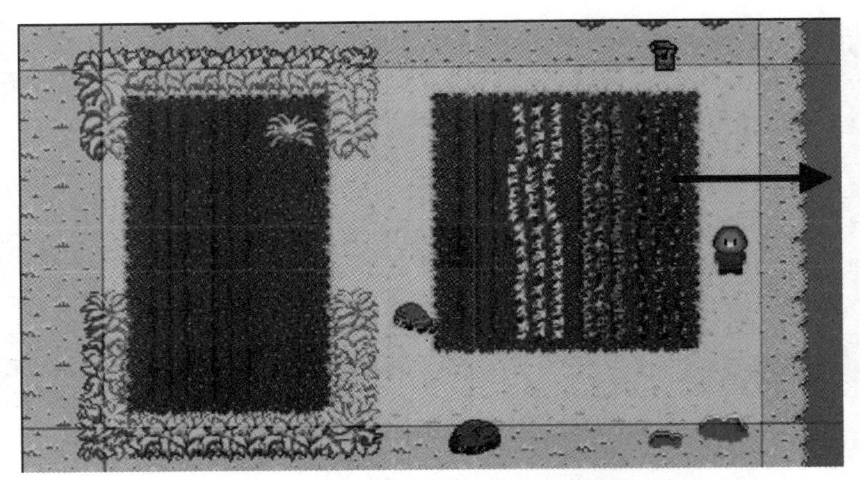

图 4-25　死区已经停止与玩家一起移动

回顾一下设置 Cinemachine Confiner 的三个步骤：

(1) 将 Cinemachine Confiner Extension 添加到虚拟摄像机。

(2) 在 Tilemap 上创建多边形 2D 碰撞器，编辑其形状以确定限制边缘，并设置 Is Trigger 属性。

(3) 使用 Polygon Collider 2D 作为 Cinemachine Confiner 的 Bounding Shape 2D 字段。

强制摄像机停止在屏幕边缘处移动，同时允许玩家继续行走，这是你可能会在数十个 2D 游戏中看到的常见效果。

请注意，使用 Cinemachine Confiner 不会阻止玩家离开地图——只是阻止摄像机跟踪它们。我们很快会设置一些逻辑，以防止玩家离开地图。

4.9　稳定性

当你在地图上操纵玩家走动时，可能会注意到轻微的抖动效果。当玩家停止行走并且虚拟摄像机阻尼缓慢使跟踪停止时，抖动尤其明显。这种抖动效应是由于摄像机坐标过于精确造成的。摄像机正在跟踪玩家，并且正在移动到子像素位置，而玩家只是从一个像素移动到另一个像素。我们之前在对正交摄像机的尺寸进行计算时，就确保了这一点。

为了解决这种抖动问题，我们希望强制最终的 Cinemachine 虚拟摄像机位置保持在像素范围内。我们将编写一个简单的“扩展”组件脚本，并将其添加到 Cinemachine 虚拟摄像机中。扩展组件将获取 Cinemachine 虚拟摄像机的最后一个坐标，并将它们舍入成与我们的 PPU 对齐的值。

创建名为 RoundCameraPos 的 C#脚本，并在 Visual Studio 中打开。键入以下脚本，

并参考注释以便更好地理解。这肯定是你将要编写的比较高级的脚本之一，但如果很看重游戏的运行效果，那么这个脚本值得花费精力去理解。

```
using UnityEngine;

// 1
using Cinemachine;

// 2
public class RoundCameraPos : CinemachineExtension
{
    // 3
    public float PixelsPerUnit = 32;

    // 4
    protected override void PostPipelineStageCallback(
       CinemachineVirtualCameraBase vcam,
       CinemachineCore.Stage stage, ref CameraState state,
    float deltaTime)
    {
       // 5
       if (stage == CinemachineCore.Stage.Body)
       {
          // 6
          Vector3 pos = state.FinalPosition;

          // 7
          Vector3 pos2 = new Vector3(Round(pos.x),
          Round(pos.y), pos.z);

          // 8
          state.PositionCorrection += pos2-pos;
       }
    }
    // 9
    float Round(float x)
    {
       return Mathf.Round(x * PixelsPerUnit) / PixelsPerUnit;
```

```
    }
}
```

下面对上述代码进行详细解释。

```
// 1
using Cinemachine;
```

导入 Cinemachine 框架以编写我们将附加到 Cinemachine 虚拟摄像机的扩展组件。

```
// 2
public class RoundCameraPos : CinemachineExtension
```

要附加到 Cinemachine 处理管道的组件必须从 CinemachineExtension 继承。

```
// 3
public float PixelsPerUnit = 32;
```

正如我们之前介绍摄像机时所讨论的那样，我们在一个世界单元中显示 32 个像素。

```
// 4
protected override void PostPipelineStageCallback(Cinemachine
    VirtualCameraBase vcam, CinemachineCore.Stage stage, ref
    CameraState state, float deltaTime)
```

从 CinemachineExtension 继承的所有类都需要上面这个方法，在完成 Cinemachine Confiner 处理后，由 Cinemachine 调用。

```
// 5
if (stage == CinemachineCore.Stage.Body)
```

Cinemachine 虚拟摄像机具有一个由多个阶段组成的后处理管道。我们执行检查以查看摄像机后期处理处在哪个阶段。如果处于 Body 阶段，那么可以设置虚拟摄像机在太空中(space)的位置。

```
// 6
Vector3 finalPos = state.FinalPosition;
```

上述代码可获取虚拟摄像机的最终位置。

```
// 7
```

```
Vector3 newPos = new Vector3(Round(finalPos.x),
Round(finalPos.y), finalPos.z);
```

调用我们编写的四舍五入方法 Round()来处理位置值，然后使用结果创建一个新的 Vector，这将是对齐了像素的新位置。

```
// 8
state.PositionCorrection += newPos-finalPos;
```

上述代码将虚拟摄像机的新位置设置为旧位置和刚刚四舍五入计算得到的新位置之间的差值。

```
// 9
float Round(float x)
{
   return Mathf.Round(x * PixelsPerUnit) / PixelsPerUnit;
}
```

我们使用上述方法 Round()确保摄像机始终位于像素点位置。

4.10　材质

当你在地图上操纵玩家走动时，可能会注意到瓦片之间有一些线条或“眼泪”，那是因为它们没有精确地捕捉到像素完美的位置。为了解决这个问题，可使用一种名为材质(Material)的东西来告诉 Unity 我们想要渲染的精灵。

创建名为 Materials 的文件夹，然后在该文件夹上右击，从弹出菜单中选择 Create | Material，将材质命名为 Sprite2D。

在材质 Sprite2D 上设置属性，如下所示。

Shader(着色器)：Sprites / Default (精灵/默认)

确保选中 Pixel Snap(像素捕捉)复选框。

新的材质属性应如图 4-26 所示。

我们希望 GameObjects 中的 Renderer 组件使用 Sprite2D 材质而不是默认材质。

选择 Layer_Ground Tilemap 并通过单击 Material 属性旁边的点来更改 Tilemap Renderer 中的材质。选择 Sprite2D 材质后，Renderer 组件应如图 4-27 所示。

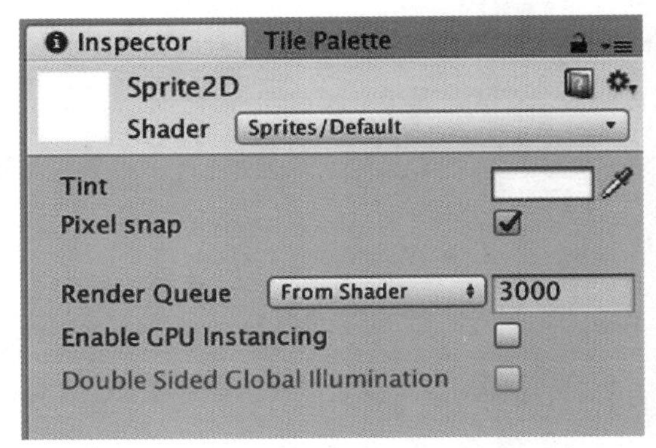

图 4-26　配置新材质

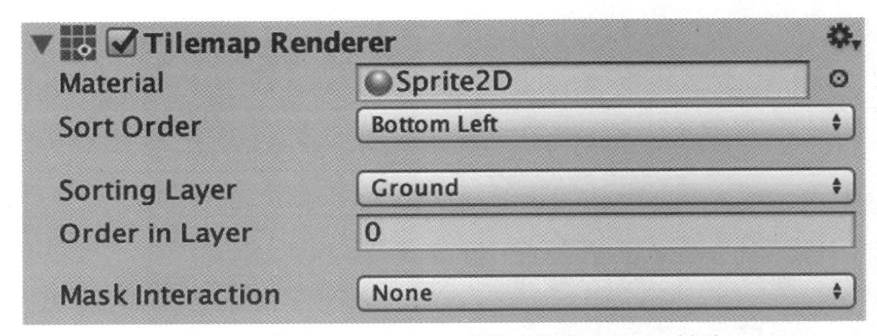

图 4-27　在 Tilemap Renderer 组件中使用 Sprite2D 材质

对所有的 Tilemap 图层执行上述操作，然后单击 Play 按钮，上面提到的“眼泪”应该就消失了。

4.11 碰撞器和 Tilemap

4.11.1 Tilemap Collider 2D

现在我们将解决玩家可以穿过 Tilemap 上所有东西的问题。还记得我们如何在第 3 章中向 PlayerObject 添加 Box Collider 2D 吗？有一个专为 Tilemap 量身定制的组件，称为 Tilemap Collider 2D。当把 Tilemap Collider 2D 添加到 Tilemap 时，Unity 将自动检测 Tilemap 上的每个精灵瓦片，并将 Collider 2D 添加到在该 Tilemap 上检测到的每个精灵瓦片上。我们将使用这些 Tilemap 碰撞器来确定 PlayerObject 碰撞器何时与瓦片碰撞器接触并阻止玩家穿过它。

从 Hierarchy 面板中选择 Layer_Trees_and_Rocks，然后单击 Inspector 面板中的 Add Component 按钮。搜索并添加名为 Tilemap Collider 2D 的组件。

你会注意到 Layers_Objects Tilemap 上的所有精灵现在都有一条细的绿线围绕着它们，这表示 Collider 组件，类似于图 4-28。

图 4-28　Tilemap Collider 2D 将碰撞器添加到岩石中，如箭头所示

注意　如果你在 Tilemap 上看到每个瓦片的周围有一个框，那么表示选择了错误的 Tilemap(Layer_Ground)。这是一种常见错误。通过单击 Inspector 面板中组件右上角的齿轮图标可删除 Tilemap Collider 2D 组件，然后从菜单中选择 Remove Component，如图 4-29 所示。

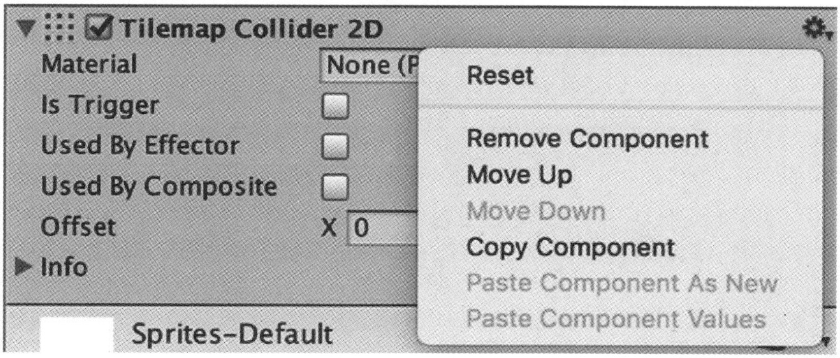

图 4-29　删除错放的 Tilemap Collider 2D 组件

现在，在 Hierarchy 面板中选择所需的 Tilemap——Layer_Trees_and_Rocks，并向其中添加 Tilemap Collider 2D 组件。

我们刚刚在 Layer_Objects 上的每个瓦片精灵中添加了 Collider 2D。请查看图 4-30，注意花园周围的灌木丛中有七个独立的碰撞器。这种方法的问题在于 Unity 跟踪所有这些碰撞器的效率非常低。

图 4-30　Layer_Trees_and_Rocks 中的每个精灵现在都有自己的碰撞器

4.11.2　复合碰撞器

幸运的是，Unity 附带了一个名为 Composite Collider(复合碰撞器)的工具，它能将所有这些单独的碰撞器组合成一个大型碰撞器，这样效率更高。保持在 Hierarchy 面板中选中 Layer_Trees_and_Rocks Tilemap 图层，单击 Add Component 按钮并将 Composite Collider 2D 组件添加到 Layer_Trees_and_Rocks。你可以保留所有默认设置。现在选中 Tilemap Collider 2D 中的复选框，其中显示 Used By Composite，并观察灌木的所有单独碰撞器是如何像魔法一样合并在一起的。

当我们将 Composite Collider 2D 添加到 Tilemap 图层时，Unity 自动添加了一个 Rigidbody 2D 组件。将此 Rigidbody 2D 组件的 Body Type 设置为 Static，因为它不会移动。

在我们单击 Play 按钮之前，确保当玩家与某物碰撞时不会旋转，如图 4-31 所示。因为 PlayerObject 具有 Dynamic Rigidbody 2D 组件，所以当物理引擎与其他碰撞器交互时，会受到物理引擎施加的力。

图 4-31　这种荒谬的旋转是由于 Rigidbody 2D 碰撞造成的

选择 PlayerObject 并在附加的 Rigidbody 2D 组件中选中 Freeze Rotation Z 复选框，如图 4-32 所示。

Rigidbody 2D	
Body Type	Dynamic
Material	None (Physics Material 2D)
Simulated	☑
Use Auto Mass	☐
Mass	1
Linear Drag	0
Angular Drag	0.05
Gravity Scale	0
Collision Detection	Discrete
Sleeping Mode	Start Awake
Interpolate	None
▼ Constraints	
Freeze Position	☐ X ☐ Y
Freeze Rotation	☑ Z
▶ Info	

图 4-32　冻结 Z 轴旋转以防止玩家旋转

单击 Play 按钮，在地图上操纵玩家走动。你会注意到，玩家对象已不能再穿过灌木丛、岩石或任何放置在 Layer_Trees_and_Rocks 上的东西。这是因为我们在第 3 章中添加到 PlayerObject 的碰撞器与刚刚添加的 Tilemap 碰撞器发生了碰撞。

你还会注意到，对于 Tilemap 上的某些对象，玩家在离这些对象还有一段明显的距离时就已不能再靠近。想要更好地查看每个 Collider 的边界，请保持游戏运行并通过选择 Scene 选项卡切换到 Scene 视图。

使用鼠标或触摸板上的滚轮放大玩家。如果需要，可以通过按住 Alt(PC)或 Option(Mac)键，然后单击并拖动 Tilemap 来平移场景。从 Hierarchy 面板中选择 PlayerObject，查看 Box Collider。然后按住 Control(PC)或 Cmd /⌘(Mac)键并选择 Layer_Trees_and_ Rocks Tilemap，而不要取消选择 PlayerObject。

现在你应该选择了两个游戏对象，你应该看到一个碰撞器围绕着玩家，另一个碰撞器围绕着 Tilemap 中的一个瓦片。根据绘制 Tilemap 的方式，确切的瓦片会有所不同，但如图 4-33 所示，碰撞器盒显示为围绕着每个对象的绿色细线。

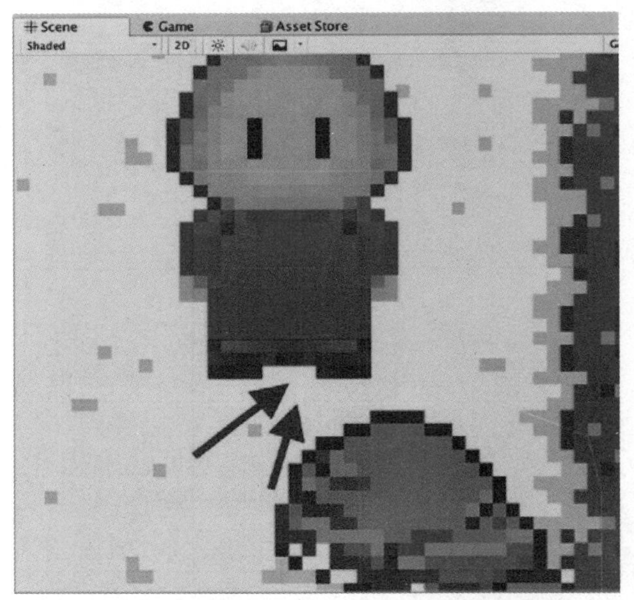

图 4-33 玩家与周围物体之间的距离

岩石和玩家的碰撞器发生碰撞，阻止玩家移动以靠近。因为碰撞器没有非常紧密地包围岩石，所以玩家不能移动以紧贴岩石，而是与岩石之间保持明显的距离。我们可以通过编辑每种精灵的 Physics Shape(物理形状)来解决这个问题。

4.11.3 编辑 Physics Shape

要编辑精灵表中精灵的 Physics Shape，请在 Project 视图中选择 Outdoor Objects 精灵表，然后在 Inspector 面板中打开 Sprite Editor(精灵编辑器)。转到左上角的 Sprite Editor

下拉菜单，选择 Edit Physics Shape，如图 4-34 所示。

图 4-34　在 Sprite Editor 下拉菜单中选择 Edit Physics Shape

选择要编辑的精灵，然后单击 Outline Tolerance(轮廓公差)旁边的 Update 按钮，查看精灵周围的物理形状轮廓。

拖动框以匹配想要的对象轮廓(见图 4-35)。除非游戏机制真的需要，否则没有必要使用超精确的 Physics Shape。可以通过单击线条创建新的点，而通过选择点并按下 Control(PC)或 Cmd /⌘(Mac)+ Delete 键来删除点。

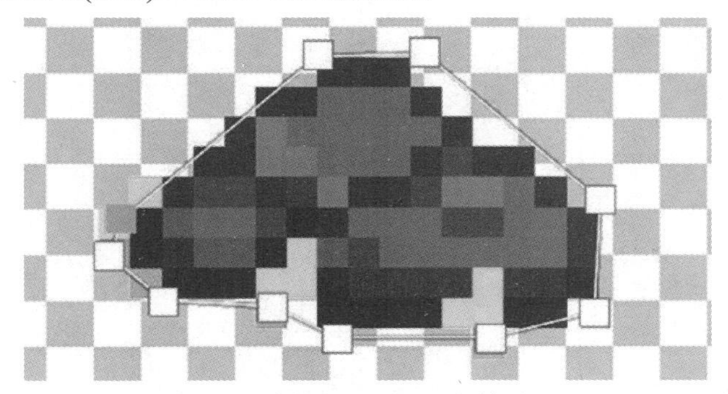

图 4-35　将 Physics Shape 与精灵匹配

如果对 Physics Shape 感到满意，请单击 Apply 按钮，并关闭精灵编辑器。要在场景中使用这个新的物理轮廓(Physics Outline)，请确保选择了相关的 Tilemap，然后单击 Tilemap Collider 2D 组件上齿轮图标下拉菜单中的 Reset 按钮，如图 4-36 所示。这将强制 Unity Editor 读取更新的 Physics Shape 信息。

现在单击 Play 按钮，查看新的和改进后的碰撞器的工作状况。

提示　当制作复合碰撞器时，在合并碰撞器的过程中 Unity 会采用最佳猜测，所以当你在瓦片编辑器中调整物理轮廓时，如果在精灵周围留下间隙，就可能无法看到所有的瓦片都被合并成一个大型碰撞器。可以再次在瓦片编辑器中调整物理轮廓，或者如果间隙不大的话，留着也不会产生太大影响。请记住：如果调整了物体的物理轮廓，则每次都需要重置组件以获取更新后的物理轮廓。

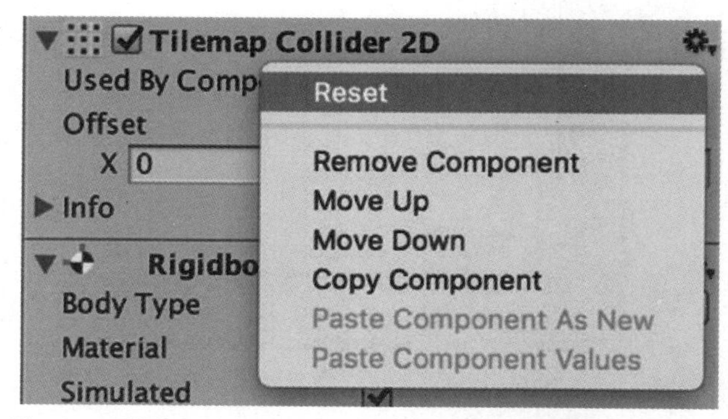

图 4-36　重置 Tilemap Collider 2D 组件以使用新的 Physics Shape

因为你现在是碰撞器专家，所以可能还想把玩家的 Box Collider 2D 调整得更小，如图 4-37 所示。

图 4-37　调整玩家的碰撞器尺寸以获得更好的贴合度

现在我们已经熟悉了 Tilemap 碰撞器，下面使用它们在地图中创建一条围绕陆地的边界，这样玩家就无法走进水中。你的游戏可能有不同的要求——你可能希望玩家因某种原因走进水中，但接下来介绍防止玩家走进不期望区域的几种不同技术。

选择 Layer_Ground 并从不希望玩家进入的区域中删除任何瓦片。在创建的示例地图中，我们将删除水面瓦片，因为我们不希望玩家走进水中。我们删除这些瓦片，因为我们要将它们绘制到不同的图层上。现在创建一个名为 Layer_Water 的 Tilemap 图层，确保将这个图层上的排序图层设置为 Ground，以保持一致。

确保在 Tile Palette 界面中选择新创建的图层作为 Active Tilemap。绘制出想让玩家远离的区域，例如水面，如图 4-38 所示。请注意，在图 4-38 中，我们将 Focus On 设定为

Tilemap，因此只能看到当前所选 Tilemap 图层中的切片。

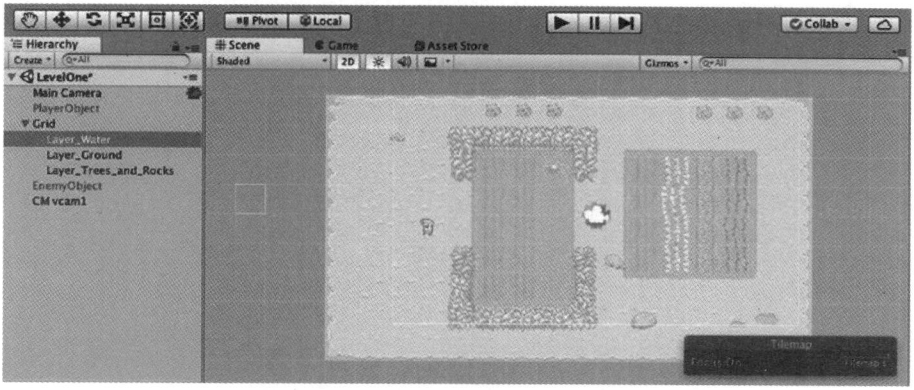

图 4-38　打开 Focus On 以便更清晰地查看新的 Tilemap 图层

我们想要将 Tilemap Collider 2D 和 Composite Collider 2D 添加到 Layer_Water Tilemap 中。添加 Composite Collider 2D 时也会自动添加 Rigidbody 2D 组件。将 Rigidbody 2D 组件的 Body Type 设置为 Static，因为我们不希望海洋瓦片在与玩家发生碰撞时移动到任何地方。最后，选中 Tilemap Collider 2D 中的 Used by Composite 复选框，将所有单独的瓦片碰撞器组合成单个有效的碰撞器。

单击 Play 按钮，注意观察玩家如何不能再走进水中。

4.12　本章小结

在本章中，我们介绍了使用 Unity 制作 2D 游戏的一些核心概念，学会了如何将精灵变成 Tile Palette 并用它们来绘制 Tilemap。我们使用碰撞器来防止玩家穿过物体，并且调整它们以获得更好的玩家体验。我们学习了如何配置摄像机以实现缩放、图片尺寸和分辨率之间的平衡，这在 2D 像素艺术风格的游戏中非常重要。我们在本章中介绍的最有价值的工具之一是 Cinemachine —— 一种用于自动化摄像机移动的强大工具。如果有兴趣了解有关 Cinemachine 的更多信息，https://forum.unity.com 是提问的好地方，也可以向创建 Cinemachine 的人学习！在第 5 章中，我们将把学到的所有知识整合在一起，然后你会开始感觉自己就像真的在制作游戏。

第 5 章

整合游戏

到目前为止，我们已经学习了 Unity 为构建游戏提供的很多知识，现在把它们整合到一起。在本章中，将构建用于玩家、敌人和游戏中可能出现的其他角色的 C#类，也将创建一些玩家可以拾起的预制件，包括硬币和能力提升道具，并学习如何指定游戏逻辑关注哪些对象的碰撞，哪些不关注。我们将详细探讨一个重要的名为 Scriptable Objects 的 Unity 专用工具，并介绍如何利用它来构建整洁的、可扩展的游戏架构。

5.1 Character 类

在本节中，我们将为游戏中每个角色(敌人或玩家)使用的类奠定基础。游戏中，每个有生命的角色都会有一些特定的特征。

健康值或“生命值”用来衡量会造成角色死亡的伤害总量。生命值是从以前的桌面战争游戏流传下来的一个术语。但是，现在每一种类型的游戏通常都有生命值或健康值的概念。

图 5-1 展示了 Behemoth 开发的 Castle Crashers 游戏的截图，演示了一个在视觉上表示角色的剩余生命值的例子，有很多游戏选择这样做。这个屏幕截图展示了一种常见的技术：在屏幕顶部，每个角色名字的下方都有一条红色的生命条或健康条。

现在，我们只需要记录生命值，但最终将构建自己的健康条来直观地表示玩家的剩余健康值。

在 Scripts 文件夹下新建 MonoBehaviours 文件夹。因为我们将创造更多的 MonoBehaviour 脚本，所以为它们创建专属的文件夹是有意义的。因为 MovementController 脚本继承自 MonoBehaviour，所以将它移到这个文件夹中。

在 MonoBehaviours 文件夹中，新建一个名为 Character 的 C#脚本。双击 Character 脚本，在编辑器里打开它。

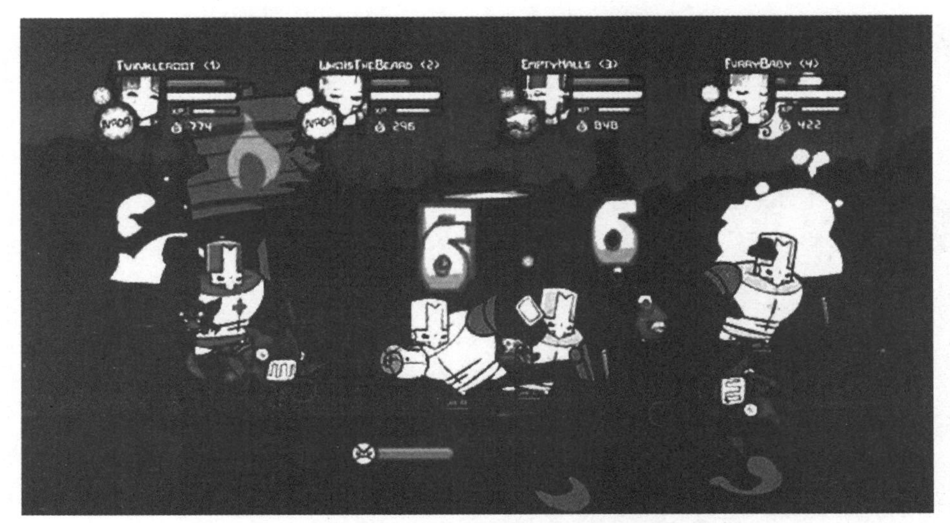

图 5-1　生命值表示为屏幕顶部不同长度的红条

我们将创建一个通用的 Character 类，Player 和 Enemy 类都将继承这个类。Character 类将包含游戏中所有角色类型所共有的功能和属性。

输入以下代码，完成后不要忘记保存。像往常一样，不要输入注释行。

```
using UnityEngine;
// 1
public abstract class Character : MonoBehaviour {

// 2
    public int hitPoints;
    public int maxHitPoints;
}
```

我们使用 C#中的 Abstract 修饰符来表示这个类不能被实例化，并且必须由子类继承。

hitPoints 和 maxHitPoints 用于记录角色的当前生命值以及最大生命值。角色的生命值是有上限的。

输入完毕后一定要记着保存脚本。

5.2 Player 类

接下来，我们将创建基础的 Player 类。在 MonoBehaviours 文件夹中，新建一个名为 Player 的 C#脚本。开始时，Player 类将会极其简单，但是我们将在后续过程中为它添加功能。

输入以下代码，我们已经移除了 Start()和 Update()方法：

```
using UnityEngine;
// 1
public class Player : Character
{
    // 目前为空
}
```

现在我们只想从 Character 类继承一些属性，比如 hitPoints。

保存脚本后切换回 Unity 编辑器。

选择 Player 预制件。将 Player 脚本拖放到 Player 对象中，并设置其属性，如图 5-2 所示。一开始，给玩家 5 点生命值和 10 点最大生命值。

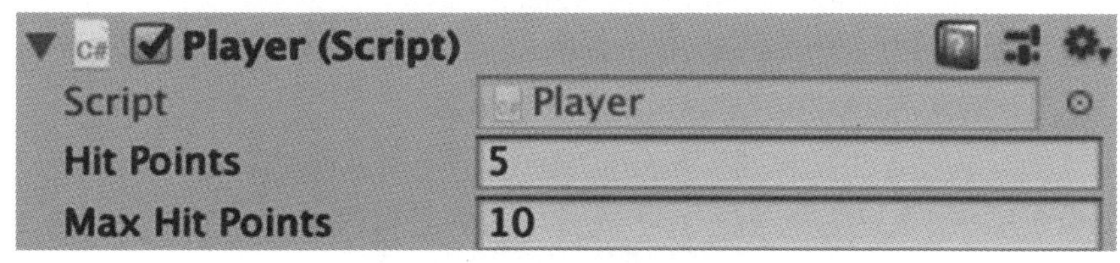

图 5-2　配置 Player 脚本

刚开始的时候，玩家的生命值低于最大生命值，因为在本章的后面，我们将构建一项功能，让玩家可以从中获取增加生命值的道具。

5.3　聚焦预制件

对于冒险家甚至勇敢的英雄来说，生活并不全是乐趣和游戏，他们都需要以某种方式谋生。让我们在场景里创造一些硬币。

从下载的本书游戏资源的文件夹中，选择名为 hearts-and-coins32x32.png 的精灵表，然后把它拖到 Assets | Sprites | Objects 文件夹中。

Inspector 面板中的 Import Settings 应如下设置。

Texture Type：Sprite (2D and UI)

Sprite Mode：Multiple

Pixels Per Unit：32

Filter Mode：Point (no filter)

确保选择了底部的 Default 按钮并且把 Compression 设置为 None，单击 Apply 按钮，然后打开 Sprite Editor。从 Slice 菜单中选择 Grid By Cell Size，然后设置 Pixel Size 为宽 32、高 32。单击 Apply 按钮，然后关闭 Sprite Editor。

5.3.1 创建硬币预制件

在本节中，我们将创建硬币预制件本身。

在 Project 视图中新建一个 GameObject 并重命名为 CoinObject。从切割的 heart-coin-fire 精灵表中选择四个单独的硬币精灵，并将它们拖动到 CoinObject 上以创建新的动画。遵循第 3 章创建 Player 和 Enemy 动画时的步骤。将动画片段重命名为 coin-spin，并将它保存在 Animations | Animations 文件夹。将生成的控制器重命名为 CoinController，并将它移动到 Controllers 文件夹中。

在 Sprite Renderer 组件中，单击 Sprite 表格旁边的小圆点并选择在 Scene 视图中预览该组件时使用的精灵。

可通过在 Sprite Renderer 组件中打开 Sorting Layer 下拉菜单来新建排序图层，单击 Add Sorting Layer，然后在 Ground 和 Characters 层之间添加名为 Objects 的新层。

再次选择 CoinObject 并设置排序图层为 Objects。

为了让玩家拾起硬币，需要配置 CoinObject 的两个方面：

- 检测玩家与硬币碰撞的某种方法。
- 硬币上的自定义标签，用于声明硬币可以被拾起。

5.3.2 设置 Circle Collider 2D

再次选择 CoinObject 并向其添加 Circle Collider 2D 组件。Circle Collider 2D 是一种基本碰撞器，我们将用它来检测玩家何时碰到硬币。将 Circle Collider 2D 的 Radius(半径)设成 0.17，以便和精灵尺寸相同。

我们要编写的脚本逻辑要求玩家穿过硬币以拾起它。为了做到这一点，我们使用 Circle Collider 2D 的方式有些不同于其他碰撞器。如果简单地添加一个 Circle Collider 2D 到 CoinObject 上，玩家将不能穿过它。我们希望 CoinObject 上的 Circle Collider 2D 充当某种“触发器”，并检测其他碰撞器何时与之交互。我们不希望 Circle Collider 2D 阻止其他碰撞器穿过它。

要使用 Circle Collider 2D 作为触发器，需要确保选中了 Is Trigger 复选框，如图 5-3 所示。

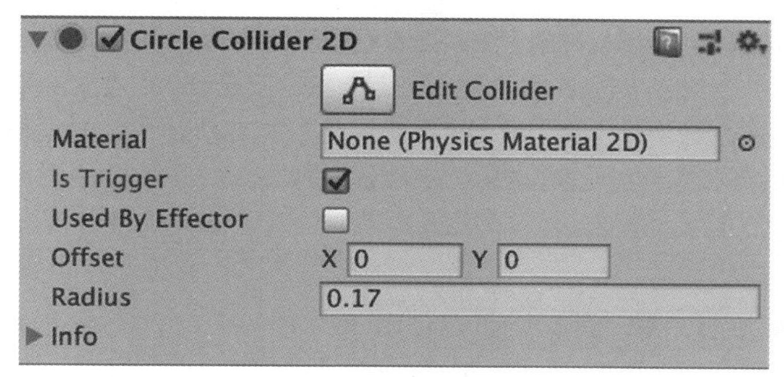

图 5-3 选中 Circle Collider 2D 中的 Is Trigger 复选框

5.3.3 设置自定义标签

我们还希望向 CoinObject 添加标签，脚本可以使用标签来检测其他物品是否可以被拾起。

让我们从 Tags & Layers 菜单中新建一个标签，命名为 CanBePickedUp：

(1) 在 Project 视图中选择 CoinObject。

(2) 在 Inspector 面板的左上角，从 Tags 菜单中选择 Add Tag。

(3) 创建 CanBePickedUp 标签。

(4) 再次选中 CoinObject，设置标签为 CanBePickedUp。

我们已经准备好创建预制件了。

通过将 CoinObject 拖到 Prefabs 文件夹中，可创建硬币预制件。创建硬币预制件后，可以从 Project 视图中删除 CoinObject。

总之，创建可交互预制件的步骤如下：

(1) 创建一个 GameObject 并重命名。

(2) 给动画预制件添加精灵，这将在那个 GameObject 上附加一个 Sprite Renderer 组件。

(3) 设置预制件的 Sprite 属性。这个精灵将用来表示场景中的预制件。

(4) 设置 Sorting Layer，使预制件可见并按正确的顺序渲染。

(5) 添加一个适合精灵形状的 Collider 2D 组件。

(6) 根据创建的预制件类型，设置碰撞器的 Is Trigger 属性。

(7) 创建名为 CanBePickedUp 的标签，并将对象的标签设置为 CanBePickedUp。

(8) 如有必要，更改层。

(9) 将 GameObject 拖动到 Prefabs 文件夹以用作预制件。

(10) 从 Hierarchy 面板中删除原始的 GameObject。

提示 将硬币预制件拖放到场景中，然后选中它。取消选中硬币预制件的 Is Trigger 复选框一秒时间。注意 Is Trigger 文本是如何变成粗体蓝色的。这是 Unity 提醒我们的方式，这个值只在这个预制件实例上被更改。如果要为所有预制件实例保存此设置，请单击 Inspector 面板右上角的 Apply 按钮。完成后，确保选中 Is Trigger 复选框，以便硬币预制件行为正常。

5.4 基于层的碰撞检测

我们想给予 RPG 中的玩家通过触碰硬币来拾起它们的能力。游戏里也会有敌人在地图周围走动，但我们希望敌人直接穿过硬币而不去拾起它们。

正如第 3 章所讨论的，层用于定义 GameObject 的集合。附加到相同层中 GameObject 的碰撞器组件将互相感知并相互作用。我们可以基于这些交互，创建逻辑来做一些事情，比如拾起物品。

还有一种技术可以让不同层上的碰撞器组件相互感知。这种技术使用了称为基于层的碰撞检测的 Unity 特性。

我们将使用此特性，以便尽管玩家和硬币在不同的层，它们的碰撞器也能互相感知。因为敌人不能拾起硬币，所以我们还将配置一些东西，以使他们的碰撞器不能感知这些硬币。如果两个碰撞器不能相互感知，它们就不会相互作用。敌人会直接穿过硬币而不去拾起它们。

要查看这个特性的实际表现，首先需要创建并指定层到相关的 GameObject。

我们在第 3 章学习了如何创建新的层，下面复习一遍创建步骤：

(1) 在 Hierarchy 面板中选中 CoinObject。

(2) 在 Inspector 面板中打开 Layer 下拉菜单。

(3) 选择 Add Layer。

(4) 创建一个名为 Consumables 的层。

(5) 创建另一个名为 Enemies 的层。

Consumables 层将用于硬币、红心和其他我们希望玩家消耗的物品。Enemies 层将被用于敌人。

创建完两个新层后，Inspector 面板应如图 5-4 所示。

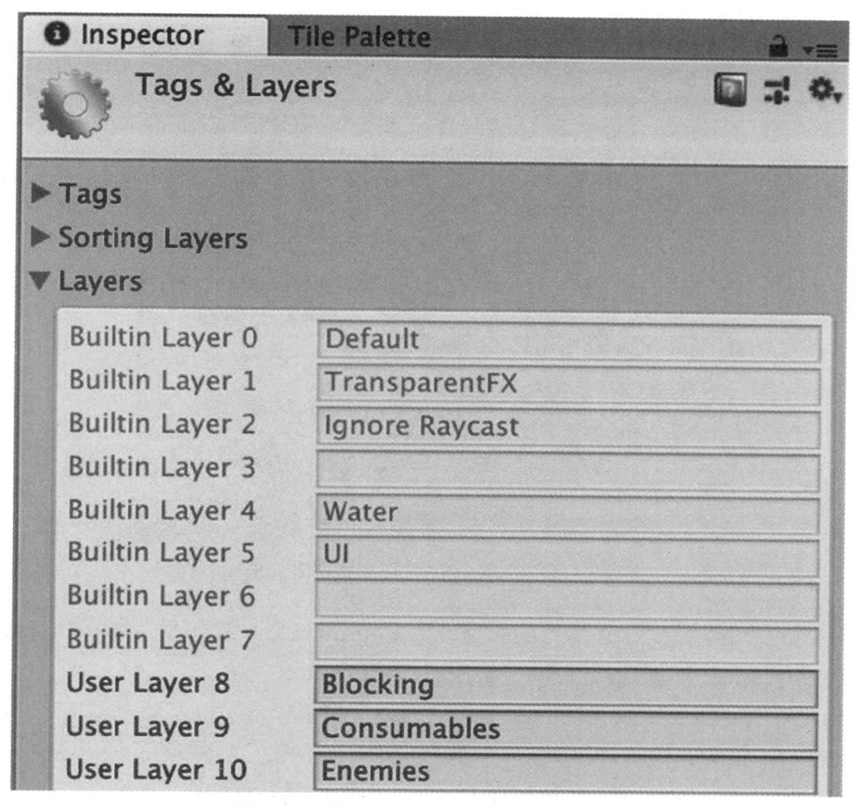

图 5-4 添加 Consumables 和 Enemies 层

转到 Edit | Project Settings | Physics 2D 菜单。查看 Physics2DSettings 视图底部的 Layer Collision Matrix(层碰撞矩阵)。在这里，我们将配置层，以便敌人直接穿过硬币、能量提升道具，以及我们选择的其他任何东西。

通过选中和取消选中列与行交叉处的复选框，可以配置哪些层可以相互感知和相互作用。如果选中了两层交叉处的复选框，则来自不同层的对象的碰撞器可以相互作用。

我们要配置玩家和硬币对象，以便它们的碰撞器能相互感知。我们希望敌人碰撞器感知不到硬币碰撞器。

取消选中 Consumables 和 Enemies 层之间交叉点处的复选框，结果类似于图 5-5。Enemies 层中的对象与 Consumables 层中的对象将不再具有由碰撞触发的交互。这两个不同的层现在不会相互感知。我们还没有为敌人对象编写让它们在后面的关卡中四处走动的脚本。但是当我们编写脚本的时候，因为这两层并没有被配置为相互作用，所以敌人不会感知到硬币。

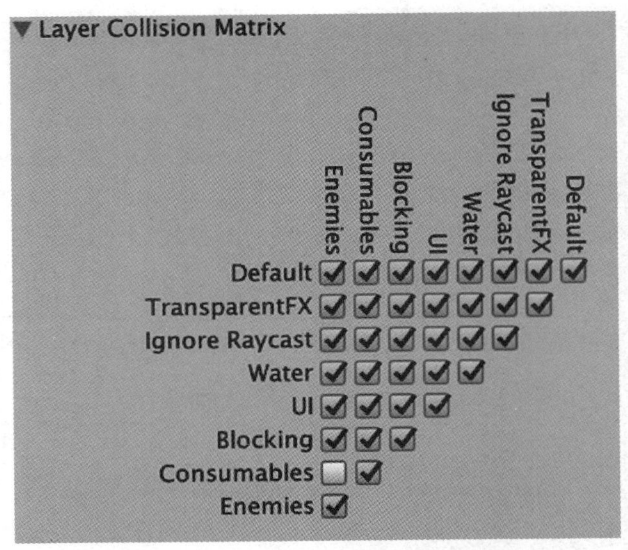

图 5-5 Layer Collision Matrix 允许配置层之间的相互作用

选择 CoinObject 预制件并将它的层更改为 Consumables。在这里，选择 Prefabs 文件夹中的 EnemyObject 预制件，并将它的层更改为 Enemies。

现在，将 CoinObject 预制件拖到场景中的某个位置。

单击 Play 按钮，然后将角色移动到硬币上。你将注意到玩家可以穿过硬币。CoinObject 在 Consumables 层中，玩家在 Blocking 层中。因为我们在 Layer Collision Matrix 中选中了这些层交叉处的复选框，所以当它们各自的对象发生碰撞时，这些层会互相感知。我们将使用这种感知来编写脚本逻辑，让玩家拾起硬币。

5.5 触发器和脚本

正如我们前面提到的，碰撞器不仅仅可用于检测两个对象之间的碰撞，还可用来定义围绕对象的范围，并检测到已进入范围的其他 GameObject。当其他 GameObject 在范围内时，可以相应地触发脚本的行为。

Is Trigger 属性用于检测其他对象何时进入碰撞器定义的范围。当玩家的碰撞器触碰到硬币的圆形碰撞器时，void OnTriggerEnter2D(Collider2D collision)方法在发生碰撞的两个对象上自动调用。可以使用此方法自定义两个对象碰撞时应该发生的行为。因为我们设置的是触发器，所以碰撞器不会阻止玩家穿过硬币。

打开 Player.cs 脚本并向底部添加以下方法：

```
// 1
void OnTriggerEnter2D(Collider2D collision)
```

```
{
// 2
    if (collision.gameObject.CompareTag("CanBePickedUp"))
    {
// 3
        collision.gameObject.SetActive(false);
    }
}
```

让我们来看看这个方法的具体实现。

// 1(为节省篇幅，我们不再详细列出代码，而用标记代指前面对应标记中的代码)

每当对象与触发碰撞器重叠时，就会调用 OnTiggerEnter2D()方法。

// 2

使用 collision 获取玩家碰撞到的 gameObject(游戏对象)。检查碰撞到的 gameObject 的标签。如果标签为 CanBePickedUp，就在 if 语句内继续执行。

// 3

我们知道其他 GameObject 可以被拾起，所以我们将制造 GameObject 被拾起的假象，并在场景中隐藏。实际上，我们还没有编写拾起物品的功能。

在 Visual Studio 中单击 Save 按钮，然后返回到 Unity 编辑器并单击 Play 按钮，使玩家走到场景中的硬币前，当玩家触摸硬币时，硬币消失。

概括起来，当玩家与硬币相撞时，碰撞器会检测到相互作用，脚本逻辑确定是否可以拾起物品，如果可以拾起，就把硬币设为不激活状态。

提示 无论何时对脚本进行了更改，都要进行保存，否则那些更改将不会在 Unity 编辑器中编译，也不会反映在游戏中。很常见的一种情况是，在 Visual Studio 中快速做出改变，然后飞速返回 Unity，你会感到困惑，为什么没有看到任何不同的事情发生。

5.6 Scriptable Object(脚本化对象)

对于任何希望构建清晰整洁的游戏体系结构的 Unity 游戏开发人员来说，Scriptable Object 都是需要学习的重要概念。Scriptable Object 可以被认为是可重用的数据容器，这些数据容器首先通过 C#脚本定义，再通过 Asset 菜单生成，然后作为 Asset 保存在 Unity

项目中。

Scriptable Object 有两个主要的用途：

- 通过存储对 Scriptable Object 资源的实例的引用，可减少内存使用量，而不是每次使用对象时都复制对象的所有数据，这会增加内存使用量。
- 预定义的可插拔数据集。

为了解释第一个用途，让我们思考一个例子。

假设我们创建了一个带有字符串属性的预制件，字符串属性包含本书的整个文本。每次我们创建该预制件的另一个实例时，还将创建本书整个文本的新副本。正如你所能想象到的，游戏中的这种方法会很快耗尽内存。

如果我们在预制件中使用一个 Scriptable Object 来保存本书的全文，那么每次创建一个新的预制件实例时，就会引用与本书全文完全相同的副本。我们可以根据自己的意愿生成任意多份预制件副本，而书籍文本使用的内存将保持不变。

关于第一个用途，使用 Scriptable Object 时需要记住的一个重要事项是：每次引用 Scriptable Object 资源时，都是引用内存中的同一个 Scriptable Object。这种方法产生的结果是：如果更改这个 Scriptable Object 引用中的任何数据，就将更改 Scriptable Object 资源本身中的数据，并且当停止运行游戏时，这些更改将继续存在。如果我们希望在运行时更改 Scriptable Object 资源中的任何值，而不永久更改原始数据，那么应该首先在内存中复制它们。

Unity 开发人员也经常在他们的游戏架构中使用 Scriptable Object 来定义可插拔数据集。可以定义数据集来描述玩家能够在商店或背包系统中找到的物品。Scriptable Object 也可以用来定义属性，比如数字版纸牌游戏中的攻击和防御级别。

Scriptable Object 继承自 ScriptableObject 类(这个类继承自 Object 类)而不是 MonoBehaviour 类，因此我们没有访问 Start()和 Update()方法的权限。因为不管怎么说，Scriptable Object 都用于存储数据，这些方法没有使用的真正意义。因为 Scriptable Object 没有继承自 MonoBehaviour 类，所以它们也不能附加到 GameObject 上。使用 Scriptable Object 的一种常见方法不是附加到 GameObject 上，而是从继承自 MonoBehaviour 类的 Unity 脚本中创建对它们的引用。

5.6.1 创建一个 Scriptable Object

我们将创建一个名为 Item(道具/物品)的 Scriptable Object 来保存关于玩家可以使用或拾起的物品的数据。我们将在一个派生自 MonoBehaviour 的脚本中引用这个 Scriptable Object，并将该脚本附加到 Item 的预制件中。当玩家与预制件发生碰撞时，我们将取得 Scriptable Object 的一个引用，并通过取消激活预制件给人留下道具已被拾起的印象。最后，我们将把这些物品添加到构建的背包中。

在 Scripts 目录中创建一个名为 Scriptable Objects 的文件夹，然后右击这个文件夹并创建一个名为 Item 的新脚本。

在 Item.cs 中键入以下代码，完成后不要忘记保存。像往常一样，我们将详细解释这些代码的作用。

```
using UnityEngine;
// 1
[CreateAssetMenu(menuName = "Item")]

// 2
public class Item : ScriptableObject {

// 3
    public string objectName;

// 4
    public Sprite sprite;

// 5
    public int quantity;

// 6
    public bool stackable;

// 7
    public enum ItemType
    {
        COIN,
        HEALTH
    }

// 8
    public ItemType itemType;
}
```

让我们仔细看看 Item.cs 脚本。

```
// 1
```

我们使用 CreateAssetMenu 方法在 Create 子菜单中创建了一个条目，如图 5-6 所示。

这允许我们轻松地创建 Item Scriptable Object。

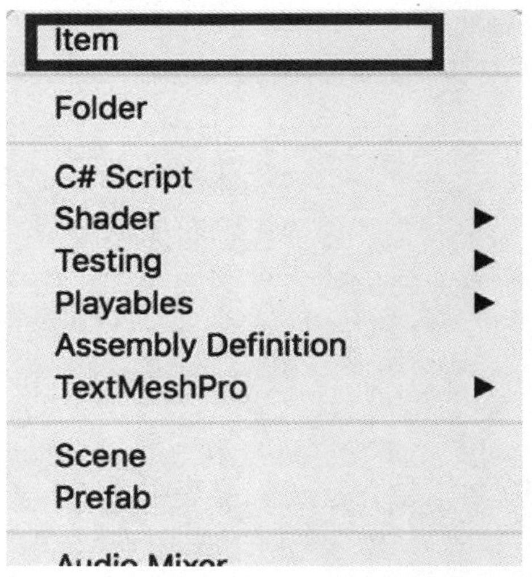

图 5-6　从 Create 子菜单中实例化 Item 的实例

这些 Scriptable Object 实例实际上作为单独的资源文件存储在项目中，它们的属性可以通过 Inspector 面板在对象本身上进行修改。

// 2

Item 继承自 ScriptableObject 而不是 MonoBehaviour。

// 3

字段 objectName 可以用于几种不同的用途。调试时它肯定会非常有用，并且也许游戏会在店面中显示 Item 的名称，其他游戏角色也可能会用到它。

// 4

存储对 Item 精灵的引用，以便我们可以在游戏中显示。

// 5

记录特定 Item 的数量。

// 6

可堆叠(stackable)是一个术语，用来描述同一物品的多个副本如何存储在同一个地方，以及玩家如何同时与它们交互。硬币是可堆叠物品的一个例子。我们设置 Boolean(布尔)类型的 Stackable 属性来表示物品是否可堆叠。如果一个物品是不可堆叠的，则不能同时和该物品的多个副本交互。

```
// 7
```

定义用于表示物品类型的枚举。虽然 objectName 可能在游戏里面显示给玩家，但 ItemType(物品类型)的属性永远不会显示给玩家，并且只会被游戏逻辑用于内部标识对象。继续硬币道具示例，游戏可能有不同类型的硬币，但它们都将被归类为 ItemType：Coin。

```
// 8
```

使用 ItemType 枚举创建名为 itemType 的属性。

5.6.2　构建 Consumable 脚本

Scriptable Object 并不继承自 MonoBehaviour，因此它们不能附加到 GameObject 上。我们将编写一个小的脚本，该脚本继承自 MonoBehaviour，并且带着一个持有对 Item 的引用的属性。因为这个脚本将继承自 MonoBehaviour，所以它可以附加到 GameObject 上。在 MonoBehaviours 文件夹中，右击并新建一个名为 Consumable 的 C#脚本。

```
using UnityEngine;
// 1
public class Consumable : MonoBehaviour {
// 2
    public Item item;
}
```

下面进行解释。

```
// 1
```

Consumable 继承自 MonoBehaviour，以便我们可以把这个脚本附加到 GameObject 上。

```
// 2
```

当 Consumable 脚本被添加到 GameObject 上时，我们将为 item 属性指定一个道具。这将在 Consumable 脚本中存储对 Scriptable Object 资源的引用。因为我们已经将它声明为 public，所以也可以从其他脚本访问 item 属性。

如前所述，如果我们更改这个 Scriptable Object 引用中的任何数据，那么也将更改 Scriptable Object 资源本身中的数据，并且当停止运行游戏时，这些更改仍继续存在。如果我们希望在运行时更改 Scriptable Object 上的任何值，而不永久更改原始数据，那么我们应该首先在内存中复制它。

保存 Consumable 脚本并切换回 Unity 编辑器。

5.6.3 组装我们的道具

选择 CoinObject 预制件并将 Consumable 脚本拖到它的上面。我们需要将图 5-7 中的 Consumable Item 属性设置为 Item Scriptable Object。我们将创建一个 Item Scriptable Object 以进行附加。

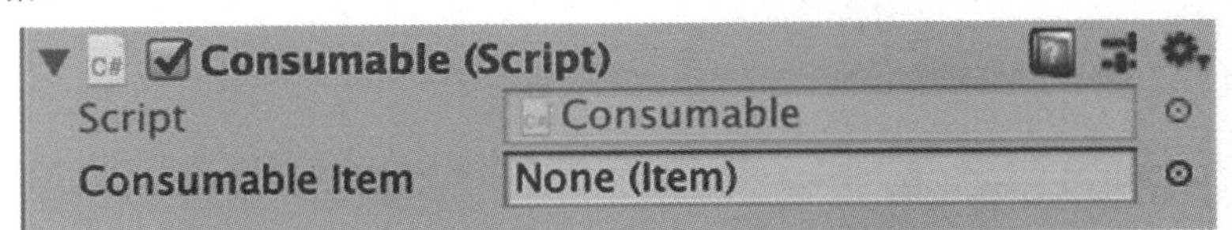

图 5-7 Consumable Item 是 Item 类型，它是一个 Scriptable Object

在 Scriptable Objects 文件夹中，右击并选择 Asset 菜单最上方的 Create | Item，创建一个 Item Scriptable Object。如果更喜欢使用 Unity 编辑器顶部的菜单栏，可以选择 Assets | Create | Item。

将 Scriptable Object 重命名为 Item。确保选择了 Item Scriptable Object，然后检查 Unity Inspector 面板。将 Item 的设置更改为如图 5-8 所示。将对象命名为 coin，选中 Stackable 复选框，并从 Item Type 下拉列表中选择 COIN。

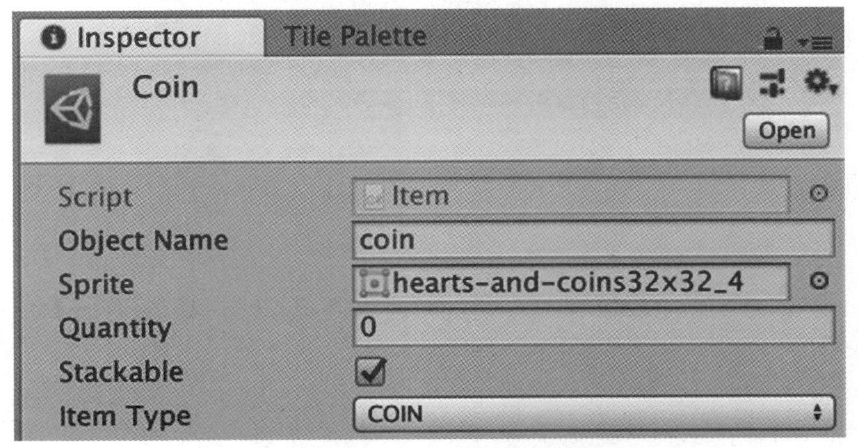

图 5-8 设置 Coin Item(硬币物品)的属性

将 Sprite 属性设置为名为 hearts-and-coins32x32_4 的精灵，如图 5-8 和图 5-9 所示。这个精灵是对 Item 的清晰表示，当我们想在静态的环境中显示 Item 时，比如在背包栏中，将会用到它。这与我们在场景中展示动画精灵的方式不同。

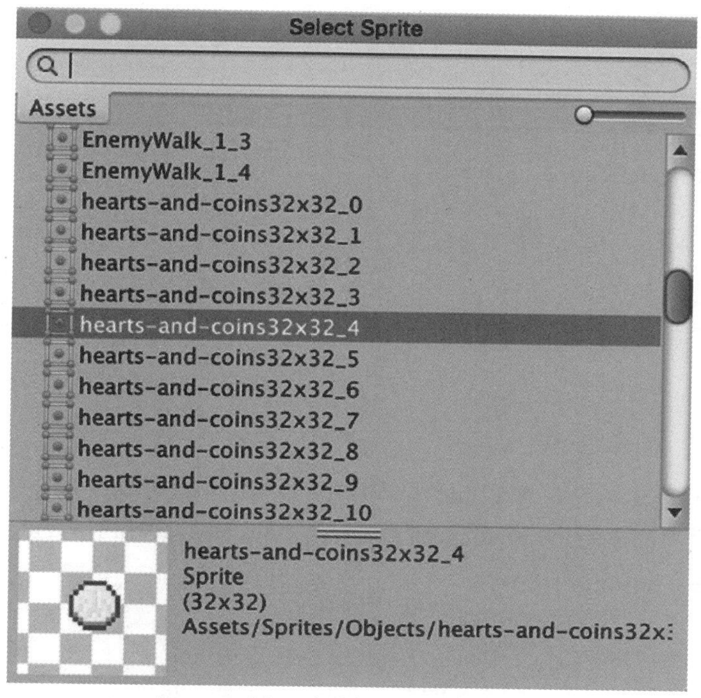

图 5-9　选择一个精灵来表示 Coin Item

回到硬币预制件里的 Consumable 脚本，设置 Consumable Item 为 Coin(Item)，如图 5-10 所示。

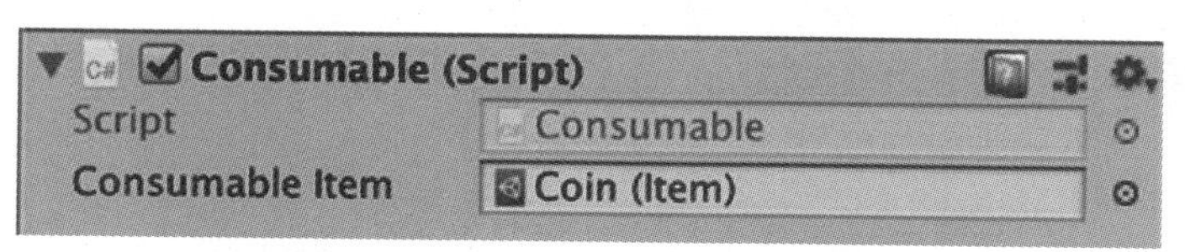

图 5-10　设置 Consumable Item 为我们新构建的硬币道具

5.6.4　玩家碰撞

我们的 Player 类已经有了检测与硬币预制件碰撞的逻辑，但是现在我们想要获取对 Scriptable Object 的引用，这样我们就可以在玩家触碰到它时隐藏它。这将作为将硬币添加到玩家背包的效果。

在 Player 类的 OnTriggerEnter2D 方法中，更改我们之前编写的 if 语句，使其类似于以下内容：

```
if (collision.gameObject.CompareTag("CanBePickedUp"))
{
```

```
    // 1
    Item hitObject = collision.gameObject.GetComponent<Consumable>().item;

    // 2
        if (hitObject != null)
        {

    // 3
            print("Hit: " + hitObject.objectName);
            collision.gameObject.SetActive(false);
        }
    }
```

这里面有很多内容，所以我们必须仔细查看。总的来说，我们的目标是取得Consumable类中Item(一个Scriptable Object)的引用，并将其赋值给hitObject。

```
// 1
```

首先，我们取得附加于collision的gameObject的引用。记住，每一个collision都有一个在与它碰撞后便附加到它上面的GameObject。在我们的游戏里，gameObject将会是一枚硬币，但是稍后它可能是任何一种带有CanBePickedUp标签的GameObject。

我们在gameObject上调用GetComponent()方法并传递脚本名Consumable以取得附加于gameObject的Consumable脚本组件。之前我们在硬币上附加了Consumable脚本。最后，我们从Consumable组件中取得名为item的属性，并将其赋值给hitObject。

```
// 2
```

检查hitObject是否为空。如果hitObject不为空，那么表明我们已经成功地取得hitObject。如果hitObject为空，则不执行任何操作。像这样的安全检查有助于今后避免犯错。

```
// 3
```

为了确保我们已经取得了item，打印出我们之前在Inspector面板中设置的objectName属性。

保存脚本并切换回Unity编辑器。单击Play按钮，然后使玩家触碰到硬币。你应该会在控制台中看到图5-11所示的文本被打印出来。

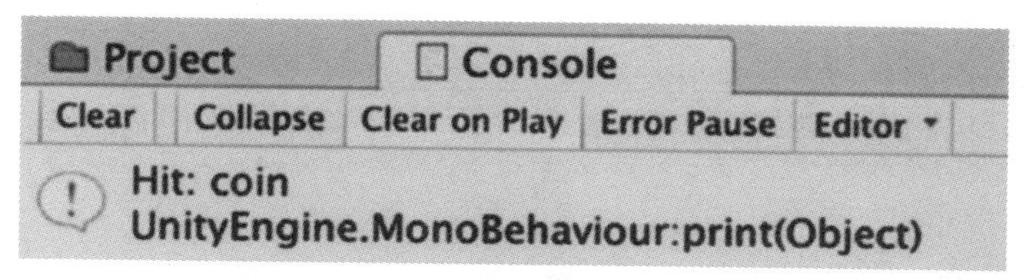

图 5-11　正确地检测到与硬币的碰撞

5.6.5　创建用于增加生命值的道具(Heart Power-Up)

既然知道了如何创建 Scriptable Object，现在让我们创建另一个可以由玩家拾起的物品：生命值增加道具。使用之前我们从 hearts-and-coins32x32.png 精灵表中切割的精灵。

让我们回顾一下创建预制件的步骤。

(1) 创建 GameObject 并将其重命名为 HeartObject。

(2) 为预制件动画添加精灵。使用名为 hearts-and-coins32x32_0、hearts-and-coins32x32_1、hearts-and-coins32x32_2 和 hearts-and-coins32x32_3 的精灵。将新创建的动画命名为 heart-spin，然后保存到 Animations | Animations 文件夹中。

(3) 通过将 HeartObject 拖到 Prefabs 文件夹中，从 HeartObject 中创建一个预制件，然后将原始对象从 Hierarchy 面板中删除。

(4) 在 Prefabs 文件夹中选择 Heart 预制件并设置该预制件的 Sprite 属性。在场景中预览时需要使用 Sprite 属性。

(5) 将 Sprite Renderer 组件中的 Sorting Layer 设为 Objects 以使预制件可见。

(6) 添加一个 Collider 2D 组件。我们可以使用 Circle Collider、Box 或 Polygon 2D，但是对于红心精灵，Polygon 2D 会更加合适。如有必要，请编辑碰撞器的形状。

(7) 根据创建的预制件类型，设置为触发器或碰撞器。

(8) 设置 GameObject 上的标签。我们将把 Heart 预制件的标签设置为 CanBePickedUp。

(9) 将层更改为 Consumables。

(10) 将 GameObject 拖动到 Prefabs 文件夹以作为预制件使用。

(11) 从 Hierarchy 面板中删除原始的 GameObject。

提示　如果同时为动画选择多个精灵，则可以在 Inspector 面板中预览它们。在图 5-12 中，我们同时选择了四个红心精灵。

图 5-12 在 Inspector 面板中一次预览多个精灵

单击并将 Heart 预制件拖动到场景中的某个位置(见图 5-13)。

我们将设置 Heart 预制件，以便它包含对 Scriptable Object 的引用，就像硬币预制件一样。通过选择 Heart 预制件，然后单击 Add Component 按钮并输入 Consumable，即可将 Consumable 脚本添加到 Heart 预制件上。

现在，我们需要创建一个新的 Item Scriptable Object 实例。这个新的实例本身就是资源，将与项目中的所有其他资源一起存储在 Project 视图中。

在 Project 视图中打开 Scriptable Objects 文件夹。右击后选择 Create | Item，然后将创建的 Item 重命名为 Heart。选择 Heart Item 并按照图 5-14 更改设置。

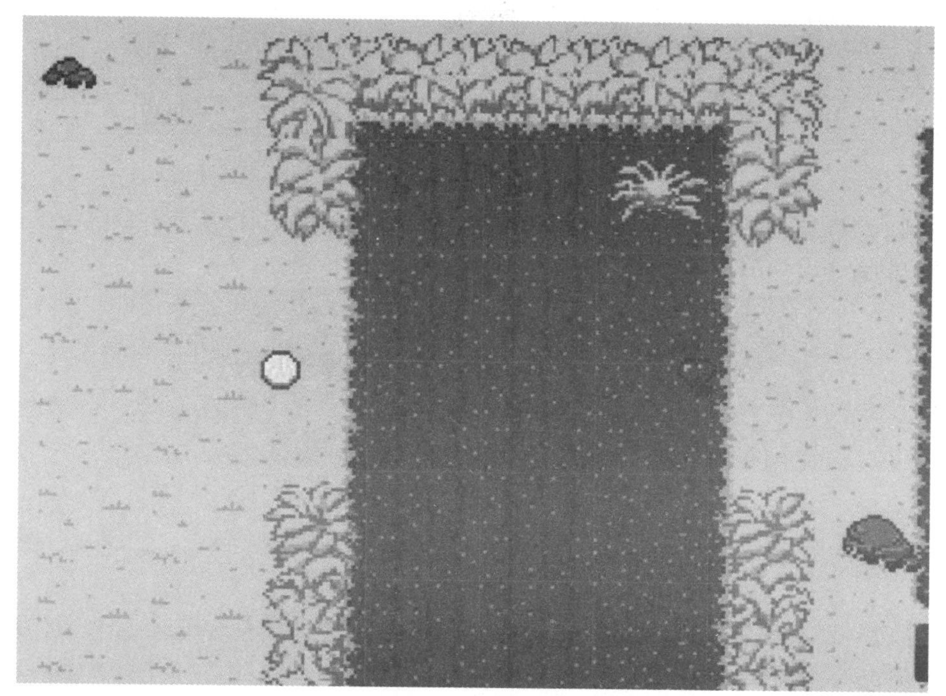

图 5-13 一个 Heart 预制件，等待着被拾起

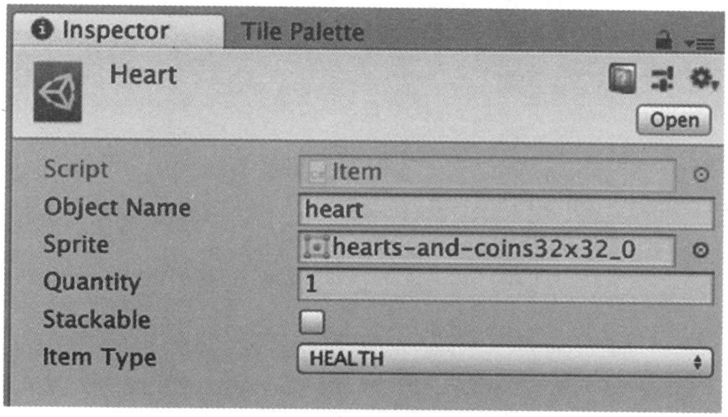

Inspector | Tile Palette
Heart
Open
Script | Item
Object Name | heart
Sprite | hearts-and-coins32x32_0
Quantity | 1
Stackable | ☐
Item Type | HEALTH

图 5-14 设置 Heart Scriptable Object

我们已经将新的 Heart Item 命名为 heart，给了它一个以后我们在背包中展示时将用到的精灵，并且设置 Quantity 为 1。当玩家拾起红心时，该值将用于增加玩家的生命值。我们还将设置 Item Type 为 HEALTH。不要选中 Stackable 复选框，因为红心不会存储在玩家的背包中，而是会立即被消耗掉。

因为我们已经把 Consumable 脚本添加到 Heart 预制件上，所以可以单击 Consumable Item 属性旁边的圆圈并添加新的 Heart Item，如图 5-15 所示。

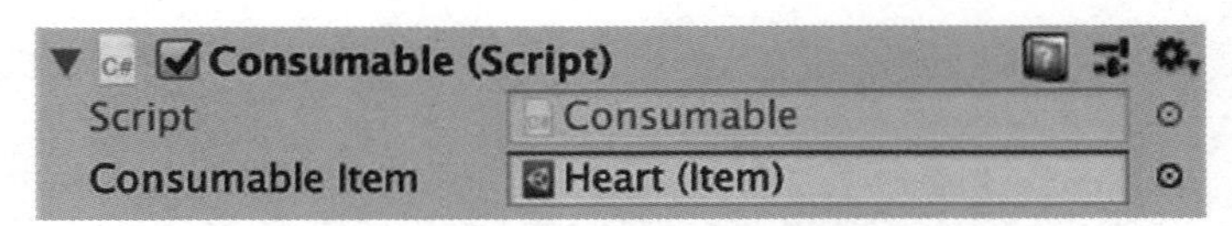

图 5-15　将红心道具赋值给 Consumable Item 属性

就是这样！如果单击 Play 按钮并使玩家触碰到屏幕上的 Heart 预制件，你应该就可以在控制台中看到图 5-16 所示的文本被打印出来。

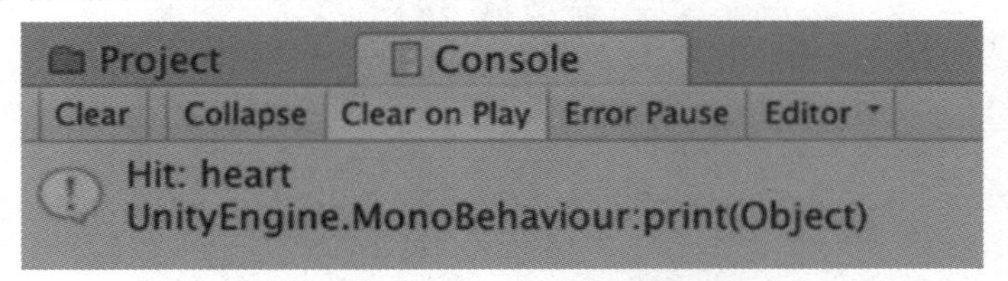

图 5-16　打印日志以确认玩家触碰到 Heart 预制件

我们希望每次玩家拿起一颗红心时，都能增加生命值。切换回 Visual Studio 并打开 Player 类。

更改 OnTriggerEnter2D()方法。本章前面已经讨论了其中的一些代码，所以我们不再讨论里面的全部内容。

```
void OnTriggerEnter2D(Collider2D collision)
    {
        if (collision.gameObject.CompareTag("CanBePickedUp"))
        {
    Item hitObject = collision.gameObject.
    GetComponent<Consumable>().item;
            if (hitObject != null)
            {
                print("Hit: " + hitObject.objectName);
                // 1
                switch (hitObject.itemType)
                {
                    // 2
                    case Item.ItemType.COIN:
                        break;
                    // 3
                    case Item.ItemType.HEALTH:
                        AdjustHitPoints(hitObject.quantity);
```

```
                    break;
                default:
                    break;
            }
            collision.gameObject.SetActive(false);
        }
    }
}
// 4
public void AdjustHitPoints(int amount)
{
    // 5
    hitPoints = hitPoints + amount;
    print("Adjusted hitpoints by: " + amount + ". New
    value: " + hitPoints);
}
```

让我们仔细看一下这段代码。

```
// 1
```

使用 switch 语句将 hitObject 的 itemType 属性与 Item 类中定义的 ItemType 枚举进行模式匹配，这允许我们为所有的 ItemType 碰撞情形编写特定的行为代码。

```
// 2
```

在 hitObject 类型为 COIN 的情况下，暂时不要执行任何操作。当我们构建背包时，将学习如何拾起硬币。

```
// 3
```

当玩家触碰到 HEALTH 类型的物品时，调用我们将要编写的方法 AdjustHitPoints(int amount)。该方法接收一个 int 类型的参数，我们将从 hitObject 的 quantity 属性获取该参数。

```
// 4
```

AdjustHitPoints()方法将根据参数 amount 调整玩家的生命值。将生命值调整逻辑放入单独的函数中，而不是将逻辑放入 switch 语句中，有两个主要的优点。

第一个优点是清晰。清晰的代码更容易阅读和理解，这样往往会使 bug 更少。我们希望始终保持代码的意图和组织尽可能清晰。

第二个优点是，通过将逻辑放入函数中，可以很容易地从其他地方调用它。理论上，有些情况下，玩家的生命值可能会因其他因素调整，而不是触碰到 HEALTH Item。

```
//5
```

将参数 amount 与现有的生命值相加，然后将结果赋值给 hitPoints。AdjustHitPoints 方法还可用于通过给 amount 参数传入负数来降低生命值。当玩家受到伤害时，我们会使用这种方式来降低玩家的生命值。

保存 Player.cs 脚本并切换回 Unity 编辑器。

单击 Play 按钮，然后使玩家触碰到 Heart 预制件。你应该会在控制台中看到如图 5-17 所示的信息。

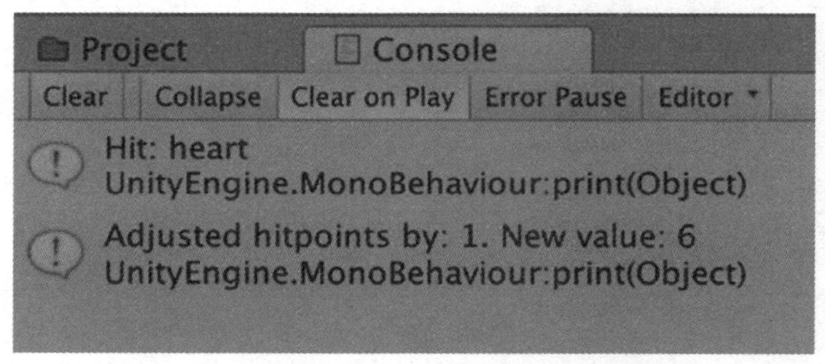

图 5-17　调整玩家的生命值

5.7　本章小结

在本章中，我们已经开始将各种 Unity 元素整合到游戏机制中。我们已经构建了基本的 C#脚本，它们将用于游戏中的所有角色类型，并创建了几种玩家可以与之交互的预制件。碰撞检测是游戏开发的一个基本要素，我们已经了解了 Unity 引擎提供的用于检测和自定义碰撞检测的工具。我们还学习了 Scriptable Object，它们是可重用的数据容器，能使游戏架构更清晰。

第 6 章

生命条与背包

本章很重要。我们将把迄今为止所学的一切联系在一起，创建生命条来追踪玩家的生命值。除了使用 Game Object、Scriptable Object 和预制件之外，我们还将学习一些新的 Unity 组件类型，例如 Canvas(画布)和 UI 元素(UI Element)。

没有背包系统，任何 RPG 都不完整，所以我们将构建背包系统以及屏幕上的背包栏，从而显示玩家持有的所有物品。本章涉及很多脚本和预制件，但是学完这些后，你会对构建自己的游戏更加有信心。

6.1 创建生命条

正如我们在第 5 章的 5.1 节中所讨论的那样，许多电子游戏都有人物生命值的概念，还有用于追踪生命状况的生命条。我们将构建生命条来追踪勇敢玩家的生命值水平。

6.1.1 Canvas 对象

我们的生命条将使用 Canvas 作为主要的 Game Object。Canvas 是什么？Canvas 是特定类型的 Unity 对象，负责渲染 Unity 场景中的用户界面或 UI 元素。Unity 场景中的每个 UI 元素都需要是 Canvas 对象的子对象。场景可以有多个 Canvas 对象，并且如果在创建新的 UI 元素时 Canvas 不存在，那么将创建 Canvas，并将新的 UI 元素作为子对象添加到 Canvas 上。

6.1.2 UI 元素

UI 元素是封装特定的、常用的用户界面功能(如按钮、滑动条、标签、滚动条或输入框)的游戏对象。Unity 通过提供预制 UI 元素而不是要求开发人员从头开始创建这些元素，来允许开发人员快速构建自定义用户界面。

关于 UI 元素，需要注意的一点是，它们使用 Rect Transform(矩形变换)组件而不是常规的 Transform 组件。Rect Transform 组件与常规的 Transform 组件相同，除位置、旋转和缩放外，它们还具有宽度和高度。宽度和高度用于指定矩形的尺寸。

6.1.3 构建生命条

右击 Hierarchy 面板中的任意位置，然后选择 UI | Canvas。这个操作将自动创建两个对象：一个 Canvas 对象和一个 EventSystem 对象。将这个 Canvas 对象重命名为 HealthBarObject。

EventSystem 对象是用户使用鼠标或其他输入设备直接与对象交互的一种方式，目前不需要，所以可以删除。

选择 HealthBarObject 并查找 Canvas 组件。确保将 Render Mode 设置为 Screen Space Overlay，并选中 Pixel Perfect 复选框。

确保 Unity 在场景的顶层呈现 UI 元素。如果调整屏幕大小，则包含 UI 元素的 Canvas 将自动调整自身大小。Canvas 组件可以设置自身的 Rect Transform 参数，并且不能更改。如果需要一个 UI 元素变得更小，可以调整元素本身的大小，而不是调整 Canvas 的大小。

既然已经创建了一个 Canvas 对象，那么让我们确保所有 UI 元素，比如正在构建的生命条，在屏幕上的相对大小总是相同的。

选择 HealthBarObject 并查找 Canvas Scaler 组件。将 UI Scale Mode(UI 缩放模型)设置为 Scale With Screen Size(随屏幕大小缩放)，如图 6-1 所示，并将 Reference Pixels Per Unit(单位参考像素)设置为 32。

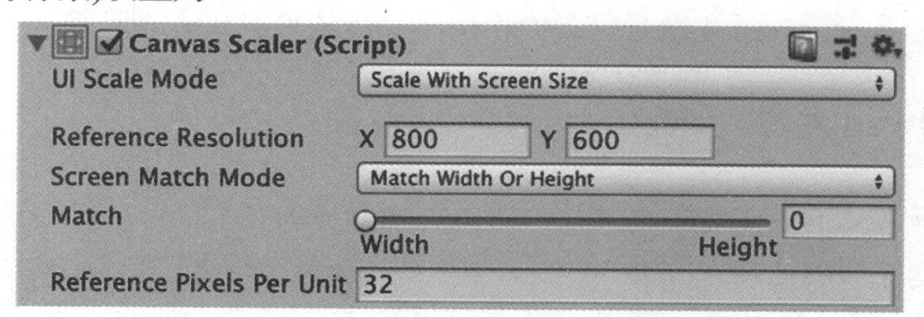

图 6-1　设置 UI Scale Mode

这确保了 Canvas 随着屏幕尺寸能够适当缩放。是时候导入即将用于生命条的精灵了。在 Sprites 文件夹中新建一个名为 Health Bar 的子文件夹。我们将把所有与生命条相关的精灵放在这个文件夹里。现在将名为 HealthBar.png 的精灵表拖到刚刚创建的文件夹中。

选择 HealthBar.png 精灵表并在 Inspector 面板中进行如下设置。

Texture Type: Sprite (2D and UI)

Sprite Mode: Multiple

Pixels Per Unit: 32

Filter Mode: Point (no filter)

确保单击了底部的 Default 按钮，并将 Compression 设置为 None，单击 Apply 按钮，然后打开 Sprite Editor。

在 Slice 菜单中，确保 Type 被设置为 Automatic。我们将让 Unity 编辑器检测这些精灵的边界。

单击 Apply 按钮以切割精灵，然后关闭 Sprite Editor。

接下来我们将向 HealthBarObject 添加一个 Image 对象，它是一个 UI 元素。选择 HealthBarObject 并右击，然后转到 UI|Image 菜单，创建一个 Image 对象。

这个 Image 对象将作为生命条的背景图像。重命名这个 Image 对象为 Background。单击 Source Image 旁边的小圆点，选择名为 HealthBar_4 的切片图像，如图 6-2 所示，这幅图像最初看起来是方形的。

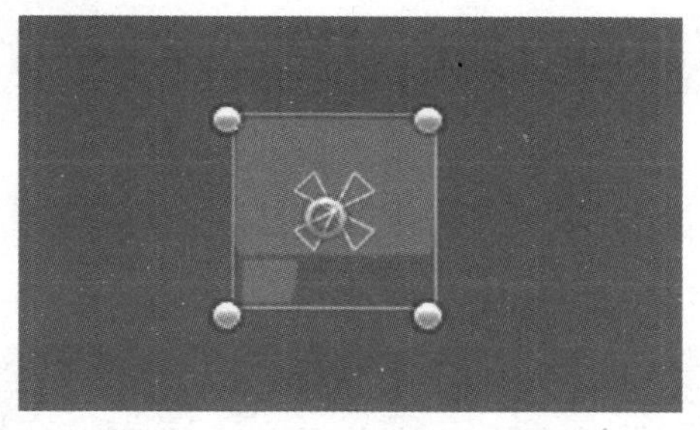

图 6-2　调整尺寸前的背景图像

选择 Background 对象后，更改 Rect Transform 的 Width(宽)为 250、Height(高)为 50。

按下 W 键以使用工具栏中的移动工具。使用控制柄，将 Background 对象移动到 Canvas 的右上角，如图 6-3 所示。

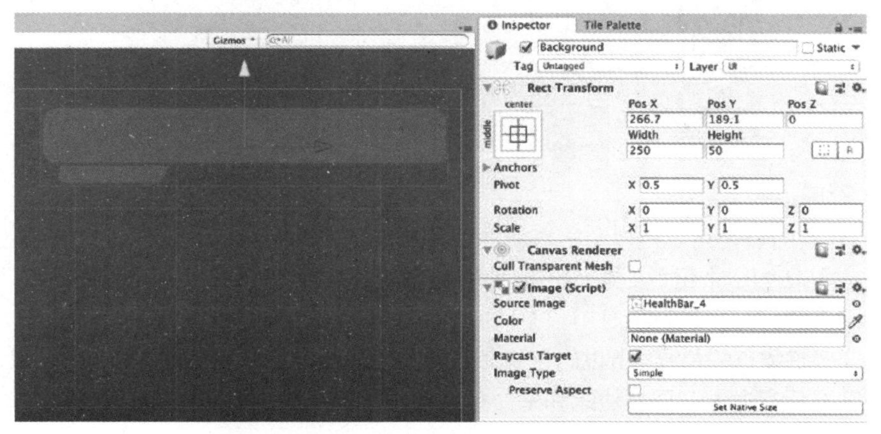

图 6-3　重新调整尺寸且移动位置后的生命条

6.1.4 锚点

你可能已经注意到图 6-2 和图 6-4 中间的符号。这个符号由四个小三角形控制柄组成，代表 UI 元素特有的一个属性，称为锚点(Anchor Point)。

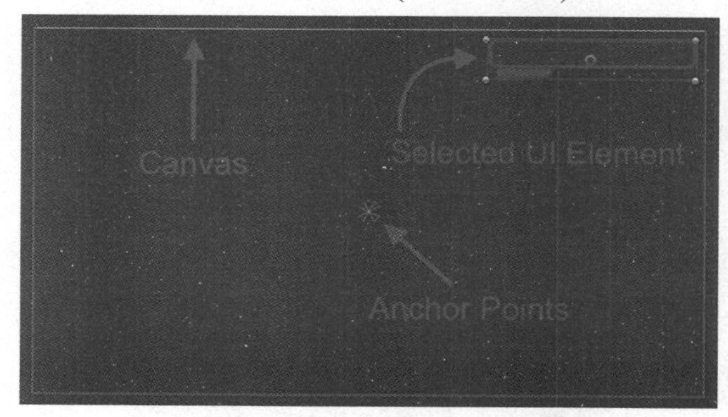

图 6-4 所选 UI 元素的锚点

如图 6-5 中的蓝线所示，锚点中的每个菱形对应于 UI 元素的一个角。左上角的锚点菱形对应于 UI 元素的左上角，依此类推。

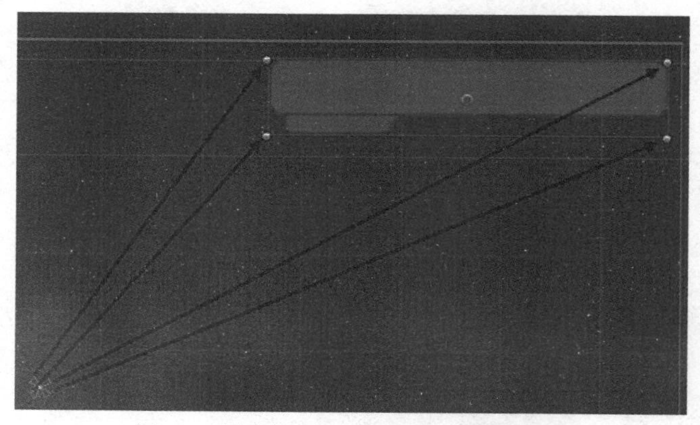

图 6-5 四个锚点对应于 UI 元素的四个角

UI 元素的每个角总是以与它对应的锚点相同的距离渲染，这确保在不同的场景中 UI 元素总是在同一个位置。当 Canvas 随着屏幕尺寸而缩放时，在锚点和 UI 元素之间设置固定距离的功能变得特别有用。

通过调整锚点的位置，可以确保生命条始终出现在屏幕的右上角。我们将设置锚点，使得不管屏幕有多大，屏幕边缘和生命条之间总有一个小的间距。

6.1.5　调整锚点

选择 Background 对象。在 Rect Transform 组件中，单击图 6-6 中框选的 Anchor Preset(锚点预设)图标。

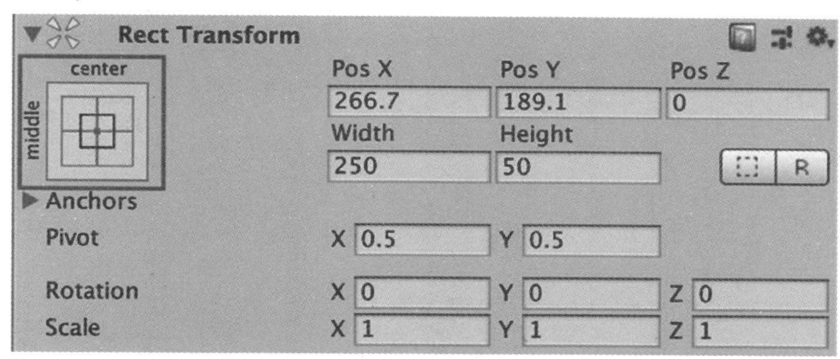

图 6-6　单击 Anchor Presets 按钮

稍后将显示 Anchor Presets 菜单，如图 6-7 所示。默认情况下，选择的是 middle-center。这就解释了为什么 Background 对象的锚点总是出现在 Canvas 的中间。

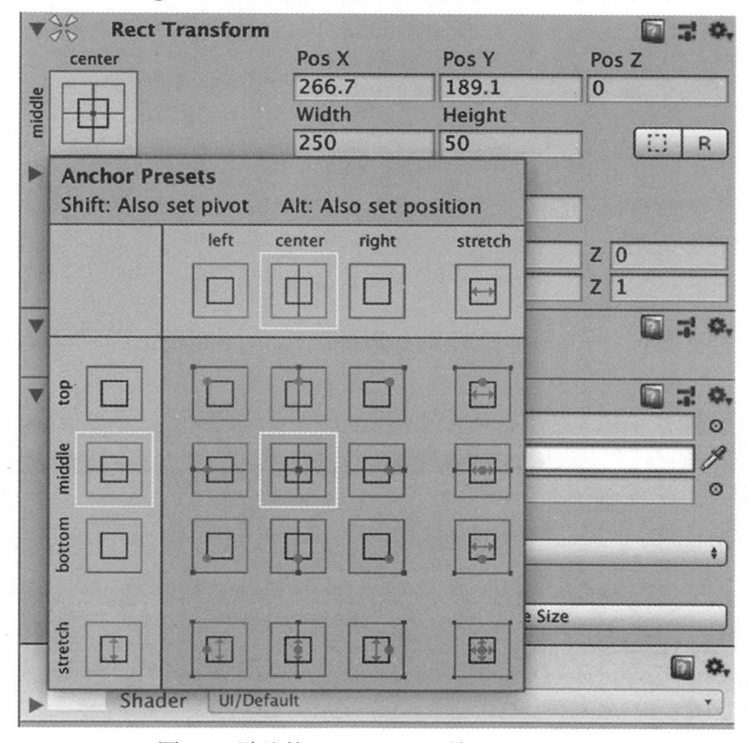

图 6-7　默认的 Anchor Preset 是 middle-center

我们想一直把生命条锚定在屏幕右上角。在 Anchor Presets 菜单中选择列标题为 right、行标题为 top 的元素。如图 6-8 所示，你将看到一个白色方框围绕着所选的 Anchor Preset。

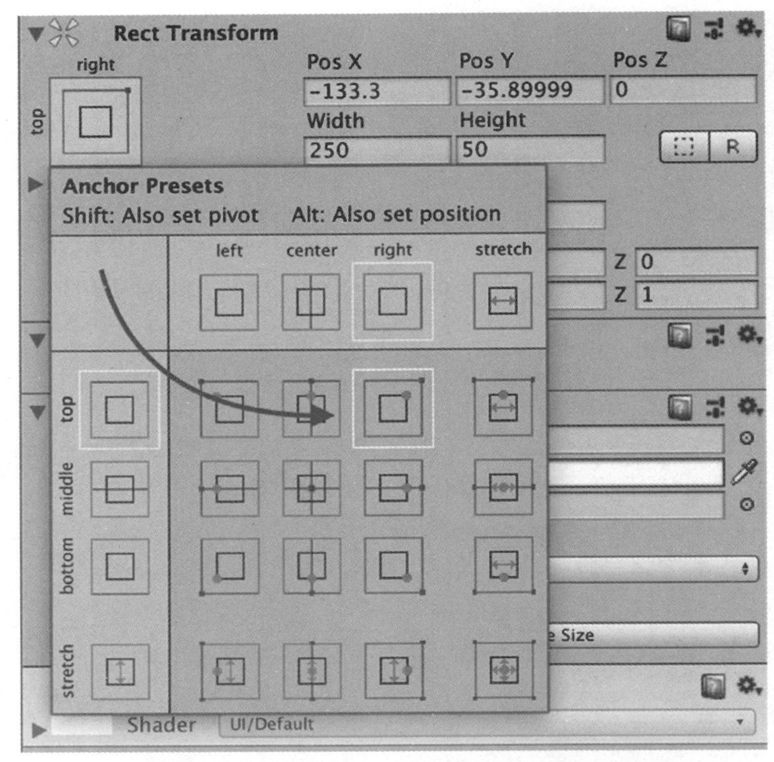

图 6-8　选择 top-right Anchor Preset

单击 Anchor Preset 图标关闭 Anchor Presets 菜单，并注意锚点现在是如何移动到 Canvas 的右上角的(见图 6-9)。

图 6-9　现在 Anchor Preset 在 Canvas 的右上角

我们在生命条和 Canvas 的角落之间留了一小点空隙，并且锚点都集中在右上角。不管如何缩放屏幕大小，生命条总是位于那个精确的位置。

提示　如果 Rect Transform 组件在 Inspector 面板中是折叠的，则不会显示锚点。如果在选择 UI 元素时没有看到锚点，并且 Rect Transform 组件是折叠的，请确保单击 Rect Transform 组件左侧的小箭头以展开该组件。

6.1.6　用户界面图像遮罩(UI Image Mask)

右击 Background 对象并创建另一个 Image 对象。因为是在选择 Background 对象时创建了这个 Image 对象，所以它将被创建为一个“子”对象。它与 Image 对象 Background 是同一类型的对象，但我们将以不同的方式使用它。这个子 Image 对象将用作遮罩。遮罩只显示所有下层子图像中符合形状的部分，而不会隐藏下层子图像的内容。在本例中，下层图像将作为生命值计量条，并将作为子对象添加。

选择该 Image 对象并重命名为 BarMask，设置 Source Image 为 HealthBar_3，效果应该如图 6-10 所示。

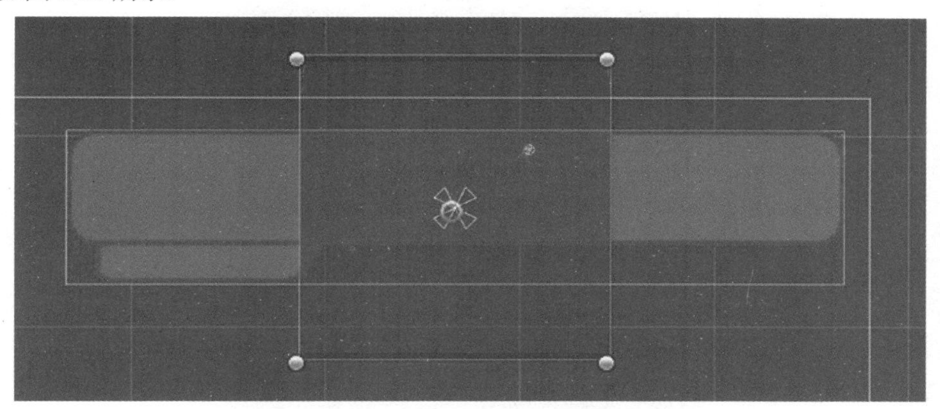

图 6-10　设置 HealthBar 遮罩后的原始图像

如图 6-10 所示，作为子对象的 UI 元素也有锚点，只是这些锚点与它们的父对象相关。默认情况下，BarMask 的锚点相对于 Background 对象居中。

选择了 BarMask 对象后，将 Rect Transform 的尺寸调整为宽 240、高 30。我们想让 BarMask 比生命条的尺寸小一点，以显示生命值计量条的边缘。

按下 W 键以使用工具栏中的移动工具。将 BarMask 移动到图 6-11 所示的位置。如果喜欢在 Rect Transform 上手动输入位置，可以设置 Pos X 为 0、Pos Y 为 6。

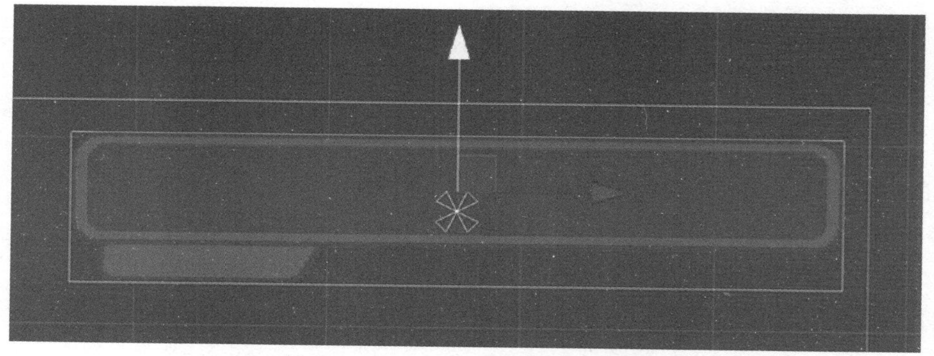

图 6-11　将 BarMask 移动到这个位置

仍然选择 BarMask 对象，单击 Inspector 面板中的 Add Component 按钮，添加一个 Mask 组件，如图 6-12 所示。

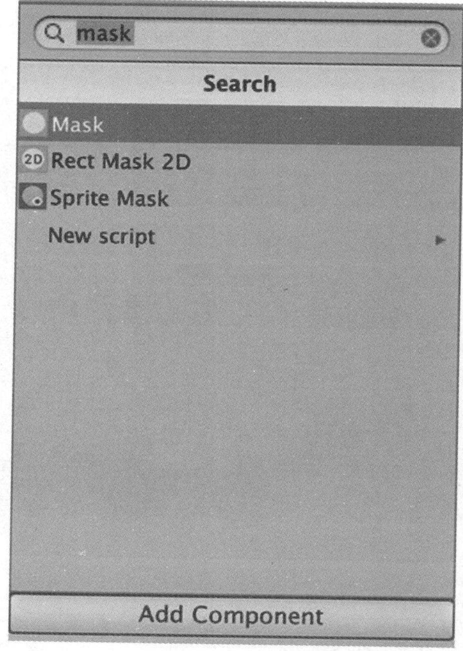

图 6-12　将 Mask 组件添加到 BarMask 对象上

这是实际执行遮罩工作的组件。父对象包含遮罩，因此它的任何子对象都将自动被遮罩。

右击 BarMask 并添加一个类型为 Image 的子 UI 元素。这与之前创建 BarMask 时遵循的过程相同。将这个子 Image 对象重命名为 Meter，如图 6-13 所示，将 Source Image 设置为 HealthBar_0，并将 Width 更改为 240，将 Height 更改为 30。

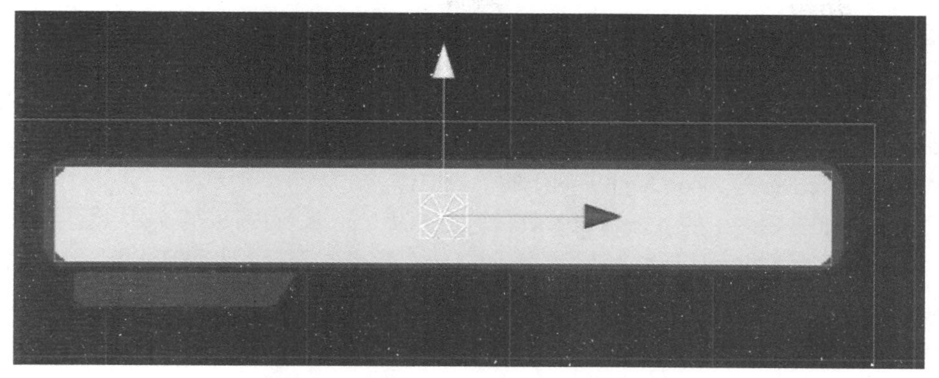

图 6-13　设置 Image 对象 Meter 的尺寸

因为 Meter 与 BarMask 的尺寸相同，并且是作为子对象创建的，所以不必重新调整它的位置。

本书下载资源中包含的精灵表图像包括几个备用的计量条图像。在本例中，使用的是纯绿色计量条，请随意选择自己喜欢的计量条图像。

选择 Meter 对象，并在 Image 组件上将 Image Type 更改为 Filled(填充)。然后将 Fill Method(填充方法)更改为 Horizontal，将 Fill Origin(填充起点)更改为 Left。这些设置将确保生命条从左到右水平填充。

选择 Meter 对象后，将 Fill Amount(填充量)滑动条缓慢向左滑动。如图 6-14 所示，你应该看到计量条的尺寸慢慢缩小，表示玩家正在损失生命值。

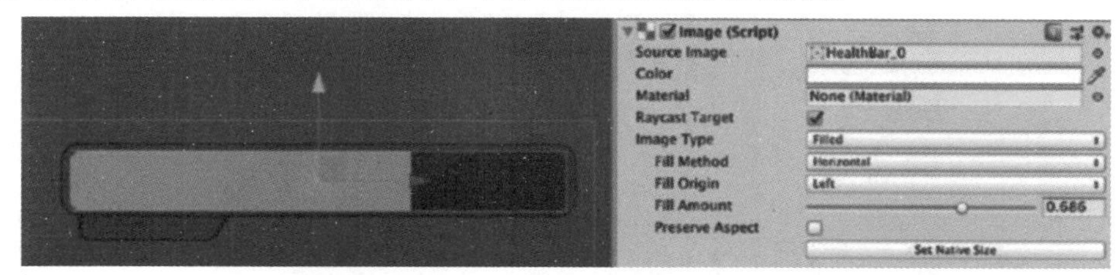

图 6-14　将 Fill Amount 向左移动，以模拟玩家正在损失生命值

我们将编写代码以编程方式更新 Meter 的 Fill Amount，以表示剩余的生命值。

提示　理解如何渲染 UI 元素是很重要的。对象在 Hierarchy 面板中出现的顺序就是它们的渲染顺序。Hierarchy 面板中最上面的对象将首先渲染，最下面的对象将最后渲染，从而导致最上面的对象出现在背景中。

6.1.7 导入自定义字体

你很可能会希望在项目中使用自定义字体。幸运的是，在 Unity 中导入和使用自定义字体非常简单。这个项目包含免费提供的、带有复古风格的被称为 Silkscreen 的自定义字体。Silkscreen 是 Jason Kottke 创作的一种字体。

右击 Project 视图中的 Assets 文件夹，然后新建一个名为 Fonts 的文件夹。

打开本地计算机上保存本章资源文件的目录，并在 Fonts 文件夹中查找。找到名为 silkscreen.zip 的压缩文件，双击将其解压缩。解压后将创建另一个名为 silkscreen 的文件夹，在该文件夹中，你将看到一个名为 slkscr.ttf 的字体文件。

将字体文件 slkscr.ttf 拖放到 Unity 项目的 Fonts 文件夹中以导入 Silkscreen 字体。Unity 将检测文件类型并使得 Silkscreen 字体在任何 Unity 相关组件中可用。

6.1.8 添加生命值文本

右击 Background 对象并从弹出菜单中选择 UI | Text，以添加 Text UI 元素作为 Background 的子对象。将子对象重命名为 HPText，用以显示剩余的生命值。

在 HPText 的 Rect Transform 组件上，将 Width 设置为 70，将 Height 设置为 16。在 HPText 的 Text 组件上，将 Font Size(字体大小)更改为 16，将 Color(颜色)更改为白色。将 Font 更改为 slkscr，这是刚刚导入的 Silkscreen 字体。将 Paragraph(段落)的水平和垂直对齐方式分别设置为左对齐和居中对齐，如图 6-15 所示。

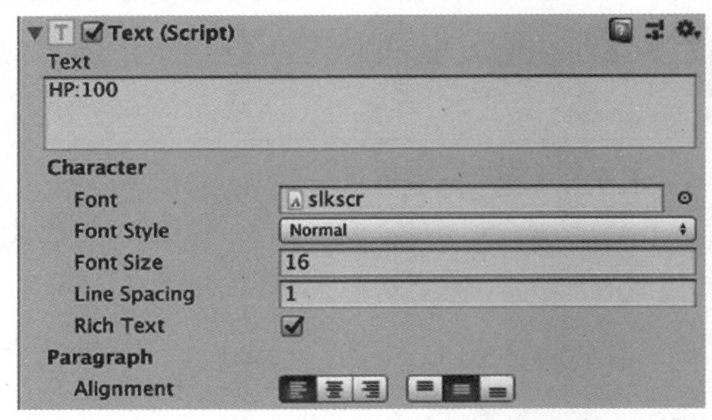

图 6-15 配置 Text 组件

生命条图像的底部有一个小托盘，从而提供了背景并提高了文本的可见性。将 HPText 对象移动到该托盘上，使其类似于图 6-16。

图 6-16　将 HPText 对象移动到托盘上

将 HPText 的锚点更改为 bottom-left，如图 6-17 所示。

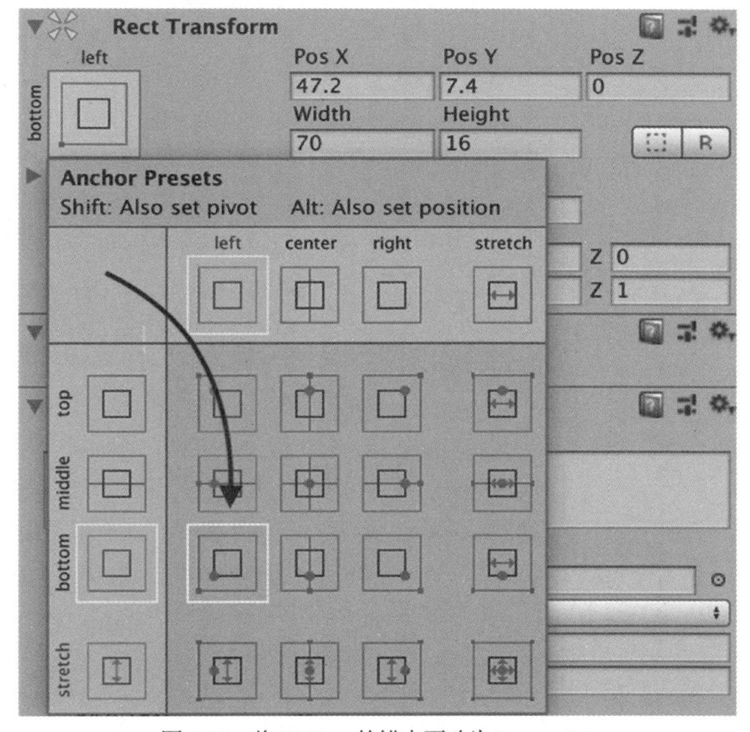

图 6-17　将 HPText 的锚点更改为 bottom-left

确保 HPText 与其父对象的左下角保持距离不变。

将 HealthBarObject 拖到 Prefabs 文件夹中以创建一个预制件，并将这个预制件重命名为 HealthBarObject。不要从 Hierarchy 面板中删除 HealthBarObject——稍后还将用到。

最后，我们将在 Player 对象中创建对 HealthBarObject 预制件的引用，以便 Player.cs 脚本能够轻松找到它。但首先必须构建 HealthBar.cs 脚本。

6.1.9 编写 HealthBar.cs 脚本

Player 类从 Character 类继承了 hitPoints 属性。现在，hitPoints 只是常规的数据类型 integer。我们将利用 Scriptable Object 的功能在 HealthBar 类和 Player 类之间共享生命值数据。

我们的计划是创建 HitPoints Scriptable Object 的一个实例，并将资源保存到 ScriptableObjects 文件夹中。我们将在 Player 类中添加 hitPoints 属性，并且创建包含 hitPoints 属性的 HealthBar 脚本。因为这两个脚本都包含对同一个 Scriptable Object 资源的引用，所以生命值数据将在这两个脚本之间自动共享。

当构建这个功能时，请记住，我们正在对代码的某些部分进行更改，这些更改将暂时破坏某些内容，并导致游戏无法编译。这是正常的，可看成拆开汽车引擎来升级某个部件，然后把汽车引擎重新组装起来。汽车引擎在拆卸时不会运转，但一旦重新组装起来，就会比以前运转得更好。

6.1.10 Scriptable Object：HitPoints

在 ScriptableObjects 文件夹中，右击并创建一个新的名为 HitPoints.cs 的脚本，使用以下代码更新其中的内容。

```
using UnityEngine;
// 1
[CreateAssetMenu(menuName = "HitPoints")]
public class HitPoints : ScriptableObject
{

// 2
   public float value;
}
```

下面对上述代码进行详解。

```
// 1
```

我们使用 CreateAssetMenu 在 Create 子菜单中创建了一个条目，该条目允许我们轻松创建 HitPoints Scriptable Object 的实例。这些实例作为资源保存在 Unity 项目中。

```
// 2
```

使用 float(浮点数)保存生命值。在生命条的 Meter 对象中，需要为 Image 对象的 Fill

Amount 属性赋予 float 值，这样我们的编程工作将从处理 float 值开始，从而变得更容易一些。

6.1.11　更新 Character.cs 脚本

需要对 Character.cs 脚本做一点修改，以运用刚刚创建的 HitPoints.cs 脚本。在 Character.cs 脚本中，更改以下行

```
public int hitPoints;
```

为

```
public HitPoints hitPoints;
```

将类型从 int 更改为新创建的 Scriptable Object：HitPoints。

将 maxHitPoints 的类型从 int 改为 float：

```
public float maxHitPoints;
```

因为在 HitPoints 对象中使用 float 来存储当前值，所以也将 Character.cs 脚本中的 maxHitPoints 更改为 float。

添加以下附加属性：

```
public float startingHitPoints;
```

我们将使用这个属性来设置角色开始时的生命值。

6.1.12　更新 Player.cs 脚本

在 Start()方法上方的任意位置添加以下两个属性：

```
// 1
public HealthBar healthBarPrefab;

// 2
HealthBar healthBar;
```

healthBarPrefab 属性用于存储对 HealthBar 预制件的引用。我们将使用此引用作为 Instantiate()方法的一个参数，Instantiate()方法用来实例化 HealthBar 预制件的副本。

healthBar 属性用于存储对 HealthBar 类的实例的引用。

在现有的 Start()方法中，添加以下代码行：

```
// 1
hitPoints.value = startingHitPoints;

// 2
healthBar = Instantiate(healthBarPrefab);
```

Start()方法只在启用脚本时调用一次。我们希望玩家最初的生命值是startingHitPoints，所以把它赋值给hitPoints.value。

然后实例化HealthBar预制件的一个副本，并将该副本的引用存储在内存中。

在编写逻辑脚本来拾起红心并增加玩家的生命值时，有一件很重要的事情没有做。当前的生命值不应超过它们被允许的最大生命值。现在将添加这个逻辑。

将OnTriggerEnter2D()方法更改为：

```
void OnTriggerEnter2D(Collider2D collision)
{
    if (collision.gameObject.CompareTag("CanBePickedUp"))
    {
        Item hitObject = collision.gameObject.
        GetComponent<Consumable>().item;

        if (hitObject != null)
        {
            // 1
            bool shouldDisappear = false;

            switch (hitObject.itemType)
            {
                case Item.ItemType.COIN:
                    // 2
                    shouldDisappear = true;
                    break;
                case Item.ItemType.HEALTH:
                    // 3
                    shouldDisappear =
                    AdjustHitPoints(hitObject.quantity);
                    break;
                default:
```

```
                    break;
                }
                // 4
                if (shouldDisappear)
                {
                    collision.gameObject.SetActive(false);
                }
            }
        }
    }

    // 5
    public bool AdjustHitPoints(int amount)
    {

        // 6
        if (hitPoints.value < maxHitPoints)
        {

            // 7
            hitPoints.value = hitPoints.value + amount;

            // 8
            print("Adjusted HP by: " + amount + ". New value: " +
            hitPoints.value);

            // 9
            return true;
        }
        // 10
        return false;
    }
```

下面对上述代码进行详解。

// 1

shouldDisappear 用于指示碰撞中的对象是否应该消失。

```
// 2
```

玩家碰撞到的任何硬币默认情况下都应该消失，给人一种它们被捡起并添加到玩家背包中的错觉。

```
// 3
```

我们需要添加额外的逻辑以把生命值限制在 maxHitPoints(Player 类从 Character 类继承的属性)的范围内。如果生命值被调整了，下面提到的 AdjustHitPoints()方法将返回 true，否则返回 false。

既然玩家的生命条已满，那么 AdjustHitpoints()方法将返回 false，它们触碰到的任何红心都不会被“拾起”，并将在场景中保持激活状态。

```
// 4
```

如果 AdjustHitPoints()方法返回 true，那么预制件对象应该消失。按照我们设计这种逻辑的方式，将来添加到 switch 语句中的任何新项也可以设置 shouldDisappear 以使对象消失。

```
// 5
```

AdjustHitPoints()方法将返回 bool 类型，以表示是否已成功调整 hitPoints。

```
// 6
```

检查当前的生命值是否小于允许的最大生命值。

```
// 7
```

按照 amount 调整玩家当前的生命值。可以传递负的调整数。

```
// 8
```

打印一条语句以帮助调试。这是可选的。

```
// 9
```

返回 true 以表示玩家的生命值已被调整。

```
// 10
```

返回 false 以表示玩家的生命值没有被调整。

6.1.13　创建 HealthBar.cs 脚本

右击 MonoBehaviours 文件夹，新建一个名为 HealthBar.cs 的 C#脚本。将以下代码写入 HealthBar.cs 脚本。

```
using UnityEngine;

// 1
using UnityEngine.UI;

public class HealthBar : MonoBehaviour
{

    // 2
    public HitPoints hitPoints;

    // 3
    [HideInInspector]
    public Player character;

    // 4
    public Image meterImage;

    // 5
    public Text hpText;

    // 6
    float maxHitPoints;
    void Start()
    {

        // 7
        maxHitPoints = character.maxHitPoints;
    }
    void Update()
    {

        // 8
        if (character != null)
```

```
        {
            // 9
            meterImage.fillAmount = hitPoints.value /
            maxHitPoints;

            // 10
            hpText.text = "HP:" + (meterImage.fillAmount * 100);
        }
    }
}
```

下面对上述代码进行详解。

// 1

使用 UI 元素时需要导入 UnityEngine.UI 命名空间。

// 2

这里引用的 HitPoints 资源(Scriptable Object)与玩家预制件引用的 HitPoints 资源是同一个。这个数据容器允许在两个对象之间自动共享数据。

// 3

需要使用当前 Player 对象的引用来获取 maxHitPoints。这个引用将通过编程而不是通过 Unity 编辑器进行设置，因此在 Inspector 面板中隐藏它以消除混淆是有意义的。

使用[HideInInspector]在 Inspector 面板中隐藏这个公共属性。[HideInInspector]的方括号语法表明它是一个特性。特性允许方法和变量有额外的行为。

// 4

创建这个属性是为了方便和简单，这样就不需要搜索各种子对象来找到 Meter Image 对象。附加了 HealthBar.cs 脚本后，我们将在 Unity 编辑器中通过拖曳 Meter 对象到这个属性来设置它。

// 5

这是为方便和简单而创建的另一个属性。我们将在 Unity 编辑器中通过将 HPText 对象拖放到这个属性来设置它。

// 6

因为当前的游戏设计中的最大生命值不会改变，所以将它缓存在一个本地变量中。

```
// 7
```

获取并存储 Character 实例对象的最大生命值。

```
// 8
```

在尝试对 Character 实例对象执行任何操作之前，检查以确保对它的引用不为 null。

```
// 9
```

Image 对象的 Fill Amount 属性要求值在 0 和 1 之间。通过用当前生命值除以最大生命值，可将当前生命值转换为百分比，然后将结果赋值给 Meter 对象的 Fill Amount 属性。

```
// 10
```

修改 HPText 对象的 Text 属性以将剩余的生命值显示为整数，将 fillAmount 乘以 100(例如，0.40 =HP: 40 或 0.80 =HP: 80)。

提示　在构建游戏架构时，请考虑公共变量是否需要在 Unity 编辑器中可见，或者是否需要通过编程方式进行设置。如果以编程方式进行设置，可使用[HideInInspector]特性，以便今后检查预制件并且当无法回忆起是否需要设置属性时避免一些混乱。

还需要补充最后一点。回到 Player.cs 脚本，在现有的 Start()方法中添加以下代码行：

```
healthBar.character = this;
```

这一行将 healthBar 中 Player 类型的 character 属性设置为 Player.cs 脚本的实例。我们把这行代码留到最后保存，这样你就可以看到刚刚添加到 HealthBar.cs 中的代码和 Player.cs 脚本之间的联系。HealthBar.cs 脚本使用玩家对象获取 maxHitPoints 属性。

6.1.14　配置 Health Bar 组件

切换回 Unity 编辑器，并从 Project 视图的 Prefabs 文件夹中选择 HealthBarObject，将 HealthBar.cs 脚本添加到 HealthBarObject 上。

在 6.1.13 节的脚本中，刚刚创建的属性应该是空白的，如图 6-18 所示。

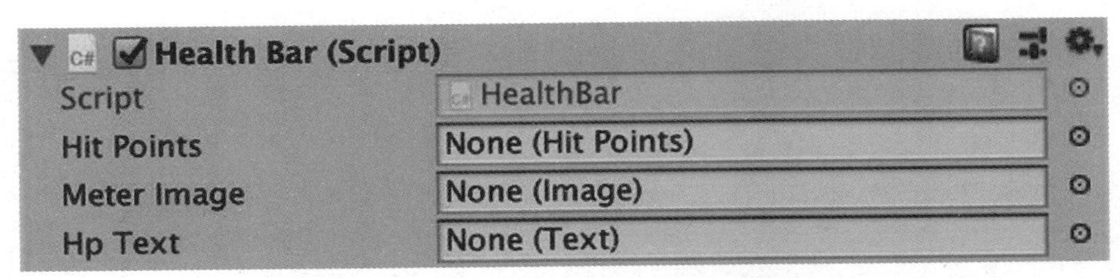

图 6-18　设置属性前的 HealthBar.cs 脚本

在 ScriptableObjects 文件夹中，右击并使用我们创建的菜单选项 Create | HitPoints 来创建一个 HitPoints 对象，重命名为 HitPoints，如图 6-19 所示。HitPoints 对象是保存在项目文件夹中的资源。

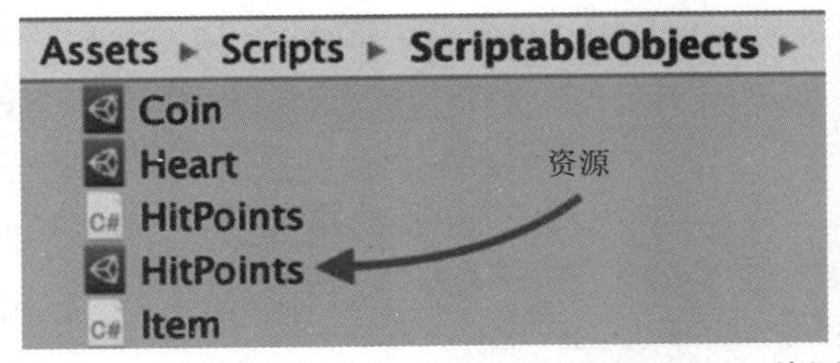

图 6-19　在 ScriptableObject 文件夹中创建 HitPoints 资源

选中 HealthBarObject 后，将 HitPoints 对象拖动到 Hit Points 属性上，如图 6-20 所示。

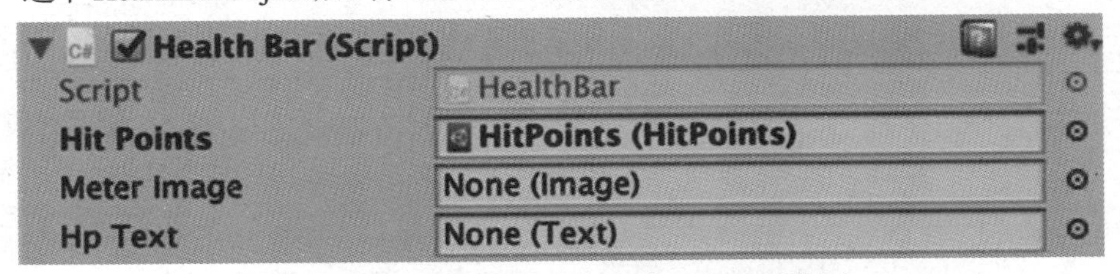

图 6-20　将 HitPoints 对象拖动到 Hit Points 属性上

如你所见，Hit Points 属性现在显示为粗体。正如之前讨论过的，这是 Unity 编辑提醒我们的方式，我们只是更改了预制件的这个特定实例。如果想将更改应用于预制件的所有实例，那么必须单击 Inspector 面板右上角的 Apply 按钮。请记住，在未来的某些情况下，你可能不希望将更改应用到预制件的每一个实例。

我们将设置 HealthBar.cs 脚本中的属性，该脚本已被添加到 HealthBarObject 上。HealthBar.cs 脚本中的 HitPoints hitPoints 和 Text hpText 等属性实际上将被设置为引用 HealthBarObject 的一些子对象。

选择 HealthBarObject 并单击 HealthBar.cs 脚本中每个属性旁边的小圆点。为每个属性选择适当的值，如图 6-21 所示。完成后，单击 Inspector 面板中的 Apply 按钮。

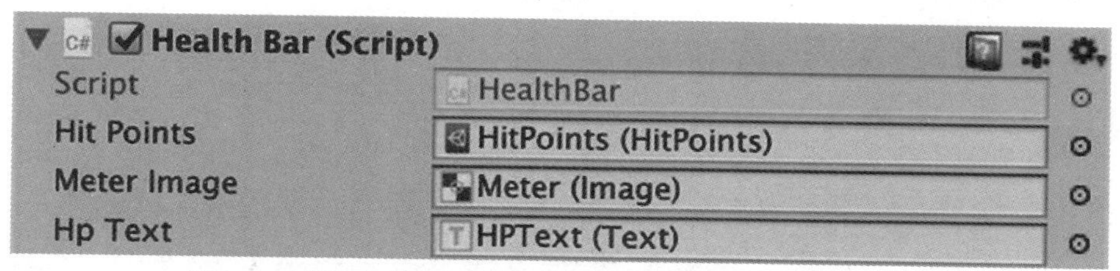

图 6-21 使用生命条上的相应对象设置 Meter Image 和 Hp Text

在 Prefabs 文件夹中选择 PlayerObject 预制件。将创建的 HitPoints Scriptable Object 拖放到 Player.cs 脚本的 Hit Points 属性上。记住，我们在 Health Bar 对象中使用了同一个 HitPoints 对象。生命值数据在两个独立的对象之间共享，就像魔法一样。

如下设置 Player.cs 脚本中的属性：将 Starting Hit Points 设置为 6，将 Max Hit Points 设置为 10，并拖动 HealthBarObject 来设置 Health Bar Prefab 属性，如图 6-22 所示。

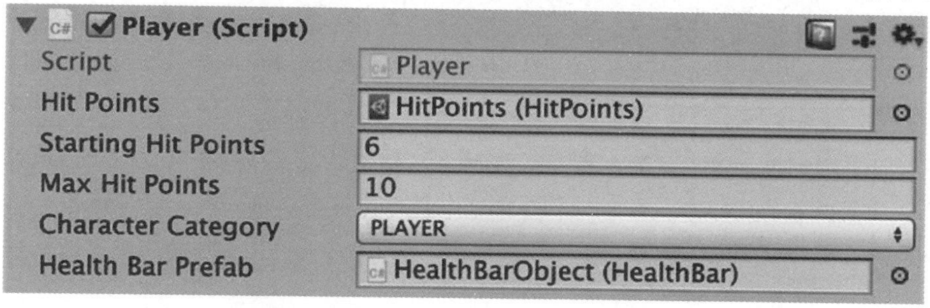

图 6-22 将 Health Bar Prefab 属性设置为 HealthBarObject 预制件

让我们总结一下刚刚构建的内容：

- 当玩家与红心发生碰撞时，AdjustHitPoints()方法将增加 HitPoints 对象里的值。
- HealthBar.cs 脚本也有一个名为 hitPoints 的属性，该属性与 Player.cs 脚本引用的是同一个 HitPoints 对象。HealthBar 类继承自 MonoBehaviour 类，这意味着每帧都会调用 Update()方法。
- 在 HealthBar.cs 脚本的 Update()方法中，检查 HitPoints 的当前值，并为 Meter Image 对象设置 Fill Amount，调整生命值计量条的视觉外观。

是时候测试一下生命条了。确保已经保存所有的 Unity 脚本，并单击 HealthBarObject 上的 Apply 来应用更改。删除 HealthBarObject 以将其从 Hierarchy 面板中删除。

单击 Play 按钮，然后带着玩家四处走动，让它们拾起红心。每次玩家拾起红心时，生命条应该增加 10 点，如图 6-23 所示。

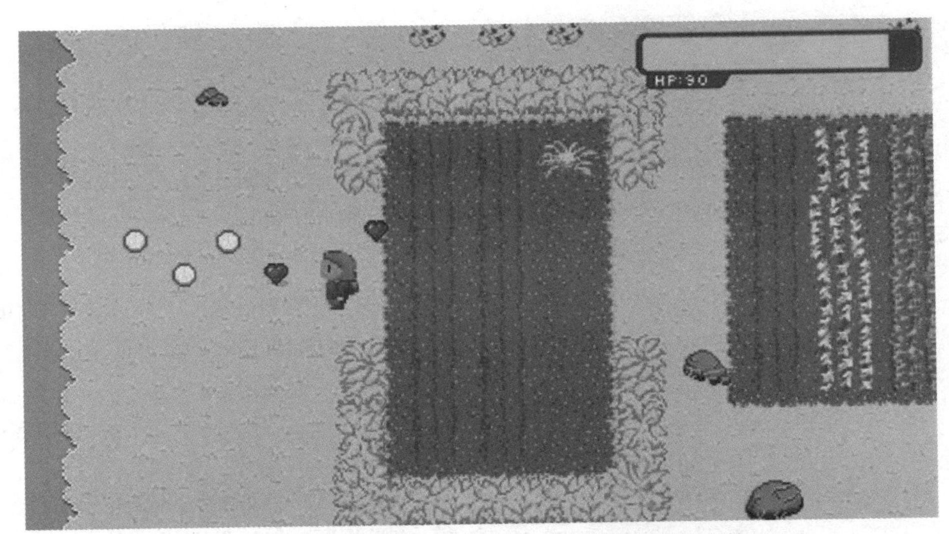

图 6-23　每次玩家收集红心时，生命条都会增加点数

提示　如果需要在 Hierarchy 面板或 Project 视图中处理对象，但希望在 Inspector 面板中保持其他对象可见，可单击如图 6-24 所示的锁图标以保持对象可见。当需要拖动并将其他对象设置为属性时，锁定对象会使这个操作变得更容易一些。要解锁对象，只需要再次点击锁图标即可。

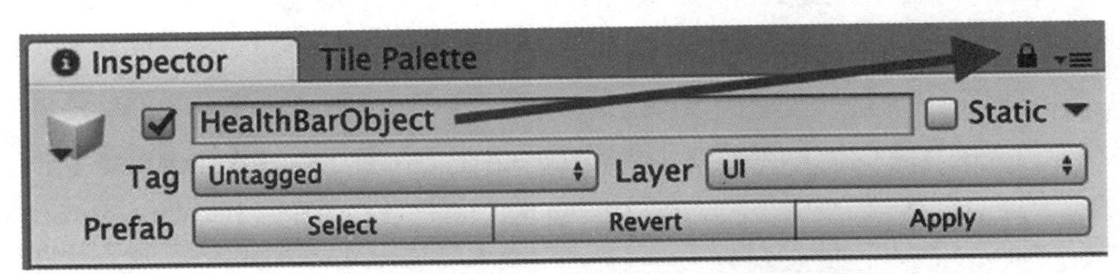

图 6-24　使用锁图标保持对象在 Inspector 面板中打开

6.2　背包

许多电子游戏都有背包的概念——存放玩家拾起的东西的地方。在本节中，我们将创建包含若干背包格子(Item Slot)的背包栏(Inventory Bar)来存放物品。一个脚本将被附加到背包栏，以管理玩家的背包以及背包栏本身的外观。我们将把背包栏变成一个预制件，并在 Player 对象中存储对它的引用，就像对生命条所做的那样。

右击 Hierarchy 面板中的任意位置并选择 UI | Canvas，这个操作将创建两个对象：Canvas 和 EventSystem。将 Canvas 对象重命名为 InventoryObject 并删除 EventSystem。

选择 InventoryObject 后，在 Canvas 组件中选中 Pixel Perfect，并将 UI Scale Mode 属

性设置为 Scale With Screen Size，就像之前对生命条所做的那样。

再次右击 InventoryObject 并选择 Create Empty，这将创建一个空的 UI 元素，将这个元素重命名为 InventoryBackground。

提示　如果看不到正在使用的对象，请在 Hierarchy 面板中双击该对象，使其在场景中居中。双击 InventoryBackground 对象使其居中。

确保选择了 InventoryBackground，然后单击 Add Component 按钮。搜索并添加 Horizontal Layout Group，如图 6-25 所示。

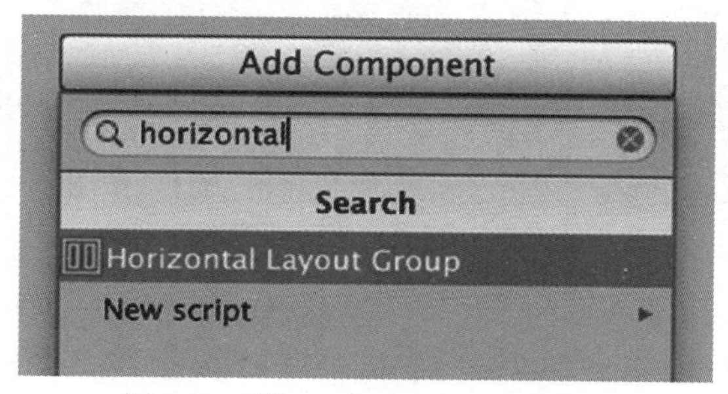

图 6-25　添加 Horizontal Layout Group

Horizontal Layout Group 组件将自动排列所有子对象，使它们水平放置在一起。

选择 InventoryObject 后，创建一个空的 GameObject 子对象，并重命名为 Slot(格子)。

Slot 对象用于展示一个或一批可堆叠的物品。当游戏运行时，我们将以编程方式实例化 5 个 Slot 预制件副本。

每个 Slot 父对象将包含四个子对象：背景 Image、托盘 Image、物品 Image 和 Text 对象。

选择 Slot 对象，并在 Rect Transform 组件中将 Width 和 Height 设置为 80×80，如图 6-26 所示。

Slot 对象的 Pos X 和 Pos Y 可能与图 6-26 不同，这没有关系，因为反正我们将以编程方式实例化它们。

右击 Slot 对象并选择 UI | Image，创建一个 Image 子对象，将这个子对象重命名为 Background。右击 Slot 对象并创建另一个名为 ItemImage 的 Image 对象。Background 和 ItemImage 对象都应该是 Slot 的子对象。

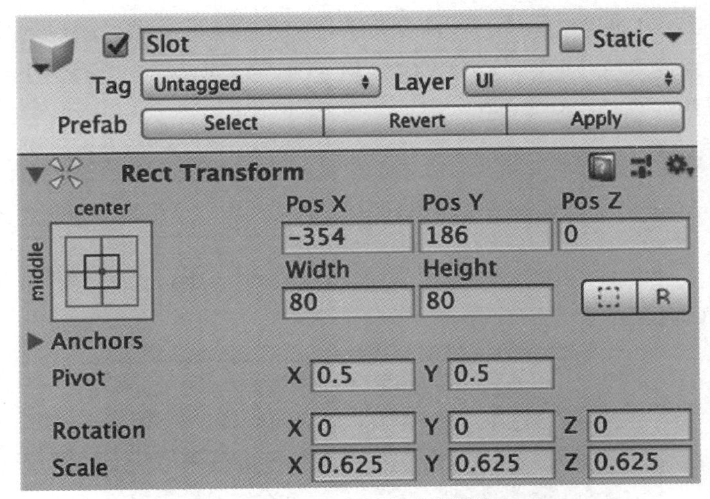

图 6-26　将 Slot 对象的尺寸设置为 80×80

现在我们要添加一个小的“托盘”，并将在其中放置可堆叠物品数量文本。选择 Background 对象并创建 Image 子对象。将 Image 子对象重命名为 Tray。右击 Tray 对象，选择 UI | Text 以创建 Text 子对象，将 Text 子对象重命名为 QtyText。

完成后，Slot 对象的结构应该如图 6-27 所示。

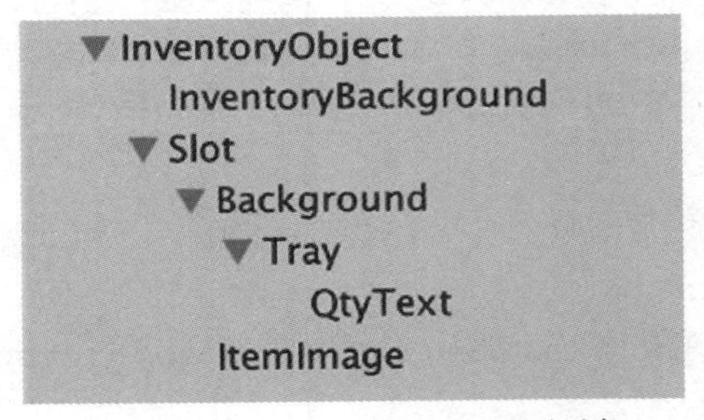

图 6-27　设置 Tray 和 QtyText 子对象

重要的是保证所有这些对象在 Hierarchy 面板中处于正确的顺序。如图 6-27 所示，对它们进行排序以确保背景先渲染，并确保 ItemImage、Tray 和 QtyText 对象渲染在背景之上。如果不小心在错误的父对象上创建了子对象，只需要单击并将它拖到正确的父对象上即可。

6.2.1　导入背包格子图像

在 Sprites 文件夹中新建一个名为 Inventory 的子文件夹。在本章下载资源的本地目录中，从 Spritesheets 文件夹中选择名为 InventorySlot.png 的精灵表，把它拖动到 Project

视图中的 Sprites/Inventory 文件夹中。选择 InventorySlot.png 精灵表并在 Inspector 面板中进行如下导入设置。

Texture Type：Sprite (2D and UI)

Sprite Mode：Multiple

Pixels Per Unit：32

Filter Mode：Point (no filter)

确保选择了底部的 Default 按钮，并将 Compression 设置为 None，单击 Apply 按钮，然后打开 Sprite Editor。

在 Slice 菜单中确保 Type 被设置为 Automatic。我们将让 Unity 编辑器检测这些精灵的边界。单击 Apply 按钮，切割精灵后关闭 Sprite Editor。

6.2.2　配置背包格子

背包格子由几个不同的子项组成，每个子项都有自己的配置。配置完成后，把背包格子本身转换为预制件，并将它与主体 InventoryObject 分离。

1. 配置 ItemImage

在 Slot 中选择 ItemImage 对象。在 Rect Transform 组件中，将 Width 和 Height 更改为 80。

通过取消选中 Inspector 面板中 Image 组件左上角的复选框可禁用图像。我们将在把图像放入格子后启用图像。ItemImage 的 Image 组件应类似于图 6-28。

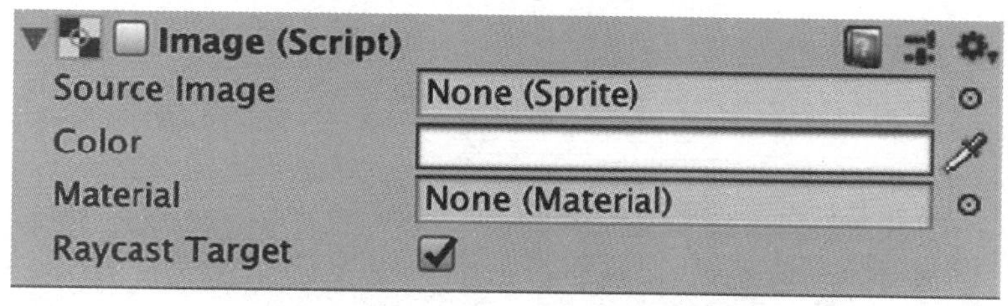

图 6-28　禁用 ItemImage 的 Image 组件

因为如果没有向 Image 组件提供源图像，Image 组件将显示默认颜色，所以禁用图像。我们不想显示一个巨大的空白盒子，所以禁用了 Image 组件，直到有 Source Image 可以显示。

2. 配置 Background

选择 Background 对象并确保 Image 组件的设置如图 6-29 所示。使用 InventorySlot_0 作为 Source Image，并确保将 Image Type 设置为 Simple。

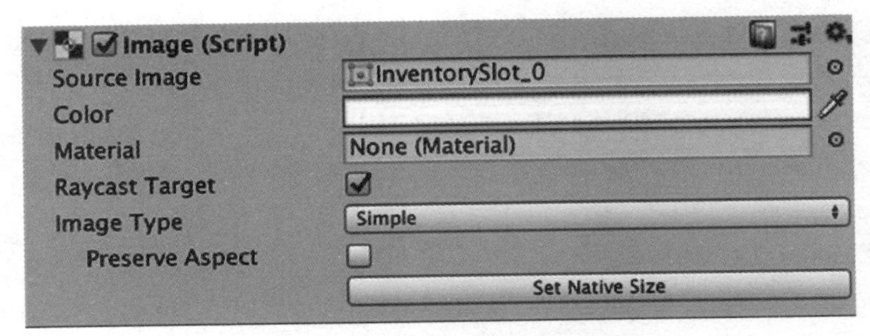

图 6-29　配置 Slot 的 Background

将 Background 的 Rect Transform 组件的 Width 和 Height 设置为 80×80，如图 6-30 所示。

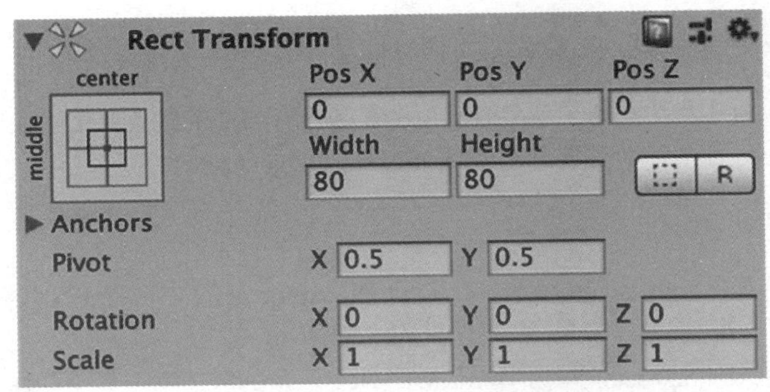

图 6-30　设置 Background 的 Width 和 Height

3. 配置 Tray

选择 Tray 对象，并 Width 和 Height 更改为 48×32。将 Image 组件的 Source Image 设置为 InventorySlot_1，如图 6-31 所示。

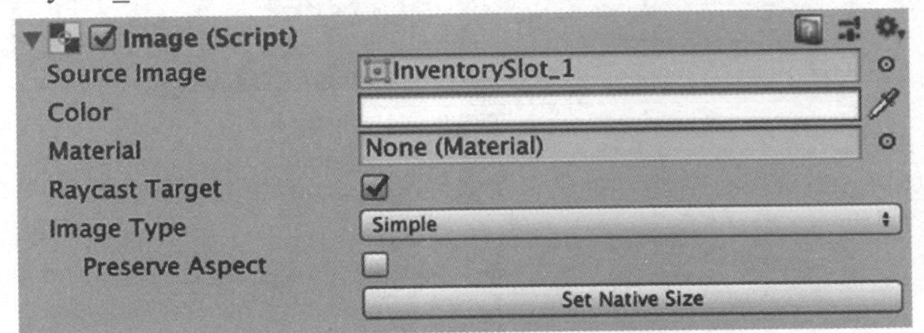

图 6-31　设置 Tray 图像

因为 Tray 是作为 Background 的子对象添加的，所以它的 Pos X 和 Pos Y 都被自动设置为 0，如图 6-32 所示。

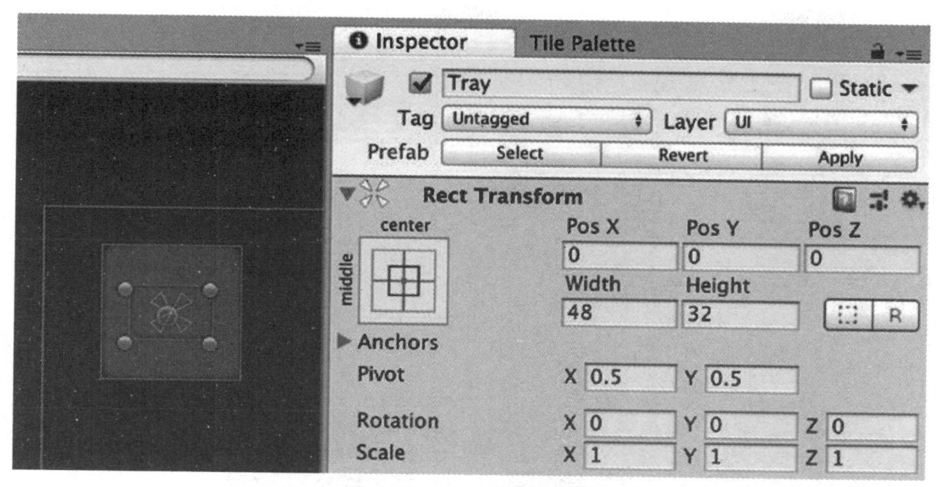

图 6-32　Tray 的默认位置

将 Tray 的锚点设置为 bottom-right，然后再次将 Pos X 和 Pos Y 都更改为 0。这将导致 Tray 的中心移动到父对象的右下角，如图 6- 33 所示。

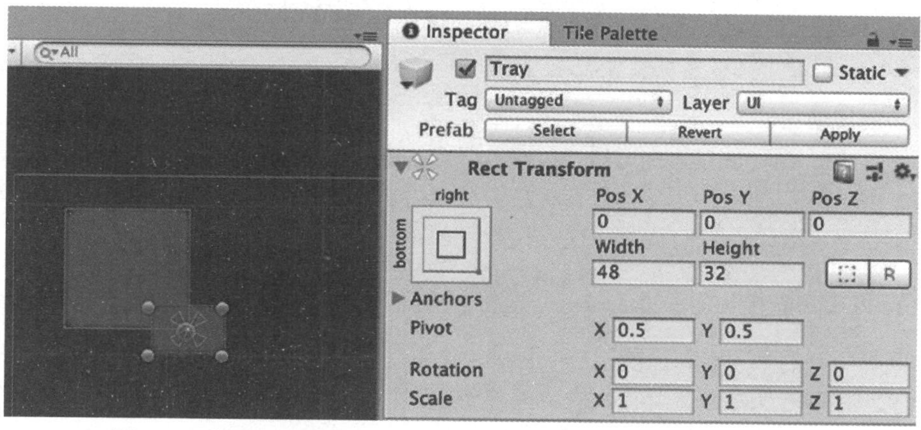

图 6-33　将锚点设置为 bottom-right，并且将 Pos X 和 Pos Y 都设置为 0

4. 配置 QtyText——数量文本

Text 对象用于向用户展示不可交互的文本。它们有助于在游戏中显示文本、调试和设计自定义的 GUI 控件。背包中的 Text 对象将用于显示可堆叠物品的数量，例如一个格子中的硬币数量。

选择 Text 组件并将 Width 更改为 25，将 Height 更改为 20。在 Text(Script)组件中，将文本更改为 00，以帮助查看文本的位置。将 Font 设置为 slkscr(自定义的 Silkscreen 字体)，并保持 Font Style 为 Normal。将 Font Size 更改为 16，将 Color 更改为白色，并将

Alignment 更改为居中对齐，如图 6-34 所示。

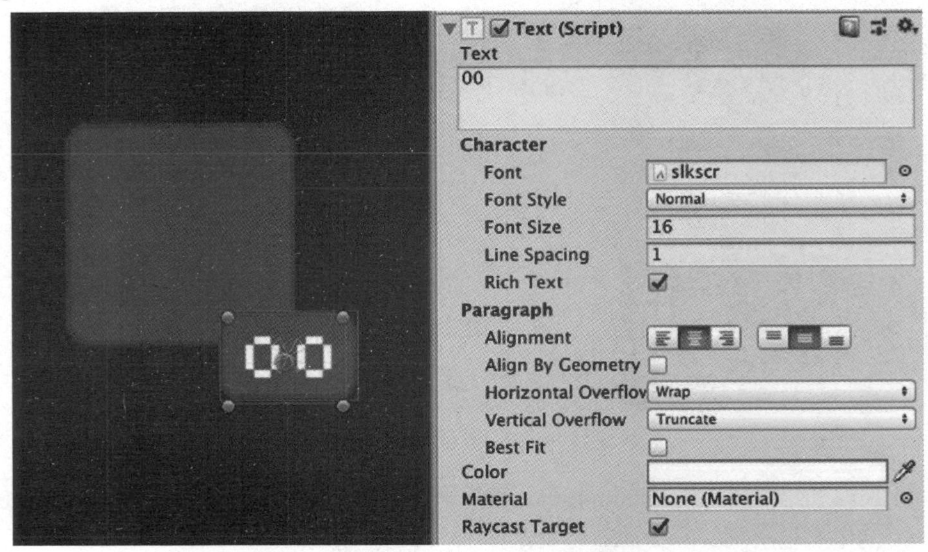

图 6-34　在 Text 对象中配置 Text 组件

因为 QtyText 对象是 Tray 的子对象，所以我们将保留锚点的默认位置 middle-center。没有必要移动它们。

在对 Text 组件的位置满意后，可通过取消选中 Text 对象上 Text 组件左上角的复选框来禁用 Text 组件。之所以禁用 Text 组件，是因为在有多个可堆叠物品占用同一个格子前，不想显示数量。我们将以编程方式启用 Text 组件。

5. 创建预制件

既然所有的子元素都已就位，下面从 Slot 中制作一个预制件。我们将以编程方式实例化这个预制件的副本，并使用它们组建背包栏。

选择高亮显示的那个 Slot，如图 6-35 所示，并将其拖放到 Prefabs 文件夹中，创建一个 Slot 预制件。确保没有选择整个 InventoryObject——我们只是想从 Slot 中创建一个预制件。片刻后，我们就回来使用这个预制件。

当从 Slot 中创建了预制件后，就从 Hierarchy 面板中删除 Slot，以便只保留 InventoryObject 和 InventoryBackground。InventoryObject 应与图 6-36 相似。

最后但同样重要的是，单击并拖动 InventoryObject 到 Prefabs 文件夹中，创建一个预制件，然后从 Hierarchy 面板中删除 Slot。

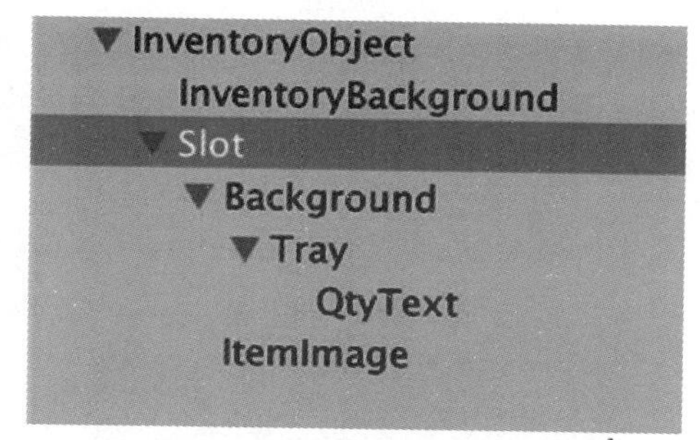

图 6-35　选择并拖动 Slot 到 Prefabs 文件夹中以创建一个预制件

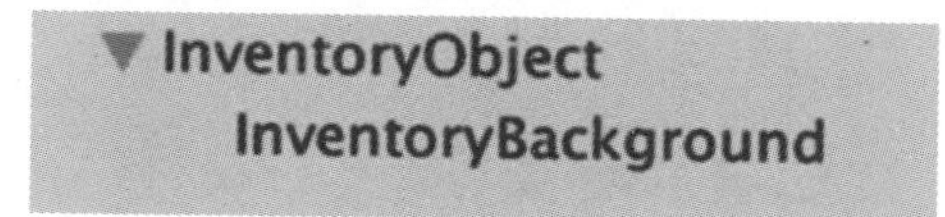

图 6-36　创建 Slot 预制件并从父对象 InventoryObject 上移除 Slot 之后的层级结构

6. 创建 Slot.cs 脚本

我们将创建一个简单的脚本来保存对 Slot 中 Text 对象的引用。将这个脚本附加到每个 Slot 对象上。

在 Project 视图中选择 Slot 预制件，并向其添加一个名为 Slot.cs 的新脚本。在这个脚本中使用以下代码：

```
using UnityEngine;
using UnityEngine.UI;

// 1
public class Slot : MonoBehaviour {

// 2
public Text qtyText;
}
```

下面对上述代码进行详解。

```
// 1
```

Slot 继承自 MonoBehaviour，以便可以将 Slot.cs 脚本附加到 Slot 对象上。

// 2

qtyText 是对 Slot 中 Text 对象的引用。我们将在 Unity 编辑器中设置该引用。

保存脚本并切换回 Unity 编辑器。我们想要设置刚刚在 Slot.cs 脚本中创建的 Qty Text 属性。问题是，如果在 Project 视图中选择 Slot 预制件，那么只能看到子对象 Background 和 ItemImage，如图 6-37 所示。

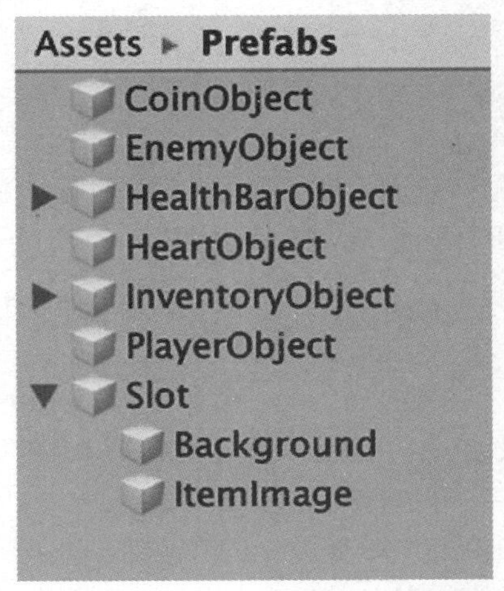

图 6-37　在 Project 视图中选择 Slot 时，无法看到子对象 Tray 或 QtyText

这种限制是由 Unity 设计人员故意设置的，目的是阻止开发人员制造深层次嵌套的父-子层次结构的对象引用。

为了在 Unity 编辑器中查看预制件里的所有子对象，需要临时实例化一个副本。将 Slot 预制件拖放到 Hierarchy 面板或 Scene 视图中，以临时创建 Slot 的实例。

如果在 Hierarchy 面板中选择新实例化的副本，可以再次看到 Slot 的所有子对象，如图 6-38 所示。

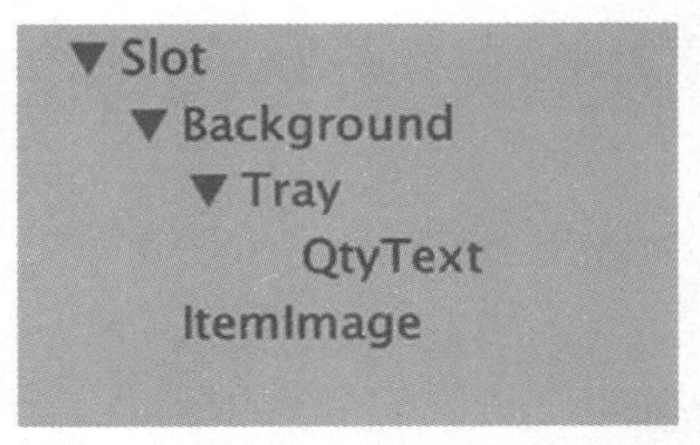

图 6-38　Slot 预制件中所有子对象的视图

因为现在还不是 Canvas 对象的子对象，所以无法在 Scene 视图中实际查看 Slot 预制件。没关系，现在所需要的就是能够访问 QtyText 对象。

通过单击旁边的小圆点可设置 Qty Text 属性，如图 6-39 所示。

图 6-39　设置 Slot.cs 脚本中的 Qty Text 属性

在脚本中创建对 QtyText 对象的引用可使以后查找更容易，而不必追踪索引。通过特定的索引引用对象是一种比较脆弱的方式。如果顺序发生改变，或者添加额外的组件，索引就会改变，脚本将不能正常工作。

单击 Inspector 面板右上角的 Apply 按钮，将更改应用到 Slot 预制件，然后从 Hierarchy 面板中删除 Slot 预制件。

6.2.3　创建 Inventory.cs 脚本

下一步是编写脚本 Inventory.cs 来管理玩家的背包以及背包栏的外观，将这个脚本附加到 InventoryObject。Inventory.cs 脚本将比我们迄今为止学习过的任何类都要复杂，但是请把这看作一次学习和实践脚本技能的机会。

我们还将创建一个脚本来保存对 QtyText 对象的引用，并将这个脚本附加到 Slot 预制件。

在 Project 视图的 MonoBehaviours 文件夹中，新建一个名为 Inventory 的子文件夹。在 Inventory 子文件夹中，右击并新建一个名为 Inventory.cs 的 C#脚本。双击该脚本，打开 Visual Studio。

使用以下代码替换 Inventory.cs 中的默认代码。

1. 设置属性

首先，需要设置 Inventory 类的属性。

```
using UnityEngine;
using UnityEngine.UI;

public class Inventory : MonoBehaviour
{
    // 1
    public GameObject slotPrefab;

    // 2
    public const int numSlots = 5;

    // 3
```

```
    Image[] itemImages = new Image[numSlots];

    // 4
    Item[] items = new Item[numSlots];

    // 5
    GameObject[] slots = new GameObject[numSlots];

    public void Start()
    {
        // 现在是空的
    }
}
```

下面对上述代码进行详解。

// 1

slotPrefab 用于存储对 Slot 预制件的引用，我们将在 Unity 编辑器中把 Slot 预制件附加到这个引用。Inventory.cs 脚本将实例化 Slot 预制件的多个副本，将它们用作背包格子。

// 2

背包栏将包含五个格子。因为脚本中的几个实例变量都依赖于这个数字并且不应该在运行时动态修改，所以使用了 const 关键字。

// 3

实例化一个名为 itemImages 的数组，大小为 numSlots(5)。这个数组将保存 Image 组件。每个 Image 组件都有 Sprite 属性。当玩家将物品添加到背包中时，我们将 Sprite 属性设置为物品中引用的精灵，精灵将显示在背包栏的格子中。请记住，游戏中的 Item 对象实际上只是将信息捆绑在一起的 Scriptable Object 或数据容器。

// 4

items 数组将保存对玩家拾起的 Scriptable Object 类型的 Item 对象的引用。

// 5

slots 数组中的每个索引都将引用一个 Slot 预制件。这些 Slot 预制件是在运行时动态实例化的。我们将使用这些引用来查找 Slot 里的 Text 对象。

2. 实例化 Slot 预制件

将以下方法添加到 Inventory 类中。CreateSlots()方法负责从预制件动态创建 Slot 对象。

```
public void CreateSlots()
{

    // 1
    if (slotPrefab != null)
    {
        // 2
        for (int i = 0; i < numSlots; i++)
        {
            // 3
            GameObject newSlot = Instantiate(slotPrefab);
            newSlot.name = "ItemSlot_" + i;
            // 4
            newSlot.transform.SetParent(gameObject.transform.
            GetChild(0).transform);
            // 5
            slots[i] = newSlot;
            // 6
            itemImages[i] = newSlot.transform.GetChild(1).
            GetComponent<Image>();
        }
    }
}
```

下面对上述代码进行详解。

```
// 1
```

在尝试以编程方式使用 Slot 预制件之前，请检查以确保已经通过 Unity 编辑器设置了 Slot 预制件。

```
// 2
```

循环遍历格子数量。

```
// 3
```

实例化 Slot 预制件的副本并将它们赋值给 newSlot。将实例化的 GameObject 的 name 属性更改为 ItemSlot_并将索引号追加到 ItemSlot_的末尾。name 是每个 GameObject 的固有属性。

```
// 4
```

脚本将被附加到 InventoryObject。InventoryObject 预制件中只有子对象 Inventory。

将实例化的 Slot 的父对象设置为 InventoryObject 中索引为 0 的子对象。InventoryObject 中索引为 0 的子对象是 Inventory，如图 6-40 所示。

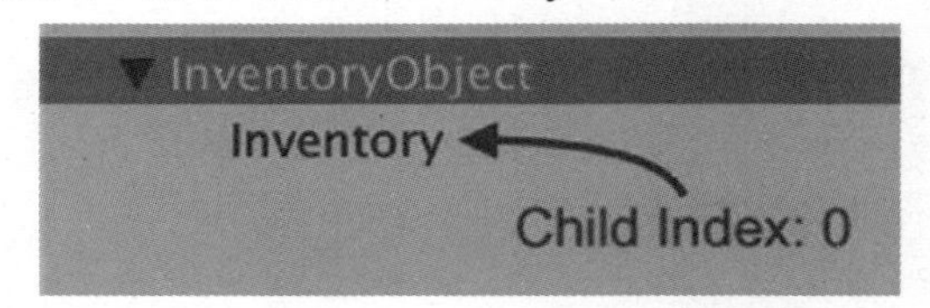

图 6-40　Inventory 是 InventoryObject 中索引为 0 的子对象

```
// 5
```

将这个新的 Slot 对象赋值给 slots 数组中当前索引位置的元素。

```
// 6
```

Slot 索引为 1 的子对象是 ItemImage。从 ItemImage 子对象获取 Image 组件，并将它赋值给 itemImages 数组。这个 Image 组件的 Source Image 就是当玩家拾起物品时背包格子中出现的图像。图 6-41 说明了 ItemImage 的索引为 1。

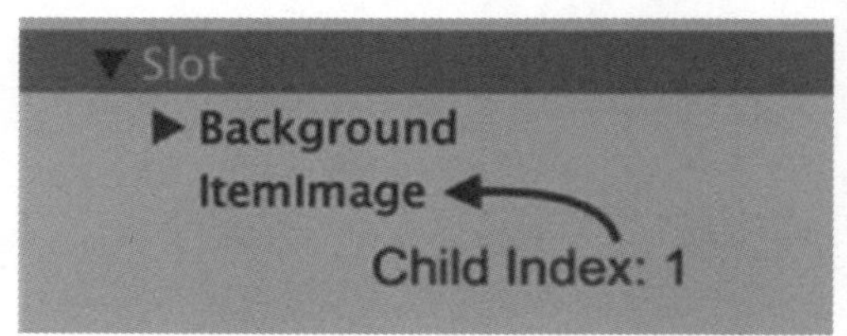

图 6-41　ItemImage 是 Slot 索引为 1 的子对象

3. 填写 Start()方法

让我们填写 Start()方法。

```
public void Start()
{
```

```
    CreateSlots();
}
```

在 Start()方法中，调用之前编写的方法 CreateSlots()来实例化 Slot 预制件并设置背包栏。

4. 创建 AddItem()方法

接下来，我们将创建方法 AddItem()，从而将物品实际添加到背包中。

```
// 1
public bool AddItem(Item itemToAdd)
{
    // 2
    for (int i = 0; i < items.Length; i++)
    {
        // 3
        if (items[i] != null && items[i].itemType == itemToAdd.
        itemType && itemToAdd.stackable == true)
        {
            // 添加到现有的格子
            // 4
            items[i].quantity = items[i].quantity + 1;
            // 5
            Slot slotScript = slots[i].gameObject.
            GetComponent<Slot>();
            // 6
            Text quantityText = slotScript.qtyText;
            // 7
            quantityText.enabled = true;
            // 8
            quantityText.text = items[i].quantity.ToString();
            // 9
            return true;
        }
        // 10
        if (items[i] == null)
```

```
        {
            // 添加到空格子
            // 复制物品并添加到背包中，复制是为了不更改原始 Scriptable Object
            // 11
            items[i] = Instantiate(itemToAdd);
            // 12
            items[i].quantity = 1;
            // 13
            itemImages[i].sprite = itemToAdd.sprite;
            // 14
            itemImages[i].enabled = true;
            return true;
        }
    }
    // 15
    return false;
}
```

下面对上述代码进行详解，为了免除读者来回翻页的麻烦，此处列出了对应的代码。

```
// 1
public bool AddItem(Item itemToAdd)
```

AddItem 方法将接收一个 Item 类型的参数。这个参数指的是要添加到背包中的物品。该方法返回一个布尔值，以表示物品是否已成功添加到背包中。

```
// 2
for (int i = 0; i < items.Length; i++)
```

for 语句用于循环遍历 items 数组中的所有索引。

```
// 3
```

这三个条件与可堆叠的 Item 物品有关。让我们仔细看看这个 if 语句中的条件：

```
items[i] != null
```

检查当前索引是否不为 null。

```
items[i].itemType == itemToAdd.itemType
```

检查 Item 物品的 itemType 是否等于我们想要添加到背包中的 Item 物品的 itemType。

```
itemToAdd.stackable == true
```

检查要添加的物品是否可堆叠。

这三个条件组合起来就有了检查索引中当前物品(如果存在的话)与玩家要添加的物品类型是否相同的效果。如果新物品的类型相同，并且是可堆叠的，那么我们希望将它添加到那一堆现有物品中。

```
// 4
items[i].quantity = items[i].quantity + 1;
```

因为我们要堆叠放置 Item 物品，所以增加 items 数组中当前索引位置的物品数量。

```
// 5
Slot slotScript = slots[i].GetComponent<Slot>();
```

当实例化 Slot 预制件时，真正要做的是创建带有 Slot 脚本的 GameObject。这一行将获取对 Slot.cs 脚本的引用。Slot.cs 脚本中包含对 QtyText 子对象的引用。

```
// 6
Text quantityText = slotScript.qtyText;
```

以上代码行获取对 Text 对象的引用。

```
// 7
quantityText.enabled = true;
```

因为要向已经包含可堆叠物品的格子中添加可堆叠物品，所以现在格子中有多个物品。启用将用于显示数量的 Text 对象。

```
// 8
quantityText.text = items[i].quantity.ToString();
```

每个 Item 对象都有 int 类型的 quantity 属性。使用 ToString()方法将 int 类型转换为 String 类型，以便设置 Text 对象的 text 属性。

```
// 9
return true;
```

因为能够向背包中添加物品，所以返回 true 以表示成功。

```
// 10
if (items[i] == null)
```

检查 items 数组的当前索引是否包含物品。如果为 null，那么就把新物品添加到这个格子中。

因为每次都线性地遍历 items 数组，所以一旦找到物品为 null 的索引，就意味着已经遍历所有已经持有物品的索引。因此，要么第一次添加这种类型的物品，要么尝试添加的物品是不可堆叠的。

注意，如果想在将来添加丢弃物品的功能，就必须稍微修改以上逻辑。我们将添加这样的逻辑：当从格子中删除物品时，将所有剩余的物品左移，不留下空格子。

```
// 11
items[i] = Instantiate(itemToAdd);
```

实例化 itemToAdd 的副本并将它赋值给 items 数组。

```
// 12
items[i].quantity = 1;
```

将 Item 对象的 quantity 属性设置为 1。

```
// 13
itemImages[i].sprite = itemToAdd.sprite;
```

将 itemToAdd 中的 sprite 对象赋值给 itemImages 数组中 Image 对象的 sprite 属性。注意，这是我们之前用如下代码赋值的 sprite，当时是为了在 CreateSlots()方法中设置格子：itemImages[i] = newSlot.transform.GetChild(1).GetComponent<Image>();。

```
// 14
itemImages[i].enabled = true;
return true;
```

启用 itemImage 并返回 true 以表示成功添加了 itemToAdd。回想一下，最初之所以禁用图像，就是因为如果没有向 Image 组件提供源图像，Image 组件将以默认颜色显示。因为我们已经赋值了一个 Sprite 对象，所以启用了 Image 组件。

```
// 15
return false;
```

如果这两个 If 语句没有将物品添加到背包中，那么背包必定是满的。返回 false 以表示没有添加物品。

保存 Inventory.cs 脚本并返回 Unity 编辑器。

选择 InventoryObject 并在 Inspector 面板中将 Inventory.cs 脚本附加到它上面。将 Slot 预制件拖动到 Inventory.cs 脚本中的 Slot Prefab 属性中。不需要单击 Apply 按钮，因为我们是直接修改 InventoryObject 预制件，而不是修改预制件的实例。

5. 更新 Player.cs 脚本

我们已经构建了很棒的背包系统，但是玩家对象还完全没有意识到背包的存在。打开 Player.cs 脚本并添加属性 inventoryPrefab 和 inventory，然后在现有 Start()方法的任意位置添加 Instantiate(inventoryPrefab)：

```
// 1
public Inventory inventoryPrefab;

// 2
Inventory inventory;

public void Start()
{

   // 3
   inventory = Instantiate(inventoryPrefab);

   hitPoints.value = startingHitPoints;
   healthBar = Instantiate(healthBarPrefab);
   healthBar.character = this;
}
```

下面对上述代码进行详细解释。

```
// 1
```

存储对 Inventory 预制件的引用，稍后会在 Unity 编辑器中使用。

```
// 2
```

用于在 Inventory 预制件实例化之后存储对它的引用。

```
// 3
```

实例化 Inventory 预制件。这一行将在 inventory 变量中存储对 Inventory 预制件的引用。存储这个引用后，就不必每次使用 Inventory 时都进行搜索了。

6. 最后一件事

在现有的 OnTriggerEnter2D(Collider2D collision)方法中，将 switch 语句更改为如下所示：

```
switch (hitObject.itemType)
{
    case Item.ItemType.COIN:
        // 1
        shouldDisappear = inventory.AddItem(hitObject);
        // 2
        shouldDisappear = true;
            break;
        case Item.ItemType.HEALTH:
        shouldDisappear = AdjustHitPoints(hitObject.quantity);
            break;
            default:
        break;
}
```

下面对上述代码进行详解。

```
// 1
```

在本地 inventory 实例上调用 AddItem()方法，并将 hitObject 作为参数传递给 AddItem()方法，将方法的返回值赋值给 shouldDisappear。回想一下，在构建 Health Bar 并更新 Player.cs 脚本时，如果 shouldDisappear 为 true，那么与玩家碰撞的游戏对象将被设置为不可激活。因此，如果物品被添加到背包中，那么原始物品将从场景中消失。

保存 Player.cs 脚本并切换回 Unity 编辑器。

选择 Player 预制件并将新创建的 InventoryObject 预制件拖动到 Player.cs 脚本中的 Inventory Prefab 属性中，如图 6-42 所示。

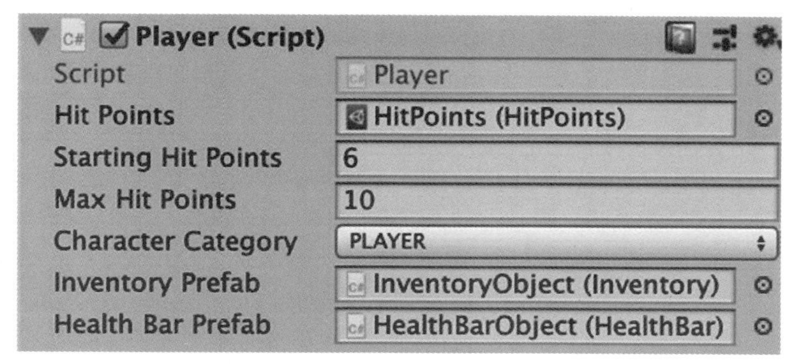

图 6-42　将 InventoryObject 赋值给 Inventory Prefab 属性

通过拖放 CoinObject 预制件到 Scene 视图中，再添加一些硬币供玩家拾起。

现在单击 Play 按钮，使玩家在地图周围行走并拾起硬币。请注意，当持有一枚以上的硬币时，数量计数器文本是如何出现的，如图 6-43 所示。

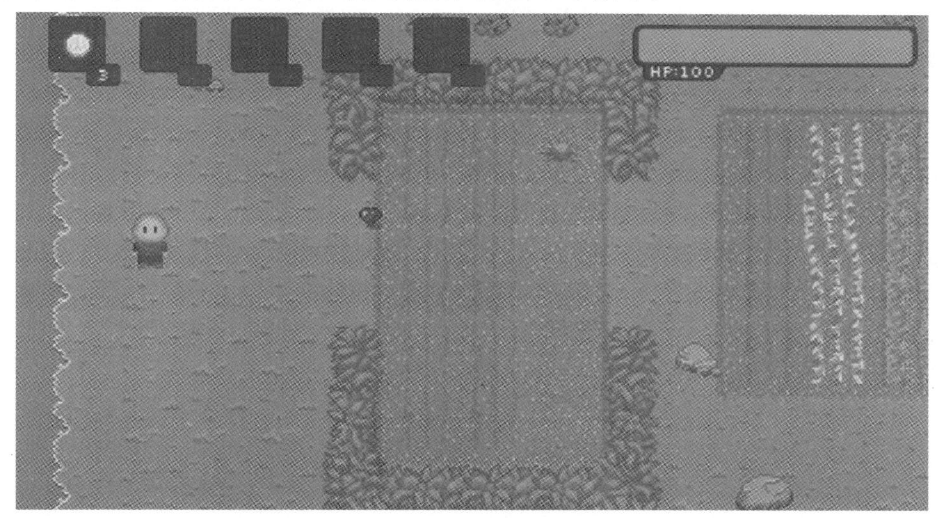

图 6-43　玩家变得富有了，非常富有

6.3　本章小结

通过学习本章，我们收获颇多，现在回顾我们完成了多少目标。我们运用了 Scriptable Object 和预制件，甚至学习了 Canvas 和 UI 元素。在本章，我们编写的 C#代码比以往任何时候都多，并且学习使用了一些技巧来保持游戏架构的整洁。有了正常运行的背包系统和生命条，游戏看起来开始像真正的 RPG 了。

第 7 章

角色、协程和生成点

在本章中，我们将构建一些对任何电子游戏都很重要的核心组件。我们将构建负责协调和运行游戏逻辑的 Game Manager(游戏管理器)，例如在玩家死亡时生成玩家。还将构建 Camera Manager(摄像机管理器)，以确保摄像机始终设置正确。你将更深入地了解 Unity 并学习如何通过编程的方式来完成工作，而不是依赖于 Unity 编辑器。通过编程的方式可以使游戏的层次结构更加灵活，并且从长远来看可以节省时间。在本章中，你还将学习 C#和 Unity 编辑器的一些有用特性，这些特性将使你的编程生涯更轻松，代码更清晰。

7.1 创建 Game Manager

到目前为止，我们一直在创建游戏的组件，而且这些组件之间没有任何协调逻辑。我们将创建 Game Manager 脚本，用于运行游戏逻辑。例如，如果玩家被敌人杀死，则生成玩家。

7.2 单例(Singleton)

在开始编写 RPGGameManager 脚本之前，让我们先了解一种被称为单例的软件设计模式。当应用程序需要在生命周期内创建特定类的单个实例时，可以使用单例。当一个类提供了游戏中其他几个类使用的功能时，单例会很有用，例如，在 Game Manager 类中协调游戏逻辑，单例可以提供对该类及其功能的公共统一访问入口。单例还提供了延迟实例化，这意味着它是在第一次被访问时创建。

在开始考虑将单例作为游戏开发类层次结构的救世主之前，让我们先谈谈单例的一些缺点。

尽管单例可以提供统一的功能访问入口，但这也意味着单例拥有具有不确定状态的全局可访问数据。整个游戏中的任何一段代码都可以访问和设置单例中的数据。虽然这似乎是一件好事，但请想象一下，在访问单例的 20 个不同的类中，尝试找出将特定的属性设置为不正确值的那个类，将是噩梦般的事情。

使用单例的另一个缺点是，对于单例实例化的精确时机我们不好把控。例如，假设游戏正忙于处理一段图形化代码，突然有一个我们希望在游戏较早时间就应该创建的单例对象被实例化了。结果导致游戏卡顿，从而影响了最终用户体验。

对于单例来说，还有其他几个需要考虑的优缺点，你应该仔细研究，然后决定何时使用。如果使用得当，单例肯定会让你的编程生涯更轻松。

将 RPGGameManager 类实现为单例是有意义的，因为在任何时候，我们都需要一个类用来协调游戏逻辑。因为我们在加载场景时访问并初始化 RPGGameManager 类，所以不会有任何性能问题。

每个单例都包含防止创建单例的其他实例的逻辑，从而确保只有单个唯一实例。稍后创建 RPGGameManager 类时，我们将详细探讨其中的一些逻辑。

7.2.1 创建单例

在 Hierarchy 面板中新建一个 GameObject，并将其重命名为 RPGGameManager。然后在 Scripts 文件夹下新建一个名为 Managers 的子文件夹。

新建一个名为 RPGGameManager.cs 的 C#脚本，并将其移动到 Managers 文件夹里。将这个脚本添加到 RPGGameManager 对象上。

在 Visual Studio 中打开 RPGGameManager.cs 脚本，并使用以下代码构建 RPGGameManager 类：

```
using System.Collections;
using System.Collections.Generic;
using UnityEngine;

public class RPGGameManager : MonoBehaviour
{

    // 1
    public static RPGGameManager sharedInstance = null;

    void Awake()
    {
        // 2
        if (sharedInstance != null && sharedInstance != this)
```

```
        {
            // 3
            Destroy(gameObject);
        }
        else
        {
            // 4
            sharedInstance = this;
        }
    }
    void Start()
    {
        // 5
        SetupScene();
    }

    // 6
    public void SetupScene()
    {
        // 目前是空的
    }
}
```

下面对上述代码进行详解。

```
// 1
```

静态变量 sharedInstance 用于访问单例对象。单例对象应当只能通过这个变量进行访问。

理解静态变量属于类(RPGGameManager)本身而不是类的特定实例，这很重要。属于类本身使得只有一个 RPGGameManager.sharedInstance 的副本存在于内存中。

如果在 Hierarchy 面板中创建两个 RPGGameManager 对象，那么第二个初始化的 RPGGameManager 对象将与第一个对象共享同一个 sharedInstance。这种情况本身就会令人困惑，所以我们将采取措施防止这种情况发生。

获取对 sharedInstance 的引用的语法如下：

```
RPGGameManager gameManager = RPGGameManager.sharedInstance;
```

```
// 2
```

我们希望每次都只存在一个 RPGGameManager 实例。检查 sharedInstance 是否已初始化且不等于当前实例。如果以某种方式在 Hierarchy 面板中创建了多个 RPGGameManager 副本，或以编程方式实例化了多个 RPGGameManager 预制件的副本，则可能出现这种情况。

```
// 3
```

如果 sharedInstance 变量已初始化且不等于当前实例，则销毁它。只能有一个 RPGGameManager 实例。

```
// 4
```

如果这是唯一的实例，那么将当前对象赋值给 sharedInstance 变量。

```
// 5
```

将所有设置场景的逻辑合并到一个方法中，这使得以后从 Start()方法以外的地方再次调用它变得更容易。

```
// 6
```

SetupScene()方法目前是空的，但是很快就会改变。

7.2.2 创建 RPGGameManager 预制件

让我们创建 RPGGameManager 预制件。按照我们一直使用的创建 GameObject 预制件的步骤：

(1) 将 RPGGameManager GameObject 从 Hierarchy 面板拖曳到 Project 视图中的 Prefabs 文件夹中，以创建 RPGGameManager 预制件。

(2) 通常我们会从 Hierarchy 面板中删除原始的 RPGGameManager 对象。但这一次，因为还没有完成对它的处理，所以将它保留在 Hierarchy 面板中。

我们创建了负责运行游戏的集中管理类。因为是单例，所以每次只存在一个 RPGGameManager 实例。

7.3 Spawn Point(生成点)

我们希望能够在场景中的特定位置创建或“生成”角色——玩家或敌人。如果我们正在生成敌人，那么可能还希望定期生成它们。为此，我们将创建一个 Spawn Point 预制件，并将带有生成逻辑的脚本附加到它上面。

右击 Hierarchy 面板，创建一个空的 GameObject，并将其重命名为 SpawnPoint。

在刚刚创建的 SpawnPoint 对象中添加一个新的 C#脚本，将新脚本命名为 SpawnPoint.cs。把刚才新建的脚本移动到 MonoBehaviours 文件夹中。

在 Visual Studio 中打开 SpawnPoint.cs 脚本，并编写以下代码：

```
using UnityEngine;

public class SpawnPoint : MonoBehaviour
{
    // 1
    public GameObject prefabToSpawn;
    // 2
    public float repeatInterval;

    public void Start()
    {
        // 3
        if (repeatInterval > 0)
        {
            // 4
            InvokeRepeating("SpawnObject", 0.0f, repeatInterval);
        }
    }

    // 5
    public GameObject SpawnObject()
    {

        // 6
        if (prefabToSpawn != null)
        {
            // 7
            return Instantiate(prefabToSpawn, transform.position,
                Quaternion.identity);
        }
        // 8
```

```
            return null;
        }
    }
```

下面对以上代码进行详解。

```
// 1
```

这可以是任何想要用来生成一次或以一定的时间间隔持续生成的预制件。我们将在Unity 编辑器中将它设置为玩家或敌人预制件。

```
// 2
```

如果希望以固定的时间间隔生成预制件，我们将在 Unity 编辑器中设置 repeatInterval 属性。

```
// 3
```

如果 repeatInterval 属性大于 0，则表示对象应以某个预设时间间隔重复生成。

```
// 4
```

因为 repeatInterval 属性大于 0，所以使用 InvokeRepeating()方法以固定的时间间隔重复生成对象。InvokeRepeating()的方法签名接收三个参数：要调用的方法、第一次调用前的等待时间以及调用之间的等待时间。

```
// 5
```

SpawnObject()方法负责实际实例化预制件和“生成”对象，方法签名表明将返回 GameObject 类型的结果，GameObject 将是生成的对象的实例。将 SpawnObject()方法的访问修饰符设置为 public，以便可以从外部调用它。

```
// 6
```

为避免错误，在实例化副本之前要进行检查以确保已经在 Unity 编辑器中设置了预制件。

```
// 7
```

在当前 SpawnPoint 对象的位置实例化预制件。有几种不同类型的 Instantiate()方法用于实例化预制件。我们使用的特定方法接收一个预制件、一个指示位置的 Vector3 对象和一种称为 Quaternion(四元数)的特殊类型的数据结构作为参数。Quaternion 用于表示旋转，Quaternion.identity 表示“无旋转”。因此，我们在 SpawnPoint 的位置实例化预制件，并且不进行旋转。我们不会讨论 Quaternion，因为它们非常复杂，超出了本书的讨论范围。

返回对预制件的新实例的引用。

```
// 8
```

如果 prefabToSpawn 为 null，那么这个 SpawnPoint 可能没有在编辑器中正确配置，返回 null。

7.3.1　构建 SpawnPoint 预制件

构建计划如下：我们将首先为玩家设置一个 SpawnPoint，看看各个部分是如何组合在一起工作的，然后再为敌人设置一个 SpawnPoint。要构建通用的 SpawnPoint，请将刚刚编写的脚本添加到 SpawnPoint GameObject 中，然后把它制作成预制件。

按照以下步骤把 SpawnPoint GameObject 制作成预制件：

(1) 将 SpawnPoint GameObject 从 Hierarchy 面板拖放到 Project 视图的 Prefabs 文件夹中，以创建 SpawnPoint 预制件。

(2) 从 Hierarchy 面板中删除原始的 SpawnPoint 对象。

拖动 SpawnPoint 预制件到场景中希望玩家出现的位置。将 Spawn Point 的新实例重命名为 PlayerSpawnPoint，如图 7-1 所示。因为我们只想更改这个实例，而不想将更改应用到预制件本身，所以不要单击 Apply 按钮。

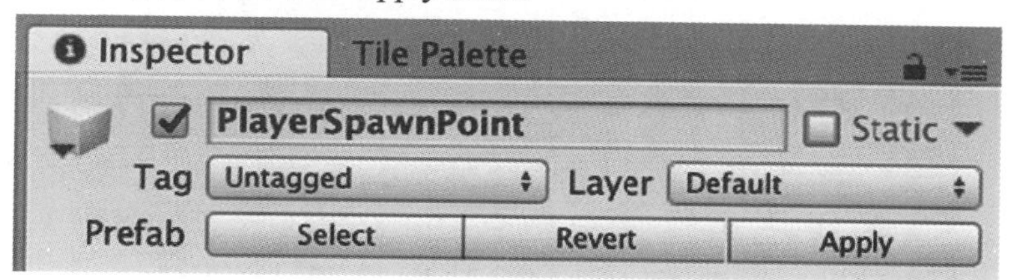

图 7-1　重命名 Spawn Point

如图 7-2 所示，在场景中几乎看不到 Spawn Point 的位置，因为它的 GameObject 实例没有附加到精灵上。

提示　为了在游戏不运行时更容易在场景中定位 Spawn Point，可选择 Spawn Point，然后单击 Inspector 面板左上方的图标，如图 7-3 所示。

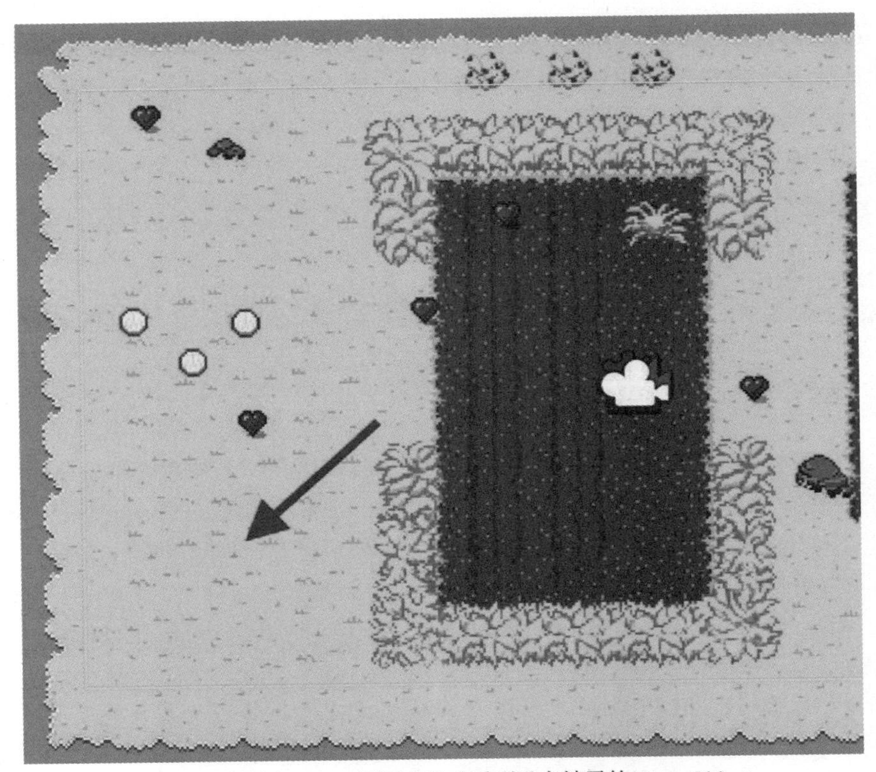

图 7-2　有时在 Scene 视图中很难看到没有精灵的 GameObject

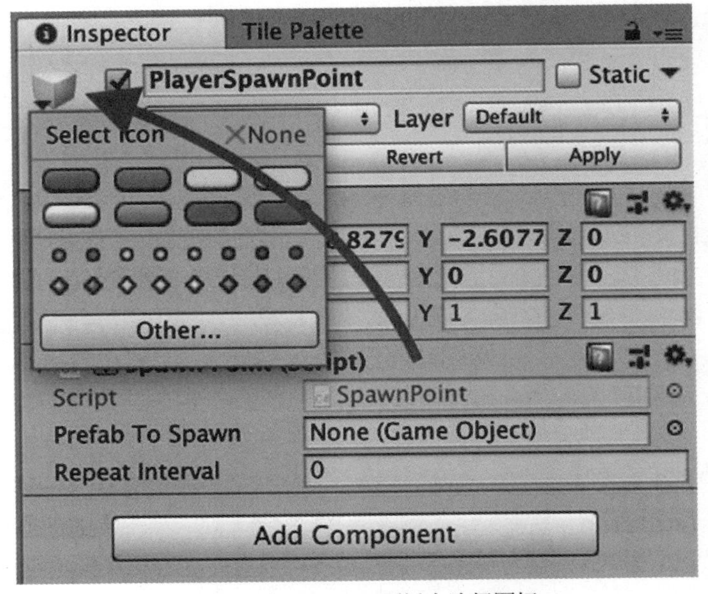

图 7-3　在 Inspector 面板中选择图标

可选择一个图标来直观地表示场景中已选中的对象。你应该可以看到选中的图标将出现在场景中的对象上，如图 7-4 所示。

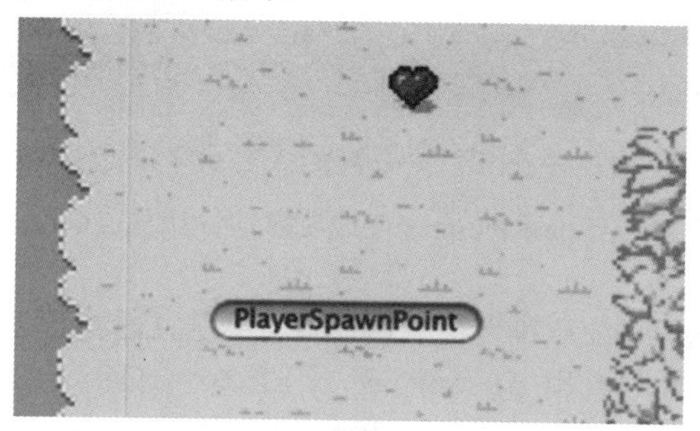

图 7-4　使用图标使对象更容易在场景中被找到

通过选中 Game 窗口右上角的 Gizmos 按钮，这些图标也可以在运行时显示出来，如图 7-5 所示。

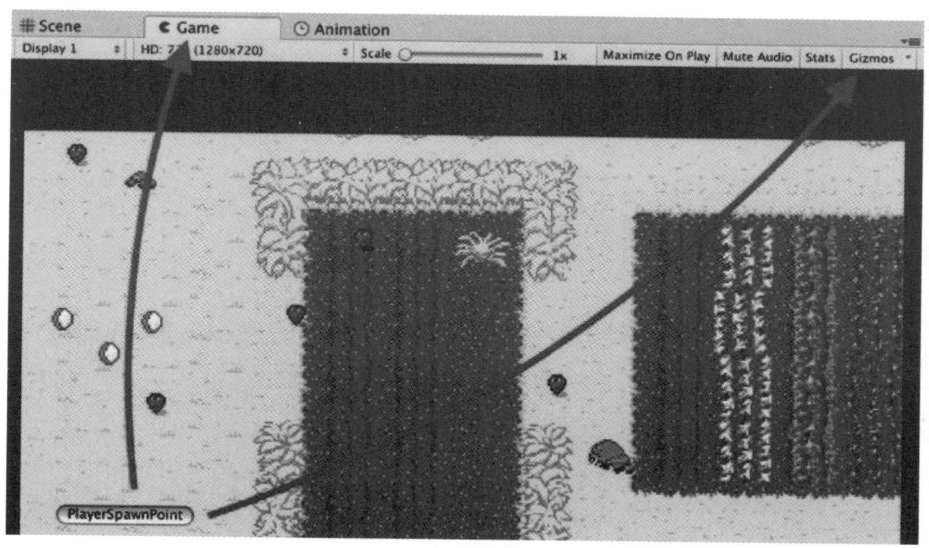

图 7-5　使用 Gizmos 按钮设置图标运行时可见

7.3.2　配置 Player Spawn Point

我们仍然需要配置 Spawn Point，以便知道用什么预制件来生成。通过把 PlayerObject 预制件拖动到相应的属性上，可将附加的 Spawn Point 脚本中的 Prefab To Spawn 属性设置为 PlayerObject 预制件，如图 7-6 所示。因为我们只想生成玩家一次，所以将 Repeat Interval 设置为 0。

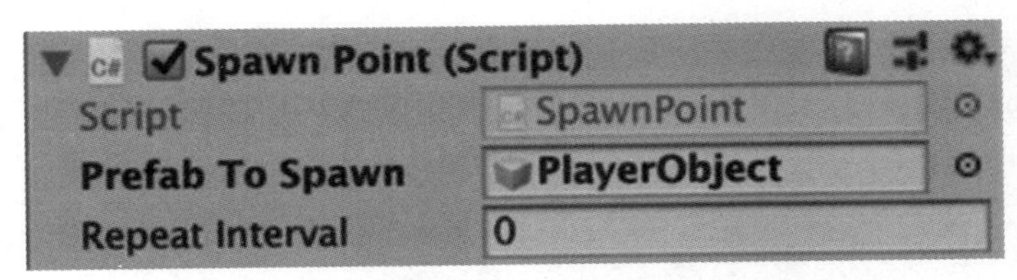

图 7-6　配置 Spawn Point 脚本

因为计划是使用PlayerSpawnPoint来生成玩家，所以要从Hierarchy面板中删除Player实例。

单击 Play，你会立即注意到什么都没有发生。在哪儿都看不到玩家，这是因为实际上还没有在任何地方调用 SpawnPoint 类的 SpawnObject()方法。让我们修改 RPGGameManager 来调用 SpawnObject()方法。

切换回 Unity 编辑器并打开 RPGGameManager 类。

7.3.3　生成玩家

将以下属性添加到类的顶部：

```
public class RPGGameManager : MonoBehaviour
{
    public SpawnPoint playerSpawnPoint;
    // ……RPGGameManager 类中的现有代码……
}
```

playerSpawnPoint 属性将保存对 Spawn Point 的引用，Spawn Point 是专门为玩家指定的。因为当玩家角色过早死亡时，我们将会希望拥有能够重新生成玩家角色的能力，所以保留了对 Spawn Point 的这个特定引用。

添加以下方法：

```
public void SpawnPlayer()
{
    if (playerSpawnPoint != null)
    {
        GameObject player = playerSpawnPoint.SpawnObject();
    }
}
```

在尝试使用 playerSpawnPoint 属性之前，检查是否为 null。

在 playerSpawnPoint 属性上调用 SpawnObject()方法。SpawnObject()方法用于生成玩家。用一个局部变量存储对实例化的玩家的引用，稍后我们将使用这个局部变量。

在 RPGGameManager 的 SetupScene()方法中，添加一行代码：

```
public void SetupScene()
{
    SpawnPlayer();
}
```

这行代码将调用刚刚编写的 SpawnPlayer()方法。

最后，需要在 Hierarchy 面板中使用 Player Spawn Point 的引用配置 RPGGameManager 实例。将 PlayerSpawnPoint 从 Hierarchy 面板拖放到 RPGGameManager 实例的 Player Spawn Point 属性上，如图 7-7 所示。

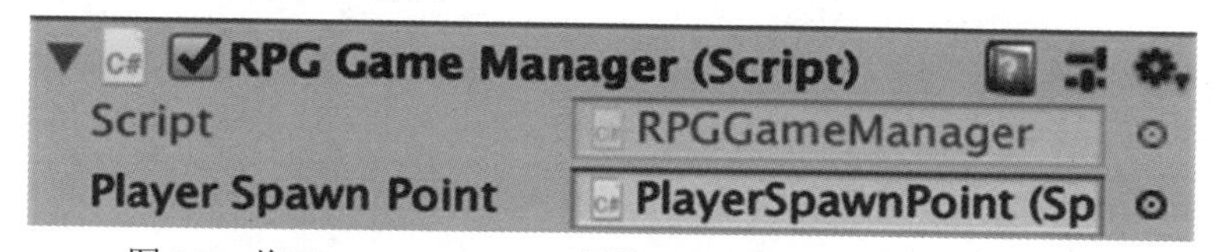

图 7-7　将 Player Spawn Point 属性设置为 PlayerSpawnPoint 实例

单击 Play，你应该会看到 Player 对象出现在场景中 Player Spawn Point 的位置。

7.3.4　小结

- Spawn Point 用于确定要生成的对象的类型和位置。我们配置了 Player Spawn Point 实例以引用 PlayerObject 预制件。
- 在 RPGGameManager 实例中配置对 Player Spawn Point 的引用。
- 在 RPGGameManager 的 SetupScene()方法中，调用 PlayerSpawnPoint 类的 SpawnObject()方法。

7.3.5　敌人 Spawn Point

让我们构建一个 Spawn Point 来生成敌人。因为我们已经构建了 SpawnPoint 预制件，所以这将很快完成。

(1) 将 SpawnPoint 预制件拖放到 Scene 视图中。

(2) 将预制件重命名为 EnemySpawnPoint。(可选)将图标更改为红色，以便可以在 Scene 视图中轻松查看。

(3) 将 Prefab to Spawn 属性设置为 EnemySpawnPoint 预制件。

(4) 将 Repeat Interval 设置为 10(秒)，每 10 秒生成一个敌人。

配置完敌人 Spawn Point 后，场景应类似于图 7-8。

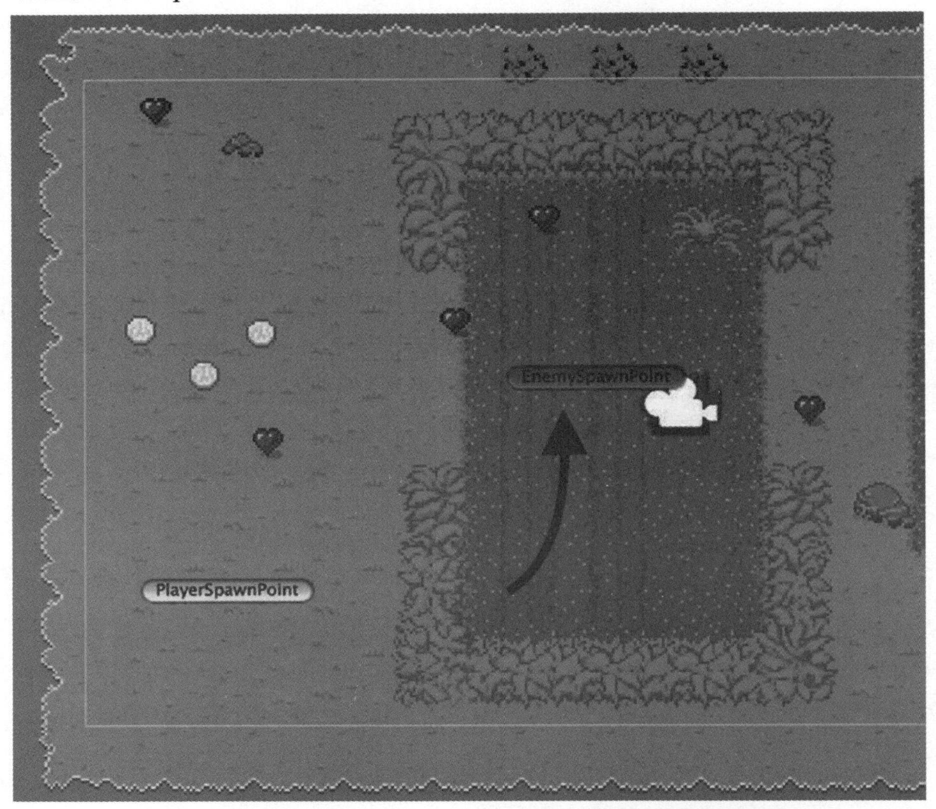

图 7-8　配置 SpawnPoint 实例以生成敌人，使用自定义的红色图标使敌人更易于可见

单击 Play 并观察，每 10 秒就有敌人生成。我们还没有编写任何人工智能来让敌人四处移动或攻击，所以玩家暂时是安全的。

当你带着玩家在地图上四处走动时，可能会注意到有些事情不对劲。摄像机不再跟随玩家了！问题大了！这是因为我们现在动态地生成玩家，所以没有在 Cinemachine Virtual Camera 的 follow 属性中设置 Player 预制件实例。Virtual Camera 没有跟随的目标，因此停留在原地。

7.4　Camera Manager(摄像机管理器)

为了恢复摄像机跟随玩家在地图上走动的行为，我们将创建一个类，并让 Game Manager 使用它来确保正确设置 Virtual Camera(虚拟摄像机)。将来配置摄像机行为的代码都会被集中到这个类中，而不是在整个应用程序的各个类里嵌入摄像机代码。

在 Hierarchy 面板中新建一个 GameObject 并重命名为 RPGCameraManager。新建一个名为 RPGCameraManager.cs 的脚本，并将其添加到 RPGCameraManager 对象上。在 Visual Studio 中打开此脚本。

我们将再次使用单例模式，就像在本章前面对 RPGGameManager 所做的那样。

RPGCameraManager 类将使用以下代码：

```
using UnityEngine;
// 1

using Cinemachine;

public class RPGCameraManager : MonoBehaviour {

    public static RPGCameraManager sharedInstance = null;

        // 2

        [HideInInspector]
    public CinemachineVirtualCamera virtualCamera;

    // 3
    void Awake()
    {
        if (sharedInstance != null && sharedInstance != this)
        {
            Destroy(gameObject);
        }
        else
        {
            sharedInstance = this;
        }

        // 4
        GameObject vCamGameObject = GameObject.
        FindWithTag("VirtualCamera");

        //5
        virtualCamera = vCamGameObject.GetComponent<Cinemachine
```

```
            VirtualCamera>();
        }
    }
```

下面对上述代码进行详解。

```
// 1
```

导入 Cinemachine 命名空间，以便 RPGCameraManager 取得 Cinemachine 命名空间中类和数据类型的访问权限。

```
// 2
```

存储对 Cinemachine Virtual Camera 的引用，将其公开，以便其他类可以访问。因为我们将以编程的方式设置它，所以使用[HideInInspector]特性，这样它就不会出现在 Unity 编辑器中。

```
// 3
```

实现单例模式。

```
// 4
```

在当前场景中找到 VirtualCamera GameObject。在下一行代码中，将获得对 Virtual Camera 组件的引用。我们还需要在 Unity 编辑器中创建这个标签，并配置 Virtual Camera 以使用它。

请记住，GameObject 可以有多个附加组件，每个组件提供不同的功能。这就是所谓的“组合”设计模式。

```
// 5
```

Virtual Camera 的所有属性，如 Follow(跟随目标)和 Orthographic Size，不仅可以在 Unity 编辑器中配置，还可以通过脚本进行配置。保存对 Virtual Camera 组件的引用，以便可以通过编程方式控制这些 Virtual Camera 属性。

把 RPGCameraManager 制作成预制件，但在 Hierarchy 面板中只保留一个实例。

7.4.1 使用 Camera Manager

在 RPGGameManager 类中，将以下属性添加到类的顶部：

```
public RPGCameraManager cameraManager;
```

因为我们将通过 Unity 编辑器来设置属性 cameraManager，所以将它公开。此属性存储对 RPGCameraManager 的引用，RPGGameManager 将在生成玩家时使用它。

仍然在 RPGGameManager 类中，将 SpawnPlayer()方法更改为以下内容：

```
public void SpawnPlayer()
{
    if (playerSpawnPoint != null)
    {
        GameObject player = playerSpawnPoint.SpawnObject();
        cameraManager.virtualCamera.Follow = player.transform;
    }
}
```

我们将 virtualCamera 的 Follow 属性设置为 player 对象的 transform，这将指示 Cinemachine Virtual Camera 在玩家绕地图行走时再次跟随玩家。

切换回 Unity 编辑器，并在 Hierarchy 面板中选择 RPGGameManager 实例。我们将配置 Game Manager 以使用 Camera Manager。

将 RPGCameraManager 实例拖动到 Hierarchy 面板中 RPGGameManager 的 Camera Manager 属性中，如图 7-9 所示。

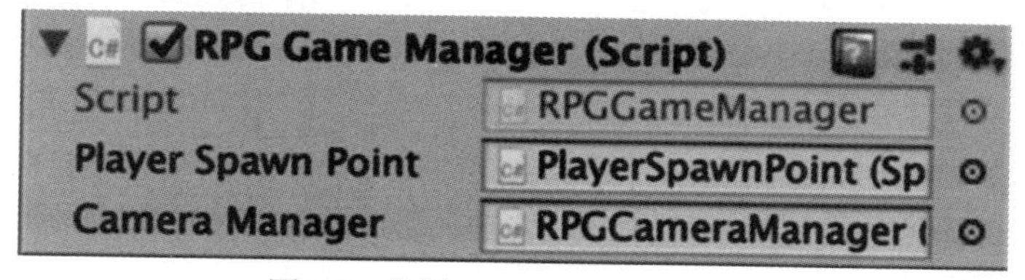

图 7-9　设置 Camera Manager 属性

在 Virtual Camera 再次跟随玩家之前，还有最后一件事要做：设置 Virtual Camera 上的标签，以便 RPGCameraManager 脚本可以找到它。

在 Hierarchy 面板中选择 Virtual Camera 对象。默认情况下，Virtual Camera 将被命名为 CM vcam1。单击 Inspector 面板中的 Tag 下拉菜单。如果需要再次了解 Tag 下拉菜单的位置，请查看图 7-10。

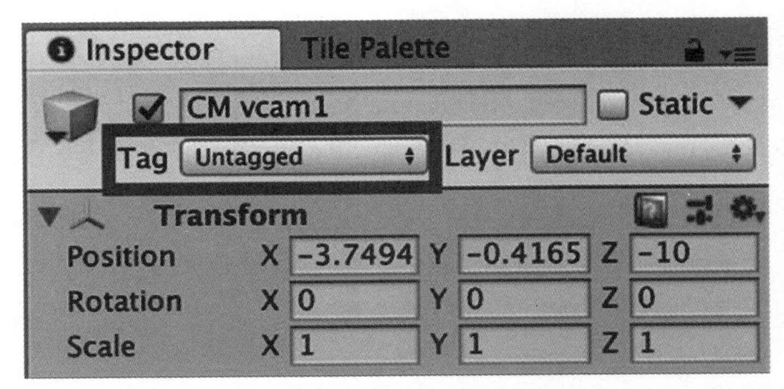

图 7-10　Tag 下拉菜单

在 Tag 下拉菜单中创建名为 VirtualCamera 的标签。然后在 Hierarchy 面板中再次选择 Virtual Camera 对象，并将 Tag 设置为刚刚创建的 VirtualCamera 标签(见图 7-11)。

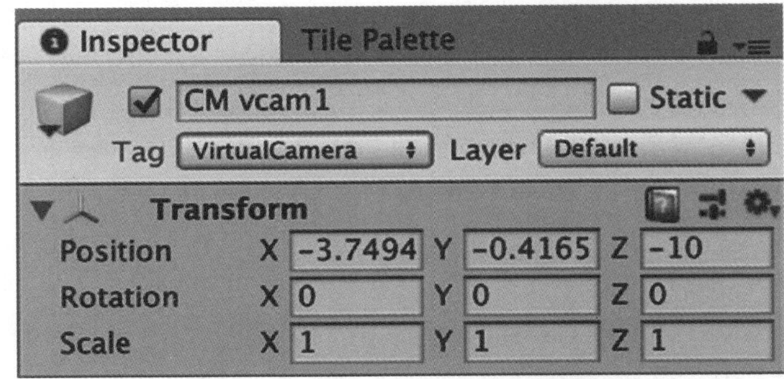

图 7-11　将 Tag 设置为 VirtualCamera 标签，以便 RPGCameraManager.cs 脚本可以找到它

再次单击 Play，并使玩家在地图四周走动。当玩家在地图四周走动时，摄像机应该会再次跟随玩家。

7.4.2　设计 Character 类

在第 6 章，我们设计了一个名为 Character 的类。目前，只有 Player 类继承自 Character 类，但在未来，每个继承自 Character 的类都将需要有对其他角色造成伤害的能力，以及承受施加到自身的伤害甚至死亡的能力。本章的其余部分将涉及 Character、Player 和 Enemy 类的设计与扩展。

7.4.3　virtual 关键字

C#中的 virtual 关键字用于声明类、方法或变量将在当前类中实现，但如果当前实现不满足需求，也可以在继承类中重写。

在下面的代码中，我们正在构建杀死角色的基本功能，但是继承类可能还需要额外的功能。

因为游戏中的所有角色都是可以杀死的，所以将在父类中提供杀死它们的方法。将以下代码添加到 Character 类的底部：

```
// 1
public virtual void KillCharacter()
{
    // 2
    Destroy(gameObject);
}
```

下面对以上代码进行详解。

```
// 1
```

KillCharacter()方法将在角色生命值达到零时调用。

```
// 2
```

当角色被杀死时，调用 Destroy(gameobject)方法将销毁当前的 GameObject，并将其从场景中移除。

7.5 Enemy 类

英雄就得面对逆境和可能的伤害。在本节中，我们将构建 Enemy 类，并赋予它伤害玩家的能力。

在第 6 章，我们使用了一个巧妙的方法来处理 Scriptable Object，并且构建了一个名为 HitPoints 的 Scriptable Object，它可以立即与玩家的生命条共享数据。Character 类包含一个 HitPoints 类型的属性，该属性由继承自 Character 的 Player 类使用。

因为游戏中的敌人不会在屏幕上显示生命条，所以它们不需要 HitPoints ScriptableObject。只有拥有生命条的玩家需要访问 HitPoints ScriptableObject。因此，可以通过简单地使用常规 float 变量来追踪生命值，从而简化追踪 Enemy 类中生命值的方法。

7.5.1 重构

为了简化类的层次结构，我们将重构一些代码。重构代码这个术语用于描述在不改变现有代码行为的情况下重新组织现有代码。

在 Visual Studio 中打开 Character 类和 Player 类。将 hitPoints 变量从 Character 类移动到 Player 类中现有属性的顶部：

```
public HitPoints hitPoints;
```

新建一个名为 Enemy.cs 的脚本，并将该脚本添加到 EnemyObject 预制件。在 Visual Studio 中打开 Enemy.cs 脚本。删除 Enemy 类中的默认代码，并用以下代码替换它们。

```
using UnityEngine;
// 1
public class Enemy : Character
{
    // 2
    float hitPoints;
}
```

下面对以上代码进行详解。

```
// 1
```

Enemy 类继承自 Character 类，这意味着它可以访问 Character 类中的公共属性和方法。

```
// 2
```

用于声明简化的 float 类型的 hitPoints 变量。

在更改这些代码之后，Player 类将继续使用在第 6 章中创建的 HitPoints ScriptableObject。我们创建了 Enemy 类，其中包含追踪生命值的简化方式。Enemy 类也可以访问 Character 类中与生命值相关的现有属性 startingHitPoints 和 maxHitPoints。

提示 在重构代码时，最好将更改保持在较小的范围内，然后进行测试以确保行为正确，从而最大限度地减少引入新的 bug。进行小修改，然后测试，再循环这一过程，这是保持理智的好方法。

7.5.2 internal(内部)访问修饰符

请注意，我们在Enemy类的hitPoints变量的前面省略了访问修饰符(public或private)。在 C#中，默认情况下，缺少访问修饰符意味着将使用 internal 访问修饰符。internal 访问修饰符将把对变量或方法的访问限制在同一个“程序集”内。程序集是 C#中使用的一个术语，可以认为其中包含了 C#项目。

7.6　协程(Coroutine)

我们将暂停构建 Character 和 Enemy 类，开始讨论一个重要且有用的 Unity 特性。当在 Unity 中调用一个方法时，该方法会一直运行直到完成，然后返回到调用的起点。在一个常规方法中发生的所有事情都必须在 Unity 引擎的一帧中完成。如果游戏调用的方法在理论上运行的时间比一帧长，那么实际上 Unity 将强制在该帧内调用整个方法。当这种情况发生时，你将得不到想要的结果。因为一个需要运行几秒时间的方法将在一帧内运行并完成，所以用户甚至有可能观察不到该方法在运行过程中产生的效果。

为了解决这个难题，Unity 提供了协程。协程可以看作能够在执行过程中暂停，然后在下一帧中继续执行的函数。打算在多个帧内执行的运行时间较长的方法通常被实现为协程。

声明协程和使用返回类型 IEnumerator 一样简单，还需要包含一行 yield 代码，以指示 Unity 引擎在方法体的某个地方暂停或“让步”。正是这行 yield 代码告诉 Unity 引擎暂停执行并在随后的帧中返回到相同的位置。

7.6.1　调用协程

假设有一个名为 RunEveryFrame()的协程，可以通过将它包括在 StartCoroutine()方法中来启动，如下所示：

```
StartCoroutine(RunEveryFrame());
```

7.6.2　暂停或“让步”执行

RunEveryFrame()方法将一直运行到 yield 语句为止，此时将暂停运行直到下一帧，然后继续执行。yield 语句可以是下面这样的：

```
yield return null;
```

7.6.3　一个完整的协程

下面的 RunEveryFrame()方法只是协程的一个例子，不要把它添加到你的任何一段代码中，但要确保理解它是如何工作的。

```
public IEnumerator RunEveryFrame()
{
    while(true)
    {
        print("I will print every Frame.");
        yield return null;
    }
}
```

将 print 和 yield 语句置于 while 循环中，以使 RunEveryFrame()方法能够无限期运行。也就是说，能够长时间运行并且运行时间跨越多个帧。

7.6.4 具有时间间隔的协程

协程还可以用于以固定的时间间隔调用代码，比如每 3 秒调用一次，而不是每一帧调用一次。在接下来的例子中，我们使用 yield return new WaitForSeconds()而不是使用 yield return null，并传递一个时间间隔参数来暂停代码的执行：

```
public IEnumerator RunEveryThreeSeconds()
{
    while (true)
    {
        print("I will print every three seconds.");
        yield return new WaitForSeconds(3.0f);
    }
}
```

当这个示例协程执行到 yield 语句时，执行将暂停 3 秒，然后继续执行。由于是 while 循环，print 语句将会无限期地每 3 秒被调用并打印一次。

我们将编写一些协程来构建 Character、Player 和 Enemy 类的功能。

7.6.5 abstract 关键字

C#中的 abstract 关键字用于声明类、方法或变量不能在当前类中实现，必须由继承类实现。

Enemy 和 Player 类都继承自 Character 类。通过在 Character 类中定义一些方法，可要求 Enemy 和 Player 类在游戏编译和运行之前实现这些方法。

在 Character 类的顶部添加以下 using 语句(需要导入 System.Collections 才能使用协程)：

```
using System.Collections;
```

然后在 KillCharacter()方法的下面添加以下内容：

```
// 1
public abstract void ResetCharacter();

// 2
public abstract IEnumerator DamageCharacter(int damage, float interval);
```

下面对上述代码进行详解。

```
// 1
```

将角色设置回初始启动状态，以便可以再次使用。

```
// 2
```

由其他角色调用以伤害当前角色。可通过接收伤害量以及间隔时间来伤害角色。间隔时间可用于伤害持续发生的情况。

如前所述，返回类型 IEnumerator 是协程中必需的。IEnumerator 是 System.Collections 命名空间的一部分，这就是为什么之前必须添加 using System.Collections;导入语句的原因。

记住，在代码编译和运行之前，必须实现所有的 abstract 方法。因为这两个 abstract 方法在 Player 和 Enemy 的父类中，所以必须在这两个类中实现它们。

7.6.6　实现 Enemy 类

既然我们已经熟悉了协程，并且已经构建了 Character 类，那么现在将从 DamageCharacter()协程开始实现抽象方法。

想象如下场景：在游戏中，敌人撞到了玩家，而玩家并没有让开。我们的游戏逻辑是，只要敌人与玩家保持接触，敌人就会持续伤害玩家。另一个场景是：如果玩家在熔岩上行走，就会定期造成伤害。

为了实现以上场景，我们将 DamageCharacter()方法声明为协程，以允许定期应用伤害。在 DamageCharacter()的实现中，我们将利用 yield return new WaitForSeconds()来暂停执行一段指定的时间。

7.6.7 DamageCharacter()方法

在 Enemy 类的顶部添加以下代码：

```
using System.Collections;
```

需要导入 System.Collections 才能使用协程。
实现 DamageCharacter()方法：

```
// 1
public override IEnumerator DamageCharacter(int damage, float interval)
{

    // 2
    while (true)
    {
        // 3
        hitPoints = hitPoints-damage;
        // 4
        if (hitPoints <= float.Epsilon)
        {
            // 5
            KillCharacter();
            break;
        }
        // 6
        if (interval > float.Epsilon)
        {
            yield return new WaitForSeconds(interval);
        }
        else
        {
            // 7
            break;
        }
    }
}
```

下面对以上代码进行详解。

```
// 1
```

在派生(继承)类中实现 abstract 方法时，可使用 override 关键字表明 abstract 方法正在重写基(父)类中的 DamageCharacter()方法。

DamageCharacter()方法接收两个参数：damage 和 interval。damage 是对角色造成的伤害量，interval 是相邻两次伤害之间间隔的时间。正如我们将看到的，传递 interval = 0，这将造成一次伤害，然后返回。

```
// 2
```

这个 while 循环将持续造成伤害，直到角色死亡。如果 interval = 0，将中断循环并返回。

```
// 3
```

从当前的 hitPoints 中减去 damage，并将结果设置为当前的 hitPoints。

```
// 4
```

调整敌人的 hitPoints 后，我们想要检查 hitPoints 是否小于 0。然而，hitPoints 的类型是 float，浮点运算很容易出现舍入错误，这是由于 float 类型在底层实现的方式造成的。因此，在某些情况下，最好对 float 值与 float.Epsilon 进行比较，后者被定义为当前系统中“大于零的最小正数”。目的是检查敌人是生是死，如果 hitPoints 小于 float.Epsilon，那么角色拥有“零”生命。

```
// 5
```

如果 hitPoints 小于 float.Epsilon(实际上是 0)，敌人就被击败了。调用 KillCharacter()，然后跳出 while 循环。

```
// 6
```

如果 interval 大于 float.Epsilon，那么我们希望让步执行，等待由 interval 指定的秒数，然后继续执行 while 循环。在这种情况下，只有在角色死亡时才会退出循环。

```
// 7
```

如果 interval 不大于 float.Epsilon(实际上等于 0)，那么 break 语句将被执行，while 循环将被中断，方法将返回。在伤害不是连续的情况下，例如击中一次，参数 interval

将为零。

让我们实现 Character 类中声明的其余 abstract 方法。

7.6.8 ResetCharacter()

让我们构建将 Character 类中的变量设置回起始状态的方法 ResetCharacter()。如果想在 Character 对象死后再次使用它们，那么这样做很重要。ResetCharacter()方法还可用于在首次创建角色时设置变量。

```
public override void ResetCharacter()
{
    hitPoints = startingHitPoints;
}
```

因为 Enemy 类继承自 Character 类，所以重写声明在父类中的 ResetCharacter()方法。

重置角色时，将当前生命值设置为 startingHitPoints。我们在 Unity 编辑器中设置了预制件本身的 startingHitPoints。

7.6.9 在 OnEnable()中调用 ResetCharacter()

Enemy 类继承自 Character 类，Character 类继承自 MonoBehaviour 类。OnEnable()方法是 MonoBehaviour 类的一部分。如果在类中实现了 OnEnable()方法，那么每当对象启用和激活时，都会调用 OnEnable()方法。我们将使用 OnEnable()方法来确保每次 Enemy 对象被启用和激活时都会发生某些事情。

```
private void OnEnable()
{
    ResetCharacter();
}
```

调用刚刚编写的用于重置敌人的方法。目前，“重置”敌人只是意味着将 Enemy 对象的 hitPoints 设置为 startingHitPoints，但是也可以在 ResetCharacter()中包含其他代码。

7.6.10 KillCharacter()

因为我们在 Character 类中将 KillCharacter()实现为 virtual(虚拟)方法，并且 Enemy 类继承自 Character 类，所以不需要在 Enemy 类中实现 KillCharacter()方法。除了 Character 类提供的功能实现外，Enemy 类不需要任何其他功能。

7.7 更新 Player 类

接下来，我们将在 Player 类中实现 abstract 方法。在 Visual Studio 中打开 Player 类，并使用以下代码实现来自 Character 父类的 abstract 方法。

在 Player 类的顶部添加以下代码：

```
using System.Collections;
```

然后在 Player 类中添加以下方法：

```
// 实现 DamageCharacter()方法，就像在 Enemy 类中所做的那样。
public override IEnumerator DamageCharacter(int damage, float interval)
{
    while (true)
    {
        hitPoints.value = hitPoints.value-damage;

        if (hitPoints.value <= float.Epsilon)
        {
            KillCharacter();
            break;
        }

        if (interval > float.Epsilon)
        {
            yield return new WaitForSeconds(interval);
        }
        else
        {
            break;
        }
    }
}

public override void KillCharacter()
{
    // 1
```

```
    base.KillCharacter();

    // 2
    Destroy(healthBar.gameObject);
    Destroy(inventory.gameObject);
}
```

下面对以上代码进行详解。

```
// 1
```

使用 base 关键字引用当前类继承的父类或“基”类。调用 base.KillCharacter()会调用父类的 KillCharacter()方法。父类的 KillCharacter()方法会销毁与玩家关联的当前游戏对象。

```
// 2
```

销毁与玩家关联的生命条和背包。

7.7.1 重构预制件的实例化

在第 6 章中，我们在 Start()方法中初始化了生命条和背包预制件的实例。这是在拥有 ResetCharacter()方法之前的初始化方法。

将以下三行代码从 Start()方法中删除：

```
inventory = Instantiate(inventoryPrefab);
healthBar = Instantiate(healthBarPrefab);
healthBar.character = this;
```

然后创建方法 ResetCharacter()，重写 Character 父类中的 abstract 方法：

```
public override void ResetCharacter()
{
    // 1
    inventory = Instantiate(inventoryPrefab);
    healthBar = Instantiate(healthBarPrefab);
    healthBar.character = this;
    // 2
    hitPoints.value = startingHitPoints;
}
```

下面对以上方法进行详解。

```
// 1
```

从 Start()方法中删除的三行代码。这三行代码用于初始化并设置生命条和背包。

```
// 2
```

将玩家的生命值设置为起始生命值。记住：因为起始生命值是公共的，所以可以在 Unity 编辑器中设置起始生命值。

7.7.2 回顾

让我们回顾一下刚刚构建的内容。

- Character 类为游戏中所有的角色类型提供基本的功能，包括玩家和敌人。
- Character 类的功能包括：
  ——杀死角色的基本功能
  ——定义用于重置角色的抽象方法
  ——定义用于伤害角色的抽象方法

7.7.3 使用已经构建的功能

我们已经构建了一些非常核心的功能，但是还没有真正使用它们。敌人有可以伤害玩家的方法，但目前这些方法还没有被调用。为了查看 DamageCharacter()和 KillCharacter()方法的作用，我们将向 Enemy 类添加功能，当玩家触碰到敌人时，将调用 DamageCharacter()方法。

将以下两个变量添加到 Enemy 类的顶部：

```
public int damageStrength;
Coroutine damageCoroutine;
```

在 Unity 编辑器中设置的变量 damageStrength 将决定敌人在触碰到玩家时会造成多大的伤害。

对正在运行的协程的引用可以保存到变量 damageCoroutine 中，并在以后停止该协程。我们将使用 damageCoroutine 来存储对 DamageCharacter()协程的引用，以便稍后能够停止它。

7.7.4 OnCollisionEnter2D()方法

OnCollisionEnter2D()是一个所有的 MonoBehaviour 对象都包含的方法，在当前的 Collider2D 与另一个 Collider2D 接触时，由 Unity 引擎调用。

```
// 1
void OnCollisionEnter2D(Collision2D collision)
{
    // 2
    if(collision.gameObject.CompareTag("Player"))
    {
        // 3
        Player player = collision.gameObject.GetComponent<Player>();
        // 4
        if (damageCoroutine == null)
        {
            damageCoroutine = StartCoroutine(player.
            DamageCharacter(damageStrength, 1.0f));
        }
    }
}
```

下面对以上所有方法进行详解。

// 1

将碰撞的详细信息作为参数 collision 传递给 OnCollisionEnter2D()方法。

// 2

我们想要编写游戏逻辑，使得 Enemy 只能伤害 Player。对比与敌人相撞的对象的标签，看看是否是 Player 对象。

// 3

此时，已经确定另一个对象是 Player，因此获取对 Player 组件的引用。

// 4

检查 Enemy 实例是否已经在运行 DamageCharacter()协程。如果没有，那么启动 Player

对象上的协程。因为只要玩家和敌人在接触，敌人就将继续伤害玩家，所以把 damageStrength 和间隔时间传递给 DamageCharacter()方法。

我们正在做一些以前从未见过的事情。在变量 damageCoroutine 中存储对正在运行的协程的引用。随时可以调用 StopCoroutine()方法并将参数 damageCoroutine 传递给它，以停止该协程。

7.7.5　OnCollisionExit2D()方法

当另一个对象的 Collider2D 停止接触当前 MonoBehaviour 对象的 Collider2D 时，OnCollisionExit2D()方法会被调用。

```
// 1
void OnCollisionExit2D(Collision2D collision)
{
    // 2
    if (collision.gameObject.CompareTag("Player"))
    {
        // 3
        if (damageCoroutine != null)
        {
            // 4
            StopCoroutine(damageCoroutine);
            damageCoroutine = null;
        }
    }
}
```

下面对以上代码进行详解。

```
// 1
```

将碰撞的详细信息作为参数 collision 传递给 OnCollisionEnter2D()方法。

```
// 2
```

检查敌人停止与之碰撞的对象的标签，看看是否是 Player 对象。

```
// 3
```

如果 damageCoroutine 不为空，那么意味着协程正在运行，应该停止它，然后将 damageCoroutine 设置为 null。

```
// 4
```

停止 damageCoroutine，实际上就是停止 DamageCharacter()，并将其设置为 null。这会立即停止协程。

7.7.6 配置 Enemy.cs 脚本

回到 Unity 编辑器并配置 Enemy.cs 脚本，如图 7-12 所示。记住，Damage Strength 是指当敌人触碰到玩家时对玩家造成的伤害。

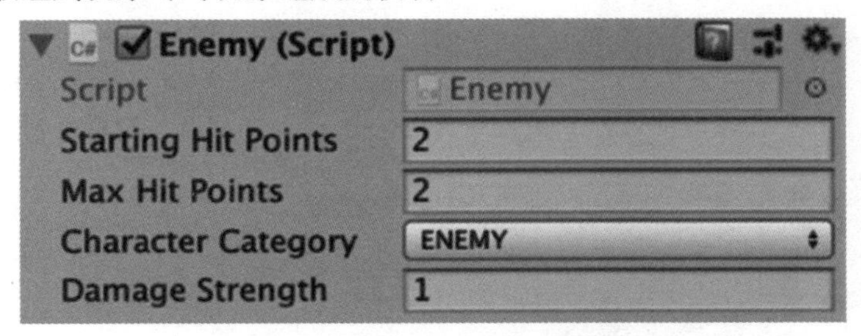

图 7-12 配置 Enemy.cs 脚本

单击 Play 并将 Player 移动到 Enemy Spawn Point。让玩家撞到敌人身上，你会发现玩家受到了一些伤害，但同时也会把敌人推开。这是因为 Player 和 Enemy 对象都拥有 RigidBody2D 组件，并受 Unity 物理引擎的控制。

最终我们会让敌人去追赶玩家，但是现在，需要把敌人推到角落里并与玩家保持接触。观察生命条降至零的过程，直到背包、生命条和玩家从屏幕上消失。

7.8 本章小结

我们的示例游戏真的开始整合到一起了。我们为游戏中不同类型的角色创建了类层次结构，并在此过程中学习了一些使用 C#的技巧。我们的示例游戏现在有集中的游戏管理器，负责设置场景、生成玩家，并确保摄像机设置正确。我们学习了如何编写代码以编程方式控制摄像机，而以前必须通过 Unity 编辑器来设置摄像机。我们还构建了 Spawn Point 以生成不同的角色类型，并学习了协程，协程是 Unity 开发人员工具箱里的一个重要工具。

第 8 章

人工智能和弹弓武器

本章将涵盖很多内容，但到最后，你将拥有一个能正常运行的游戏原型。我们将构建一些有趣的功能，例如具有追逐行为的可重用人工智能组件。勇敢的玩家最终也将使用选择的武器(弹弓)来保护自己。你将学习游戏编程中一种广泛使用的优化技术，称为对象池，并将一些高中数学知识用于你意想不到的地方。本章还将演示混合树(Blend Tree)的使用，这是一种更有效的动画制作方式，并且从长远来看更适合你的游戏架构。我们将向你展示如何编译游戏，使其在 Unity 编辑器之外运行，以及简要讨论游戏编程的未来发展方向。

8.1 漫游算法

在本节中，我们将利用所学的协程知识编写一个脚本，让敌人在地图上随机漫游。如果敌人发现玩家在附近，敌人会追击玩家，直到玩家逃跑，然后杀死敌人或者玩家被杀。

漫游算法可能听起来很复杂，但是当我们逐步分解它时，你会发现这一切都是非常容易实现的。

图 8-1 是漫游算法的示意图。我们将分阶段实现每个部分，并在前进过程中逐一解释，这样你就不会感到不知所措。

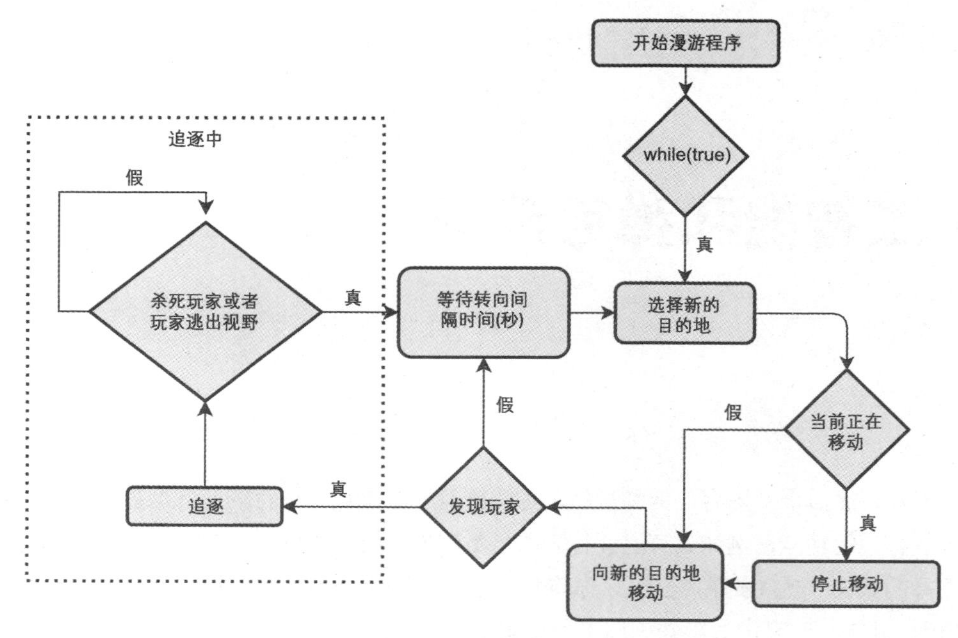

图 8-1　漫游算法

8.1.1　入门

选择 Enemy 预制件并将其拖入场景，以使我们的生活更轻松。选择 EnemyObject 并向其添加 CircleCollider2D 组件。选中圆形碰撞器的 Is Trigger 复选框，并将碰撞器的半径设置为 1。圆形碰撞器应如图 8-2 所示。

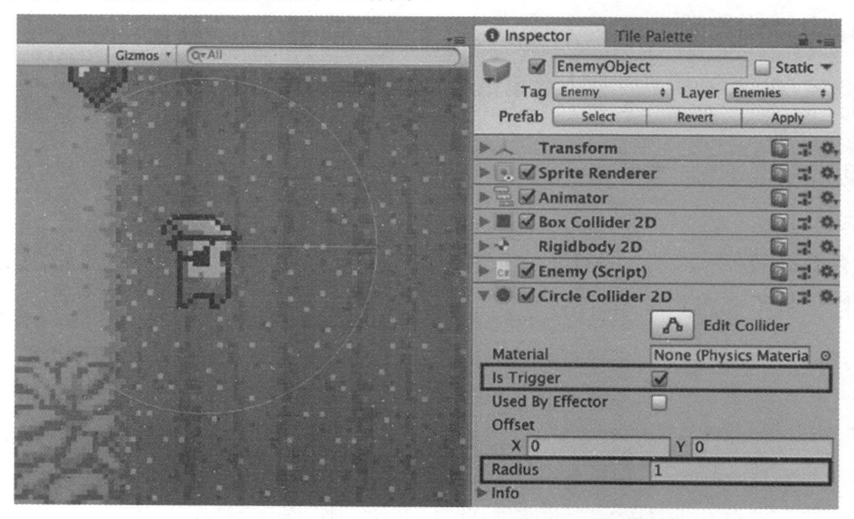

图 8-2　选中 Is Trigger 复选框并设置半径

这个圆形碰撞器代表了敌人可以“看到”的距离。换句话说，当玩家的碰撞器穿过这个圆形碰撞器时，敌人可以看到玩家。请牢记触发器碰撞器是如何工作的：因为我们已经选中了圆形碰撞器的 Is Trigger 复选框，所以它可以通过其他物体。敌人将“看到”玩家穿过碰撞器，然后改变路线并追击玩家。

8.1.2　创建漫游脚本

我们将 Wander.cs 脚本创建为 MonoBehaviour，以便将来可以重复使用并附加到其他 GameObject，而不仅仅用于 Enemy 对象。

添加一个名为 Wander.cs 的新脚本。在 Visual Studio 中打开该脚本并添加以下代码：

```
// 1
using System.Collections;
using UnityEngine;
// 2
[RequireComponent(typeof(Rigidbody2D))]
[RequireComponent(typeof(CircleCollider2D))]
[RequireComponent(typeof(Animator))]
public class Wander : MonoBehaviour
{
}
```

下面对以上代码进行详解。

```
// 1
```

我们将在漫游算法中使用协程和 IEnumerator。如第 7 章所述，IEnumerator 位于 System.Collections 命名空间中，所以我们在这里导入它。

```
// 2
```

确保将来附加漫游脚本的 GameObject 包含 Rigidbody2D、CircleCollider2D 和 Animator 组件。这三个组件都是漫游脚本所必需的。

通过使用 RequireComponent，漫游脚本附加到的任何 GameObject 将自动添加所需的组件(假设该组件尚不存在)。

8.1.3　漫游变量

接下来，我们将简述漫游算法所需的变量。将以下变量添加到 Wander 类中：

```
// 1
public float pursuitSpeed;
public float wanderSpeed;
float currentSpeed;

// 2
public float directionChangeInterval;

// 3
public bool followPlayer;

// 4
Coroutine moveCoroutine;

// 5
Rigidbody2D rb2d;
Animator animator;

// 6
Transform targetTransform = null;

// 7
Vector3 endPosition;

// 8
float currentAngle = 0;
```

下面对以上代码进行详解。

```
// 1
```

这三个变量将分别用于设置敌人追击玩家的速度、不追击时的一般漫游速度以及当前速度(当前速度为前两个速度之一)。

```
// 2
```

directionChangeInterval 可通过 Unity 编辑器设置，用于确定敌人改变漫游方向的频率。

```
// 3
```

这个脚本可以附加到游戏中的任何角色以添加漫游行为。你可能希望最终创建一种不追逐玩家而只是徘徊的角色。followPlayer 标志可以设置为打开和关闭玩家追逐行为。

// 4

变量 moveCoroutine 用于保存当前正在运行的运动协程的引用。运动协程负责在每一帧将敌人朝目的地移动一点。需要保存对协程的引用，因为在某些时候我们需要停止协程，为此我们需要协程的引用。

// 5

附加到 GameObject 的 RigidBody2D 和 Animator 的引用。

// 6

当敌人追击玩家时，我们将使用 targetTransform。脚本将从 PlayerObject 获取变换并赋值给 targetTransform。

// 7

敌人漫游的目的地。

// 8

选择新的漫游方向时，会向现有角度增加新角度。该角度用于生成向量(vector)，该向量将成为目的地。

8.1.4　构建 Start()方法

现在已经拥有了目前所需的所有变量，让我们构建 Start()方法。

```
void Start()
{
        // 1
        animator = GetComponent<Animator>();

        // 2
       currentSpeed = wanderSpeed;

        // 3
       rb2d = GetComponent<Rigidbody2D>();
```

```
        // 4
        StartCoroutine(WanderRoutine());
    }
```

下面对以上代码进行详解。

```
// 1
```

获取并缓存附加到当前 GameObject 的 Animator 组件。

```
// 2
```

将当前速度设置为 wanderSpeed。敌人开始悠闲地漫游。

```
// 3
```

我们需要引用 Rigidbody2D 来实际移动敌人。存储引用而不是每次需要时都去实时获取。

```
// 4
```

启动 WanderRoutine()协程，这是漫游算法的入口点。我们接下来编写 WanderRoutine()方法。

8.1.5 漫游协程

除了追逐逻辑之外，WanderRoutine()协程还包含图 8-1 中描述的漫游算法的所有高级逻辑。我们仍然需要编写一些从 WanderRoutine()中调用的方法，不过这个协程是漫游算法的大脑。

```
// 1
public IEnumerator WanderRoutine()
{

    // 2
    while (true)
    {

        // 3
        ChooseNewEndpoint();

        //4
```

```
        if (moveCoroutine != null)
        {

            // 5
            StopCoroutine(moveCoroutine);
        }

        // 6
        moveCoroutine = StartCoroutine(Move(rb2d,
        currentSpeed));

        // 7
         yield return new WaitForSeconds(directionChangeInterval);
    }
}
```

下面对以上代码进行详解。

// 1

WanderRoutine()方法是一个协程，因为它毫无疑问将会在多个帧中运行。

// 2

我们希望敌人一直不停地漫游，所以使用 while(true)无限循环这些步骤。

// 3

ChooseNewEndpoint()方法的作用是选择一个新的终点，但不会让敌人朝它移动。我们接下来将编写这个方法。

// 4

通过检查 moveCoroutine 是否为 null 或是否具有值来检查敌人是否已经在移动。如果它有一个值，那么说明敌人可能正在移动，所以我们需要先让敌人停下，然后向新的方向移动。

// 5

停止当前正在运行的运动协程。

// 6

启动 Move()协程并在 moveCoroutine 变量中保存对它的引用。Move()协程负责实际移动敌人。我们很快就会编写它。

// 7

协程暂停执行 directionChangeInterval 指定的秒数，然后再次启动循环并选择一个新的端点。

8.2 选择一个新的端点

我们已经编写了入口方法和漫游协程，是时候开始补充 WanderCoroutine()调用的方法了。ChooseNewEndpoint()方法负责随机选择一个新的端点，供敌人前往。

```
// 1
void ChooseNewEndpoint()
{

    // 2
    currentAngle += Random.Range(0, 360);

    // 3
    currentAngle = Mathf.Repeat(currentAngle, 360);

    // 4
    endPosition += Vector3FromAngle(currentAngle);
}
```

下面对上述代码进行详解。

// 1

通过省略访问修饰符使这个方法变为私有的，因为它只需要在 Wander 类中使用。

// 2

选择 0～360 的随机值来表示要前往的新方向。将方向表示为角度，以度为单位。我们将它添加到当前角度。

// 3

方法 Mathf.Repeat(currentAngle, 360)对 currentAngle 的值进行循环，使得它永远不会

小于 0，也永远不会大于 360。我们可以有效地将新角度保持在 0°～360°的范围内，然后用结果替换当前的角度 currentAngle。

```
// 4
```

调用方法，将角度转换为 Vector3 并将结果添加到 endPosition。变量 endPosition 将由 Move()协程使用，我们很快就会看到。

8.2.1　角度变弧度，再变向量

Vector3FromAngle()方法接收角度参数(以°为单位)，转换为弧度，并返回 ChooseNewEndpoint()使用的方向向量 Vector3。

```
Vector3 Vector3FromAngle(float inputAngleDegrees)
{
    // 1
    float inputAngleRadians = inputAngleDegrees * Mathf.Deg2Rad;
    // 2
    return new Vector3(Mathf.Cos(inputAngleRadians),
    Mathf.Sin(inputAngleRadians), 0);
}
```

下面对上述代码进行详解。

```
// 1
```

通过乘以度数到弧度的转换常数，将输入角度从度数转换为弧度。Unity 提供了转换常数，所以我们可以快速地执行转换。

```
// 2
```

使用以弧度表示的输入角度，为敌人方向创建标准化的方向向量。

8.2.2　敌人行走动画

到目前为止，敌人只有一个动画——空闲状态的动画。现在是时候利用我们在第 3 章中创建的敌人行走动画剪辑了。

选择 EnemyObject，然后打开 Animation 窗口，如图 8-3 所示。

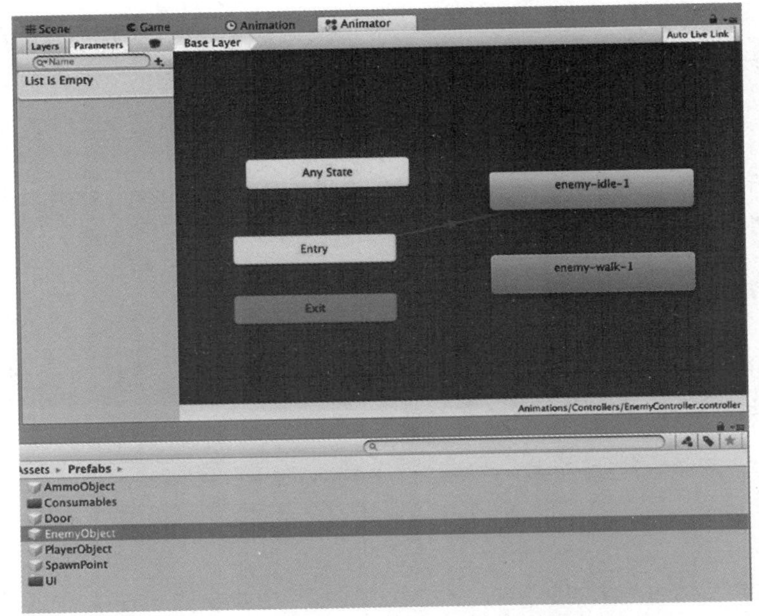

图 8-3　选择了 EnemyObject 的 Animator 窗口

如果空闲状态是默认状态，将显示为橙色。如果空闲状态不是默认状态，请右击 enemy-idle-1 状态，并选择 Set as Layer Default State(设置为图层默认状态)。

如你所见，enemy-walk-1 状态带有一个动画剪辑，但目前尚未使用。我们的计划是创建一个动画参数(Animation Parameter)并使用该参数在空闲和行走状态之间进行切换。

单击 Animator 窗口中的 Parameters 部分的加号下拉按钮，然后从下拉菜单中选择 Bool，如图 8-4 所示。

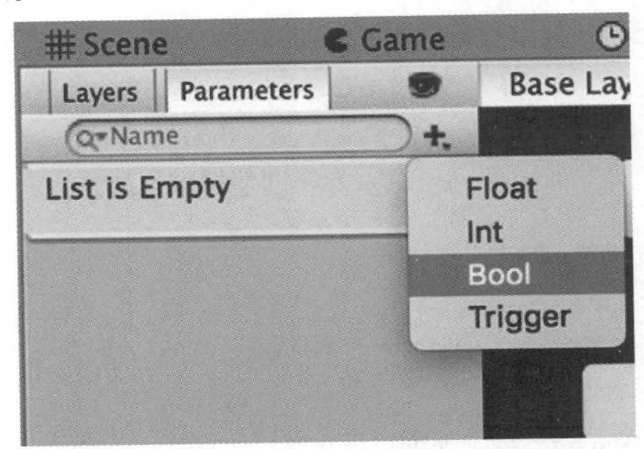

图 8-4　选择 Bool 以创建类型为 Bool 的动画参数

将参数命名为 isWalking，如图 8-5 所示。

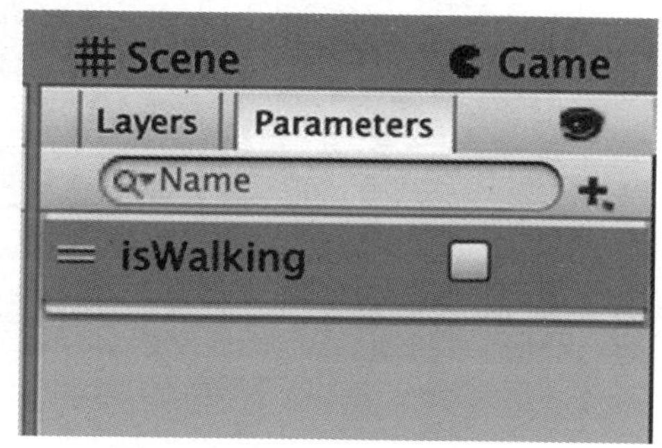

图 8-5　创建 Bool 参数 isWalking

我们的漫游脚本将使用 isWalking 参数在空闲和行走之间切换敌人的动画状态。为了简单起见，行走动画将用于追逐玩家时的跑步以及悠闲散步。

右击 enemy-idle-1 状态并选择 Make Transition。在空闲状态和行走状态之间创建转换。然后在行走状态和空闲状态之间创建另一个转换。完成后，Animator 窗口应如图 8-6 所示。

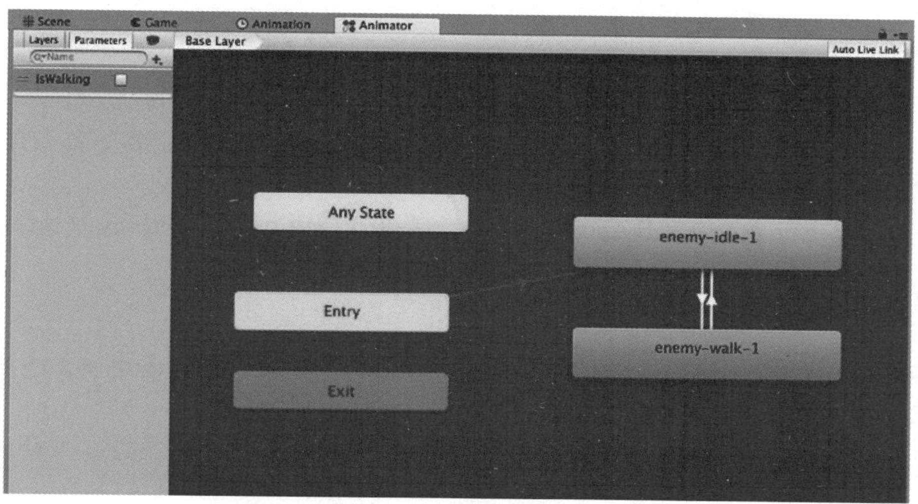

图 8-6　在空闲状态和行走状态之间创建转换

单击从 enemy-idle-1 到 enemy-walk-1 的转换，并进行过渡设置，如图 8-7 所示。

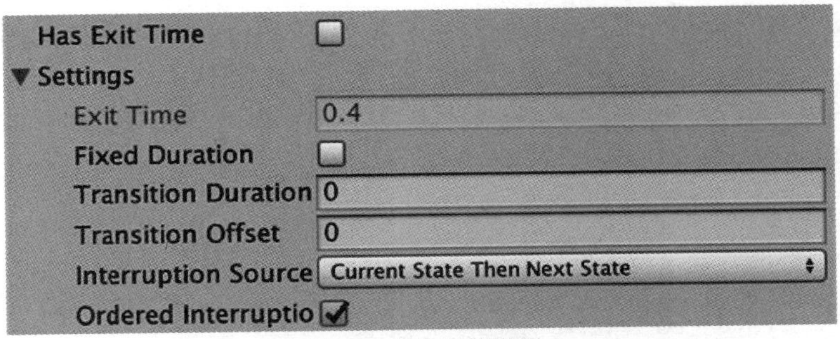

Has Exit Time
Settings
Exit Time
0.4
Fixed Duration
Transition Duration
0
Transition Offset
0
Interruption Source
Current State Then Next State
Ordered Interruptio

图 8-7　进行过渡设置

单击从 enemy-walk-1 到 enemy-idle-1 的转换，并使用图 8-7 所示的设置进行配置。

设置每个转换以使用我们刚刚创建的动画参数 isWalking。对于从 enemy-idle-1 到 enemy-walk-1 的转换，设置如下条件：isWalking 为 true，如图 8-8 所示。

Conditions
isWalking
true

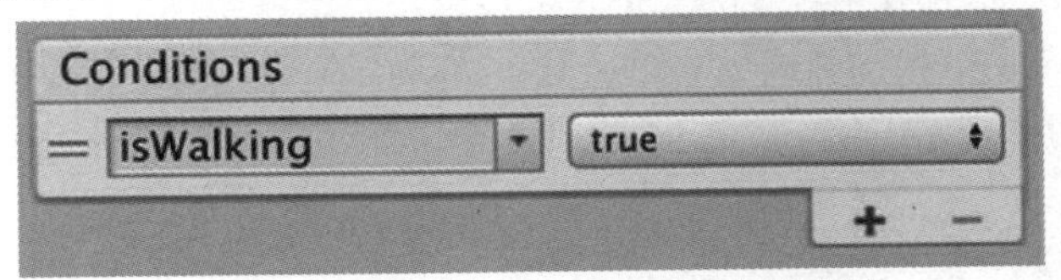

图 8-8　如果 isWalking 为 true，条件满足

对于从 enemy-walk-1 到 enemy-idle-1 的转换，设置 isWalking 为 false。

完成了！敌人行走动画设置好了。要使用新的动画状态，我们只需要在 Move()协程中将 isWalking 更改为 true，你很快就会看到代码。

在 Inspector 面板中单击 Apply 按钮，将这些更改应用于所有的 Enemy 预制件。

8.2.3　Move()协程

Move()协程负责将 Rigidbody2D 以给定的速度从当前位置移动到 endPosition 变量指定的位置。

将以下方法添加到 Wander.cs 脚本中。

```
public IEnumerator Move(Rigidbody2D rigidBodyToMove, float speed)
{
    // 1
    float remainingDistance = (transform.position-
    endPosition).sqrMagnitude;

    // 2
    while (remainingDistance > float.Epsilon)
```

```
    {
        // 3
        if (targetTransform != null)
        {
            endPosition = targetTransform.position;
        }

        // 4
        if (rigidBodyToMove != null)
        {
            // 5
            animator.SetBool("isWalking", true);

            // 6
            Vector3 newPosition = Vector3.
            MoveTowards(rigidBodyToMove.position, endPosition,
            speed * Time.deltaTime);

            // 7
            rb2d.MovePosition(newPosition);

            // 8
            remainingDistance = (transform.position -
            endPosition).sqrMagnitude;
        }

        // 9
        yield return new WaitForFixedUpdate();
    }

    // 10
    animator.SetBool("isWalking", false);
}
```

下面对以上代码进行详解。

```
// 1
```

表达式 transform.position－endPosition 得到的是一个 Vector3 对象。我们使用一个名为 sqrMagnitude 的属性，它可以在 Vector3 类型上使用，以求得敌人当前位置和目的地之间的粗略距离。sqrMagnitude 属性是 Unity 提供的用于快速计算矢量长度(也叫作向量的模)的方法。

```
// 2
```

检查当前位置和 endPosition 之间的剩余距离是否大于 float.Epsilon，float.Epsilon 实际上等于零。

```
// 3
```

当敌人追逐玩家时，targetTransform 的值不再是 null，而是被设置为玩家的变换。然后我们使用 targetTransform 覆盖 endPosition 的原始值。当敌人移动时，将向玩家移动，而不是向原始的 endPosition 移动。因为 targetTransform 实际上是玩家的变换，所以需要不断更新玩家的位置。这允许敌人动态地跟随玩家。

```
// 4
```

Move()方法需要一个 Rigidbody2D，并用它来移动敌人。在我们继续之前，确保我们实际上有一个 Rigidbody2D 可以移动。

```
// 5
```

将 Bool 类型的动画参数 isWalking 设置为 true，这会将启动状态转换到行走状态，从而播放敌人的行走动画。

```
// 6
```

Vector3.MoveTowards()方法用于计算 Rigidbody2D 的移动，但实际上并没有移动 Rigidbody2D。该方法接收三个参数：当前位置、结束位置以及在帧中移动的距离。请记住，变量 speed 会发生变化，这取决于敌人是在追逐还是悠闲地在场景中漫游。变量 speed 的值将在追逐代码中更改，但我们尚未编写。

```
// 7
```

使用 MovePosition()将 Rigidbody2D 移动到上一行中计算的 newPosition。

```
// 8
```

使用 sqrMagnitude 属性更新剩余距离。

// 9

让步执行直到下一个固定帧更新。

// 10

敌人已到达 endPosition 并等待选择新方向，因此将动画状态更改为空闲状态。

保存脚本并切换回 Unity 编辑器。

8.2.4　配置漫游脚本

选择 Enemy 预制件并将漫游脚本配置为如图 8-9 所示。将 Pursuit Speed(追逐速度)设置为比 Wander Speed(漫游速度)略快。Direction Change Interval(方向更改间隔)指定漫游算法调用 ChooseNewEndpoint()以选择新漫游方向的频率。

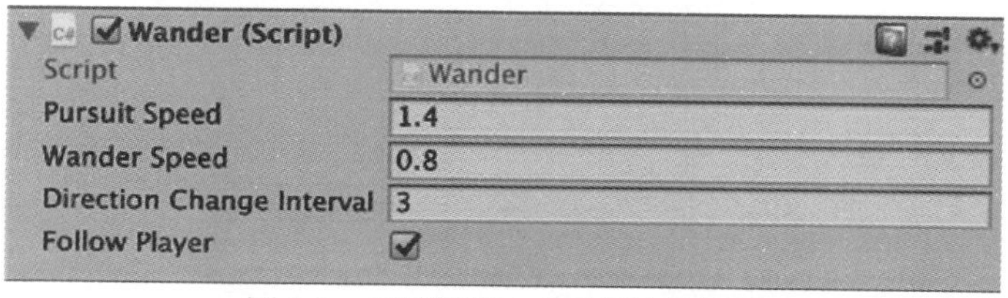

图 8-9　在漫游脚本中使用这些设置

在 Inspector 面板中单击 Apply 按钮，然后从 Hierarchy(层次结构)面板中删除 EnemyObject。

现在单击 Play。注意敌人是如何在场景中漫游的。如果玩家靠近敌人，敌人不会追逐玩家。接下来我们将添加追逐逻辑。

8.2.5　OnTriggerEnter2D()方法

至此，除了追逐逻辑之外，我们已经实现了几乎所有的漫游算法。在本节中，我们将为漫游算法添加一些简单的逻辑，以使敌人能追逐玩家。

追逐逻辑取决于 OnTriggerEnter2D()方法，该方法随每个 MonoBehaviour 提供。正如我们在第 5 章中学到的，Trigger Collider(设置了 Is Trigger 属性的碰撞器)可用于检测另一个 GameObject 是否已进入碰撞器。发生这种情况时，将会在碰撞中涉及的 MonoBehaviour 上调用 OnTriggerEnter2D()方法。

当玩家进入附加于敌人的 CircleCollider2D 时，敌人可以“看到”玩家并且应该追击玩家。

让我们编写追逐逻辑。

```
void OnTriggerEnter2D(Collider2D collision)
{
    // 1
    if (collision.gameObject.CompareTag("Player") && followPlayer)
    {

        // 2
        currentSpeed = pursuitSpeed;

        // 3
        targetTransform = collision.gameObject.transform;

        // 4
        if (moveCoroutine != null)
        {
            StopCoroutine(moveCoroutine);
        }

        // 5
        moveCoroutine = StartCoroutine(Move(rb2d, currentSpeed));
    }
}
```

下面对以上代码进行详解。

// 1

检查碰撞中对象上的标记，看是否是 PlayerObject，还要检查 followPlayer 当前是否为 true。followPlayer 变量可通过 Unity 编辑器进行设置，用于打开和关闭追逐行为。

// 2

此时，我们已经确定与玩家发生了碰撞，因此将 currentSpeed 更改为 pursuitSpeed。

// 3

将 targetTransform 设置为 Player 对象的变换。Move()协程将检查 targetTransform 是否不为 null，然后将其用作 endPosition 的新值。这就是敌人为何能不断追逐游戏，而不是漫游的原因。

```
// 4
```

如果敌人当前正在移动，那么 moveCoroutine 将不会为 null。你需要在重新开始之前停止。

```
// 5
```

因为 endPosition 现在被设置为 PlayerObject 的变换，所以调用 Move()会将敌人移向玩家。

8.2.6 OnTriggerExit2D()方法

如果敌人的追逐速度低于玩家的运动速度，那么玩家可以跑得比任何敌人都快。当玩家逃离敌人时，将退出敌人的 Trigger Collider，导致调用 OnTriggerExit2D()方法。当发生这种情况时，敌人实际上不再看得见玩家，于是恢复漫游。

OnTriggerExit2D()方法与 OnTriggerEnter2D()方法几乎完全相同，只是做了一些调整。

```
void OnTriggerExit2D(Collider2D collision)
{

    // 1
    if (collision.gameObject.CompareTag("Player"))
    {

        // 2
        animator.SetBool("isWalking", false);

        // 3
        currentSpeed = wanderSpeed;

        // 4
        if (moveCoroutine != null)
        {
            StopCoroutine(moveCoroutine);
        }

        // 5
        targetTransform = null;
```

```
    }
}
```

下面对以上代码进行详解。

```
// 1
```

检查标签以查看玩家是否正在离开碰撞器。

```
// 2
```

敌人在看不到玩家后感到困惑，并暂停一会儿，然后设置 isWalking 为 false，这将把动画更改为空闲动画。

```
// 3
```

将 currentSpeed 设置为 wanderSpeed，以便在敌人下次开始移动时使用。

```
// 4
```

因为我们希望敌人停止追逐玩家，所以需要停止 moveCoroutine 协程。

```
// 5
```

敌人不再追逐玩家，因此将 targetTransform 设置为 null。

保存脚本并回到 Unity 编辑器，然后单击 Play。

将玩家移动到敌人的视野中，注意敌人如何追击玩家，直到玩家跑出敌人的视野为止。

8.2.7 Gizmo

Unity 支持创建名为 Gizmo 的可视化调试和设置工具。这些工具是通过一组方法创建的，只出现在 Unity 编辑器中。当游戏编译后，在用户的硬件设备上运行时，这些工具不会出现在游戏中。

我们将创建两个 Gizmo 来帮助你在视觉上调试漫游算法。我们要创建的第一个 Gizmo 将显示 Circle Collider 2D 的线轮廓，用于检测玩家何时在敌人的视线范围内。这个 Gizmo 可以让你更容易看到追击行为何时开始。

将以下变量添加到 Wander 类的顶部，之前我们还定义了其他变量：

```
CircleCollider2D circleCollider;
```

然后将下面一行代码添加到 Start()方法中。这行代码可以放在 Start()方法中的任何位置：

```
circleCollider = GetComponent <CircleCollider2D>();
```

以上代码将获取当前 Enemy 对象的 CircleCollider2D 组件。我们将使用该组件在屏幕上绘制一个圆圈，以直观地表示当前的圆形碰撞器。

要实现 Gizmo，请实现 MonoBehaviour 提供的名为 OnDrawGizmos()的方法：

```
void OnDrawGizmos()
{
    // 1
    if (circleCollider != null)
    {
        // 2
        Gizmos.DrawWireSphere(transform.position,
        circleCollider.radius);
    }
}
```

下面对以上代码进行详解。

```
// 1
```

在我们尝试使用 Circle Collider 对象之前，请确保已经有了一个对它的引用。

```
// 2
```

调用 Gizmos.DrawWireSphere()并提供位置和半径，以绘制球体。

保存脚本并回到 Unity 编辑器。确保按下了 Gizmos 按钮，然后单击 Play 按钮。注意敌人在四处游荡时，Enemy Gizmo 包围着敌人，如图 8-10 所示。这个 Gizmo 的圆周和位置对应于敌人的 CircleCollider2D。

如果没有看到 Circle Gizmo，请确保在 Game 窗口的右上角启用了 Gizmo，如图 8-11 所示。

如果用一条线显示敌人的目的地，那么我们将更容易看到漫游算法如何将敌人移向某个位置。让我们在屏幕上从敌人的当前位置到目的地位置绘制一条直线。

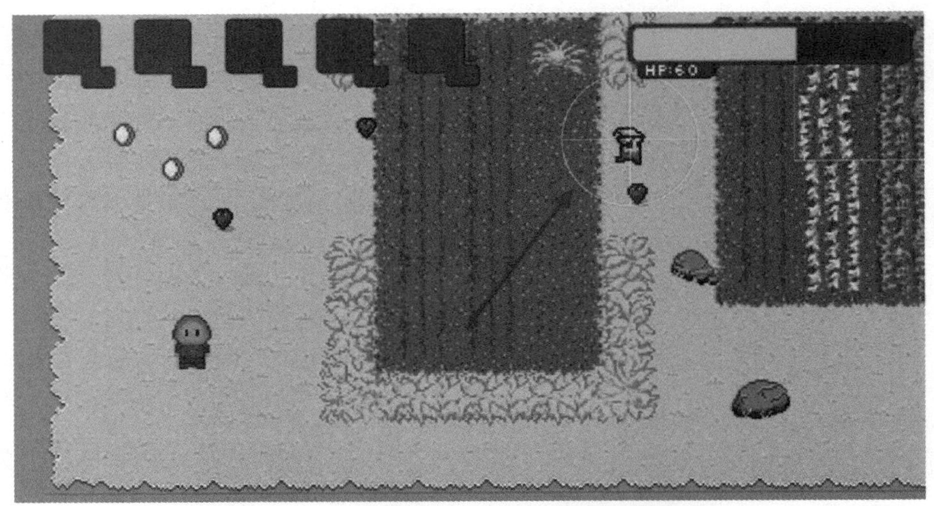

图 8-10　代表围绕敌人的 CircleCollider2D 的 Gizmo

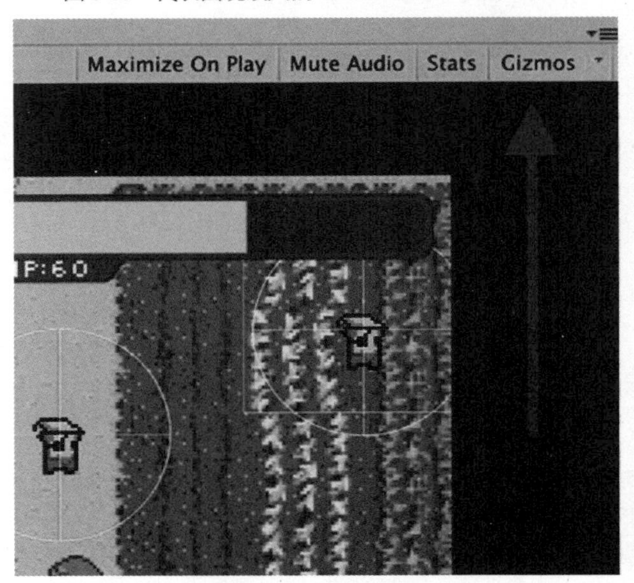

图 8-11　启用 Gizmo

我们将使用 Update()方法，因此每一帧都会绘制一条直线。

```
void Update()
{
    Debug.DrawLine(rb2d.position, endPosition, Color.red);
}
```

启用 Gizmo 时，debug.drawline()方法的结果可见。该方法接收当前位置、结束位置和线条颜色三个参数。

正如在图 8-12 中看到的那样，我们从敌人的中心到目的地(endPosition)绘制了一条红线。

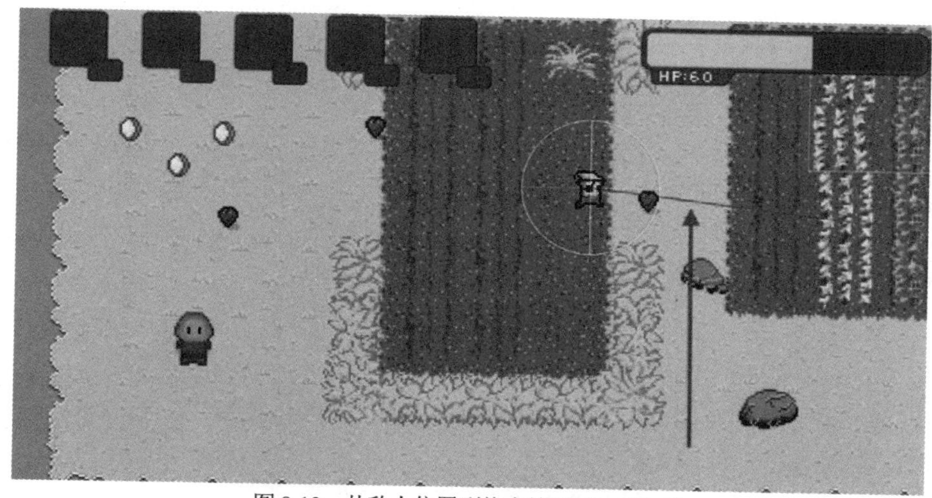

图 8-12　从敌人位置到终点绘制了一条红线

8.3　自我防卫(Self-Defense)

勇敢的玩家往往通过智慧来引导自己，并用弹弓进行防卫。每次单击鼠标时，玩家都会向单击的位置发射一轮弹弓子弹。我们将编写子弹的行为脚本，以便当在空中飞行时，子弹沿着弧线而不是直线向目标移动。

需要的类

我们需要组合三个不同的类才能让玩家有能力进行自我防御。

Weapon 类用于封装弹弓功能。将 Weapon 类附加到 Player 预制件，并负责以下事情：

- 确定何时单击了鼠标并使用单击位置作为目标
- 从当前动画切换到开火动画
- 创建子弹并将其移向目标

我们需要使用 Ammo 类来表示弹弓发射的子弹。Ammo 类将负责：

- 确定附加了 Ammo.cs 脚本的 GameObject 何时与敌人发生碰撞
- 跟踪与敌人发生碰撞时造成的伤害

我们还将构建 Arc 类，Arc 类负责将 Ammo GameObject 以夸张的弧形从起始位置移动到最终位置，否则子弹将沿直线行进。

8.4 Ammo 类

目前，我们希望游戏中的子弹只会伤害敌人，但你可以在将来轻松扩展子弹的功能以破坏其他东西。每个 AmmoObject 都会在 Unity 编辑器中公开一个属性，以描述造成的损坏程度。我们将把 AmmoObject 变成预制件。如果想为玩家提供两种不同类型的子弹，只需要创建另一个子弹预制件，更改上面的精灵以及造成的伤害，这是一项简单的任务。

在项目的层次结构中创建一个新的 GameObject 并重命名为 AmmoObject。我们将创建 AmmoObject，接着配置它、编写脚本，然后转换为预制件。

8.4.1 导入资源

从本书附带的资源中，将名为 Ammo.png 的精灵表拖到 Assets | Sprites | Objects 文件夹中。

选择 Ammo.png 精灵表并在 Inspector 面板中进行如下设置：

Texture Type(纹理类型)：Sprite (2D and UI)

Sprite Mode(精灵模式)：Single

Pixel Per Unit(每单位像素数)：32

Filter Mode(过滤模式)：Point (no filter)

确保在底部选择 Default 按钮，并将 Compression(压缩)设置为 None，单击 Apply 按钮。

Unity 编辑器将自动检测精灵边界，因此无须打开精灵编辑器或切片精灵。

8.4.2 添加组件，设置图层

将 Sprite Renderer 组件添加到 AmmoObject。

在 Sprite Renderer 上，将 Sorting Layer 设置为 Characters，并将 Sprite 属性设置为 Ammo。Ammo 是我们刚刚导入的精灵。

将 CircleCollider2D 添加到 AmmoObject。确保选中 Is Trigger 复选框并将 Radius 设置为 0.2。如果需要调整碰撞器，请单击 Edit Collider 按钮并移动控制柄，直到对碰撞器包围 Ammo 精灵感到满意为止。

创建名为 Ammo 的新图层，并将 AmmoObject 的图层设置为 Ammo，如图 8-13 所示。

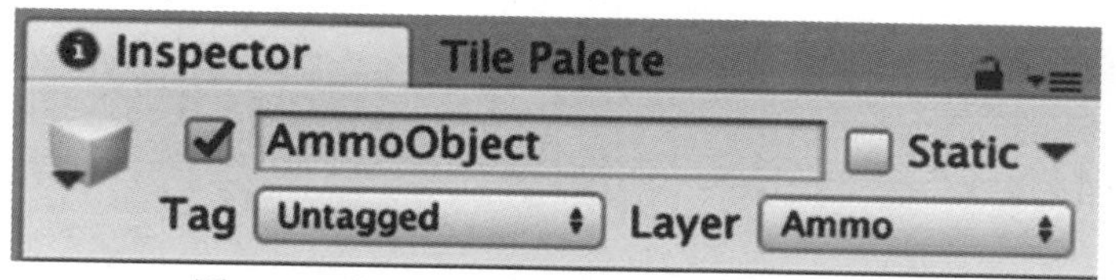

图 8-13　将 AmmoObject 的图层设置为 Ammo

8.4.3　更新图层碰撞矩阵

回顾第 5 章，在那一章我们学习了基于层的碰撞检测。总的来说，只有当 Layer Collision Matrix(图层碰撞矩阵)被配置了，不同的层才会互相感知，不同层中的两个碰撞器才会相互作用。

转到菜单 Edit | Project Settings | Physics 2D，并将 Layer Collision Matrix 配置为如图 8-14 所示。

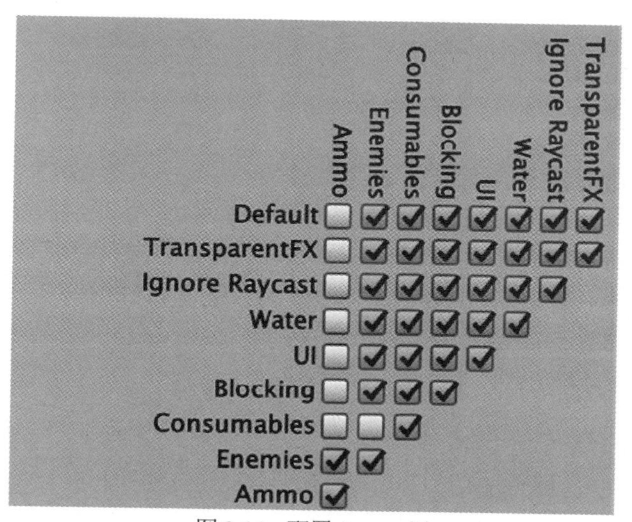

图 8-14　配置 Ammo 层

我们希望允许 Ammo 碰撞器与敌人碰撞器进行交互，但不与任何其他碰撞器进行交互。回顾第 5 章，我们已经将敌人配置为使用 Enemies 层，并且我们也已经将 AmmoObject 配置为使用 Ammo 层。

8.4.4　构建 Ammo.cs 脚本

向 AmmoObject 添加名为 Ammo.cs 的新脚本。在 Visual Studio 中打开 Ammo.cs 脚本。使用以下代码构建 Ammo 类。

```
using UnityEngine;

public class Ammo : MonoBehaviour
{
    // 1
    public int damageInflicted;
    // 2
    void OnTriggerEnter2D(Collider2D collision)
    {
      // 3
      if (collision is BoxCollider2D)
        {
            // 4
            Enemy enemy = collision.gameObject.
            GetComponent<Enemy>();
            // 5
            StartCoroutine(enemy.DamageCharacter
            (damageInflicted, 0.0f));
            // 6
            gameObject.SetActive(false);
        }
    }
}
```

下面对上述代码进行详解。

// 1

设置子弹对敌人造成的伤害程度。

// 2

当另一个对象进入附加到 Ammo GameObject 的 Trigger Collider 时调用。Trigger Collider 只是设置了 Is Trigger 属性的 Collider。在这个示例中，Trigger Collider 是 CircleCollider2D。

// 3

检查我们是否击中敌人内部的 BoxCollider2D 非常重要。请记住，Enemy 对象还有一个 CircleCollider2D，用于在漫游脚本中检测玩家是否在附近。BoxCollider2D 是我们用来检测实际与敌人发生碰撞的物体的碰撞器。

```
// 4
```

从 collision.gameObject 获取 Enemy 脚本组件。

```
// 5
```

启动协程以伤害敌人。回顾第 7 章，DamageCharacter()方法的签名如下：

```
DamageCharacter(int damage, float interval)
```

第一个参数 damage 是对敌人造成的伤害量，第二个参数 interval 是造成伤害之间的等待时间。传递 interval=0 将造成一次性伤害。我们传递变量 damageInflicted 作为第一个参数，该变量是 Ammo 类的实例变量，可通过 Unity 编辑器进行设置。

```
// 6
```

因为子弹击中了敌人，所以将 AmmoObject 的 gameObject 设置为非活动状态。

为什么我们将 gameObject 设置为非活动状态而不是调用 Destroy(gameObject)从而完全销毁 gameObject 呢？

答案是：通过将 AmmoObject 设置为非活动状态，可使用一种称为对象池的技术在游戏中保持良好的性能。

8.4.5　在我们忘记之前制作 AmmoObject 预制件

在我们讲解对象池(Object Pooling)之前，最后一件事情是将 AmmoObject 转换成预制件。按照我们一直使用的从 GameObject 创建预制件的过程：

(1) 将 AmmoObject 从 Hierarchy 面板中拖动到 prefabs 文件夹以创建预制件。

(2) 从 Hierarchy 面板中删除原始的 AmmoObject。

8.5　对象池(Object Pooling)

如果游戏中有大量的对象被实例化，然后在很短的时间内被销毁，你可能会发现游戏有卡顿、帧率降低以及整体性能不佳。这是因为 Unity 中的实例化和对象销毁比简单地激活和停用对象更消耗性能。销毁对象时将调用 Unity 的内部内存清理过程。在短时间内连续重复这个过程，尤其是在移动设备或 Web 等内存受限的环境中，可能会影响性能。当只生成少量物体时，频繁地创建和消耗对象对性能的影响不会表现出来，但如果游戏涉及生成大量敌人或子弹，那么需要考虑采用更优的方法。

为了避免因对象创建和销毁产生的相关性能问题，我们将使用一种称为对象池的优化技术。要使用对象池，请为场景预先实例化对象的多个副本，并将它们设置为非活动状态，然后将它们添加到对象池中。当游戏场景需要对象时，循环访问对象池并返回找到的第一个非活动对象。当场景使用完对象后，将对象置于非活动状态，并将对象还回对象池，以便将来由场景重复使用。

简而言之，对象池可以重用对象，最大限度地减少因运行时内存分配和清理导致的性能下降。对象最初被设置为非活动状态，并且仅在使用时激活。当场景使用完对象后，对象再次被设置为非活动状态，表示可以在需要时重新使用。

通过反复单击鼠标，弹弓武器将快速连续发射多发子弹。这是对象池可以提高运行时性能的教科书式的使用场景。

以下是在 Unity 中使用对象池的三个关键步骤：

(1) 在需要之前提前实例化对象的集合(“池”)并将它们设置为非活动状态。

(2) 当游戏需要对象时，不是实例化新对象，而是从对象池中获取非活动对象并激活。

(3) 完成对象使用后，只需要将对象置于非活动状态，然后将对象还回对象池。

8.6 创建 Weapon 类

我们将在 Weapon 类中创建和存储 Ammo 对象池。如前所述，这个类将包含弹弓功能，并最终控制玩家发射弹弓的动画。

我们将通过创建用于保存 Ammo 的对象池来开始构建基本的弹弓功能。

选择 PlayerObject 预制件并添加一个名为 Weapon.cs 的新脚本。在 Visual Studio 中打开此脚本。使用以下代码开始编写 Weapon 类。

```
// 1
using System.Collections.Generic;
using UnityEngine;

// 2
public class Weapon : MonoBehaviour
{

    // 3
    public GameObject ammoPrefab;

    // 4
```

```
    static List<GameObject> ammoPool;

    // 5
    public int poolSize;

    // 6
    void Awake()
    {

        // 7
        if (ammoPool == null)
        {
            ammoPool = new List<GameObject>();
        }

        // 8
        for (int i = 0; i < poolSize; i++)
        {
            GameObject ammoObject = Instantiate(ammoPrefab);
            ammoObject.SetActive(false);
            ammoPool.Add(ammoObject);
        }
    }
}
```

下面对以上代码进行详解。

// 1

我们需要导入 System.Collections.Generic，以便使用 List 数据结构。类型为 List 的变量将用于表示对象池——预先实例化的对象的集合。

// 2

Weapon 继承自 MonoBehaviour，因此可以附加到 GameObject。

// 3

ammoPrefab 属性将通过 Unity 编辑器进行设置，用于实例化 AmmoObject 的副本。在 Awake()方法中创建副本并添加到对象池中。

```
// 4
```

List 类型的 ammoPool 用于表示对象池。

C#中的 List 是强类型对象的有序集合。因为它们是强类型的，所以必须提前声明 List 将包含哪种类型的对象。尝试插入任何其他类型的对象将导致编译时出错，并且你的游戏将无法运行。声明这里的 List 仅包含 GameObject。

ammoPool 是一个静态变量。回顾第 7 章，静态变量属于类本身，并且内存中只存在一个副本。

```
// 5
```

poolSize 属性允许我们设置要在对象池中预先实例化的对象数量。由于该属性是公共的，因此可以通过 Unity 编辑器进行设置和轻松调整。

```
// 6
```

创建对象池和预初始化 AmmoObject 的代码将包含在 Awake()方法中。Awake()方法在脚本的生命周期中的脚本加载阶段被调用一次。

```
// 7
```

检查 ammoPool 对象池是否已初始化。如果尚未初始化，请新建 List 类型的 ammoPool 来保存 GameObject。

```
// 8
```

使用 poolSize 作为上限创建循环语句。在循环的每次迭代中，实例化 ammoPrefab 的新副本，将其设置为非活动状态，并将其添加到 ammoPool 中。

对象池(ammoPool)已经创建好了，可以在场景中使用了。正如你很快就会看到的，每当玩家使用弹弓发射子弹时，我们将从 ammoPool 中获取不活动的 AmmoObject 并激活。当场景使用完 AmmoObject 后，AmmoObject 将被设置为非活动状态并还回到 ammoPool。

8.6.1 Stubbing-Out 方法

方法存根是尚未开发的代码的替代品。它们还有助于确定特定功能所需的方法。让我们为基本武器功能还欠缺的方法创建存根方法。

将以下代码添加到 Weapon 类。

```
// 1
```

```
void Update()
{
    // 2
    if (Input.GetMouseButtonDown(0))
    {
        // 3
        FireAmmo();
    }
}
// 4
GameObject SpawnAmmo(Vector3 location)
{
   // Blank, for now...
}
// 5
void FireAmmo()
{
   // Blank, for now...
}
// 6
void OnDestroy()
{
    ammoPool = null;
}
```

下面对以上方法进行详解。

// 1

在 Update()方法中，检查每一帧以查看用户是否单击了鼠标以便发射弹弓。

// 2

GetMouseButtonDown()方法是 Input 类的一部分，只接收一个参数。该方法将检查是否单击并释放了鼠标左键。方法参数 0 表示我们对鼠标的第一个按键(左键)感兴趣。如果我们对鼠标的右键感兴趣，可传递值 1。

// 3

因为单击了鼠标左键，所以调用我们即将编写的 FireAmmo()方法。

// 4

SpawnAmmo()方法将负责从对象池中检索和返回 AmmoObject。该方法接收一个参数 location，用于指定检索到的 AmmoObject 要放置的位置。SpawnAmmo()方法会返回一个 GameObject——从 ammoPool 对象池中检索到的激活的 AmmoObject。

// 5

FireAmmo()方法负责将 AmmoObject 从 SpawnAmmo()中的起始生成位置移动到单击鼠标时的结束位置。

// 6

设置 ammoPool = null 以销毁对象池并释放内存。OnDestroy()方法来自 MonoBehaviour，并在附加的 GameObject 被销毁时被调用。

8.6.2 SpawnAmmo()方法

SpawnAmmo()方法将遍历预先实例化的 AmmoObject 的集合或“池”，并找到第一个非活动对象，然后激活 AmmoObject，再设置 transform.position，最后返回 AmmoObject。如果不存在非活动的 AmmoObject，就返回 null。由于子弹池是使用一定数量的 AmmoObjects 初始化的，因此可以同时在屏幕上显示的 AmmoObject 数量有限。可以通过在 Unity 编辑器中更改 poolSize 来调整限制。

提示 找出对象池中预先实例化的对象的理想数量的最佳方法是通过大量玩游戏，然后相应地调整数量。

让我们在 Weapon 类中实现 SpawnAmmo()方法。

```
public GameObject SpawnAmmo(Vector3 location)
  {

    // 1
    foreach (GameObject ammo in ammoPool)
    {

      // 2
      if (ammo.activeSelf == false)
```

```
                {

                    // 3
                    ammo.SetActive(true);

                    // 4
                    ammo.transform.position = location;

                    // 5
                    return ammo;
                }
            }

        // 6
        return null;
    }
```

下面对以上方法进行详解。

// 1

循环遍历预先实例化的对象池。

// 2

检查当前对象是否处于非活动状态。

// 3

我们找到了一个非活动对象，因此将其设置为活动状态。

// 4

将对象的 transform.position 设置为参数 location。当调用 SpawnAmmo()方法时，我们将传递位置，使 AmmoObject 看起来好像是从弹弓射出的。

// 5

返回活动对象。

// 6

如果找不到非活动对象，就说明对象池中的所有对象当前正在使用，因此返回 null。

8.6.3 Arc 类和线性插值

Arc.cs 脚本将负责实际移动 AmmoObject。我们希望子弹以弧形轨迹向目标前进。可创建名为 Arc 的 MonoBehaviour 来实现此功能。因为将 Arc 作为独立的 MonoBehaviour 创建，所以可以将 Arc.cs 脚本附加到其他的 GameObject 上，使它们也能以弧形轨迹移动。

为了简单起见，首先实现 Arc.cs 脚本，从而进行直线移动。在这一切都正确运行之后，我们将进行小的调整，使 Ammo 以漂亮的弧形轨迹移动。

在 Project 视图中选择 AmmoObject 预制件，并添加名为 Arc.cs 的新脚本。在 Visual Studio 中打开 Arc.cs 脚本并编写以下代码：

```
using System.Collections;
using UnityEngine;
// 1
public class Arc : MonoBehaviour
{

    // 2
    public IEnumerator TravelArc(Vector3 destination,
    float duration)
    {

        // 3
        var startPosition = transform.position;

        // 4
        var percentComplete = 0.0f;

        // 5
        while (percentComplete < 1.0f)
        {

            // 6
            percentComplete += Time.deltaTime / duration;

            // 7
            transform.position = Vector3.Lerp(startPosition,
            destination, percentComplete);
```

```
            // 8
            yield return null;
        }

        // 9
        gameObject.SetActive(false);
    }
}
```

下面对以上代码进行详解。

// 1

因为 Arc 是 MonoBehaviour，所以可以将它附加到 GameObject 上。

// 2

TravelArc()是将 gameObject 沿弧形轨迹移动的方法。将 TravelArc()设计为协程是有意义的，因为需要在多个帧中执行它。TravelArc()方法有两个参数：destination 和 duration。destination 是结束位置；duration 是将附加的 gameObject 从起始位置移动到目标位置所需的时间。

// 3

获取当前 gameObject 的 transform.position 并赋值给 startPosition。我们将在位置计算中使用 startPosition。

// 4

percentComplete 用于稍后使用的 Lerp 或线性插值计算。我们稍后就将解释具体用法。

// 5

检查 percentComplete 是否小于 1.0。将 1.0 视为十进制形式的 100%。我们希望循环运行，直到 percentComplete 为 100%。

// 6

我们希望将 AmmoObject 平稳地移向目的地。Ammo 每帧移动的距离取决于我们希望运动持续的时间以及已经过去的时间。

自上一帧经过的时间量除以移动的总持续时间，等于总持续时间的百分比。

再看看这一行代码：

```
percentComplete += Time.deltaTime / duration;
```

Time.deltaTime 是自上一帧绘制以来经过的时间量。这一行中的结果 percentageComplete 是通过将总持续时间的百分比加上已完成的百分比，从而得到目前为止已完成的持续时间的总百分比。

我们将在下一行中使用这个总的完成百分比平滑地移动 AmmoObject。

```
// 7
```

为了获得 AmmoObject 在两点之间以恒定速度平滑移动的效果，我们在游戏编程中使用了一种流行的技术，称为线性插值。线性插值需要起始位置、结束位置和百分比。当使用线性插值来确定每帧的移动距离时，线性插值方法 Lerp()的百分比参数是已完成持续时间的百分比(percentComplete)。

在 Lerp()方法中使用持续时间百分比 percentComplete 意味着无论我们在哪里发射 AmmoObject，都需要相同的时间才能到达目的地。对于现实世界的模拟来说，这显然是不真实的；但对于视频游戏，我们可以暂不实行现实世界的规则。

Lerp()方法将根据这个百分比返回起始位置和结束位置之间的点。我们将结果赋值给 AmmoObject 的 transform.position。

```
// 8
```

暂停执行协程，直到下一帧。

```
// 9
```

如果已经沿弧形轨迹到达目标位置，则取消附加的 gameObject 的激活状态。

别忘了保存这个脚本！

8.6.4 屏幕点和世界点

在编写下一个方法之前，我们应该先讨论屏幕点和世界点。

屏幕空间是屏幕上实际可见的空间，以像素进行定义。例如，我们当前的屏幕空间为 1280 像素×720 像素，这表示水平方向为 1280 像素，垂直方向为 720 像素。

世界空间是实际的游戏世界，在大小方面没有限制，在理论上是无限的，并以世界单位进行定义。在第 4 章中设置 PPU 时，我们配置摄像机以将世界单位映射到屏幕单位。

当在游戏周围移动物体时，因为它们可以在任何地方移动，而不仅限于在屏幕上移动，所以我们将它们在世界空间中移动。Unity 提供了一些简便的方法来从屏幕空间转换为世界空间。

8.6.5 FireAmmo()方法

我们已经构建了 Arc 组件来移动 AmmoObject，切换回 Weapon 类，使用下面的代码实现 FireAmmo()方法。

首先，在 poolSize 变量之后将下面的变量添加到 Weapon 类的顶部。该变量将用于设置弹弓发射的子弹的速度：

```
public float weaponVelocity;
```

然后使用以下代码实现 FireAmmo()方法：

```
void FireAmmo()
    {

        // 1
        Vector3 mousePosition = Camera.main.
        ScreenToWorldPoint(Input.mousePosition);

        // 2
        GameObject ammo = SpawnAmmo(transform.position);

        // 3
        if (ammo != null)
    {

        // 4
        Arc arcScript = ammo.GetComponent<Arc>();

        // 5
        float travelDuration = 1.0f / weaponVelocity;

        // 6
        StartCoroutine(arcScript.TravelArc(mousePosition,
        travelDuration));
    }
}
```

下面对以上代码进行详解。

```
// 1
```

因为鼠标使用的是屏幕空间，所以将鼠标位置从屏幕空间转换为世界空间。

```
// 2
```

通过 SpawnAmmo()方法从 Ammo 对象池中获取激活的 AmmoObject。将当前武器的 transform.position 作为获取到的 AmmoObject 的起始位置。

```
// 3
```

检查以确保 SpawnAmmo()方法返回一个 AmmoObject。请记住，如果所有预先实例化的对象都在使用，则 SpawnAmmo()方法可能会返回 null。

```
// 4
```

获取对 AmmoObject 中 Arc 组件的引用，并保存到变量 arcScript 中。

```
// 5
```

值 weaponVelocity 将在 Unity 编辑器中设置。将 weaponVelocity 除 1.0 后得到的小数用作 AmmoObject 的移动持续时间。例如 1.0 / 2.0 = 0.5，因此 Ammo 需要 0.5 秒的时间才能飞过屏幕到达目的地。

当目的地离得更远时，这可以加快子弹的速度。想象如下场景：玩家正在向近距离的物体射击。如果我们不保证移动时间总是 0.5 秒(不管飞行距离远近)，很有可能子弹会从弹弓向敌人发射得太快，以至于根本看不到(如果子弹的速度固定，那么近距离子弹的飞行时间会很短，以至于观察不到子弹被射出)。如果我们制作的是第一人称射击游戏，那可能没问题。但是在角色扮演游戏中，我们希望在任何时候都能看到从弹弓射出的子弹。这样看起来会更“有趣”。

```
// 6
```

调用之前在 arcScript 上编写的 TravelArc()方法，回忆一下方法的签名：TravelArc(Vector3 destination, float duration)。对于 destination 参数，传递单击鼠标的位置。对于 duration 参数，传递我们在上一行中计算的 travelDuration：

```
float travelDuration = 1.0f / weaponVelocity;
```

回忆一下 TravelArc()方法中的 duration 参数，它用于确定 AmmoObject 从起始位置飞行到目的地所需的时间。我们将在下一步配置 Weapon.cs 脚本时设置 weaponVelocity 的值。

8.6.7　配置 Weapon.cs 脚本

游戏差不多快完成了！在玩家使用弹弓之前，还要补充一些东西。保存 Weapon.cs 脚本，切换到 Unity 编辑器，然后选择 PlayerObject。因为已经将 Weapon.cs 脚本添加到 PlayerObject 上了，所以将 AmmoObject 预制件拖到 Weapon.cs 脚本的 Ammo Prefab 属性中。将 Pool Size 设置为 7，将 Weapon Velocity 设置为 2，如图 8-15 所示。

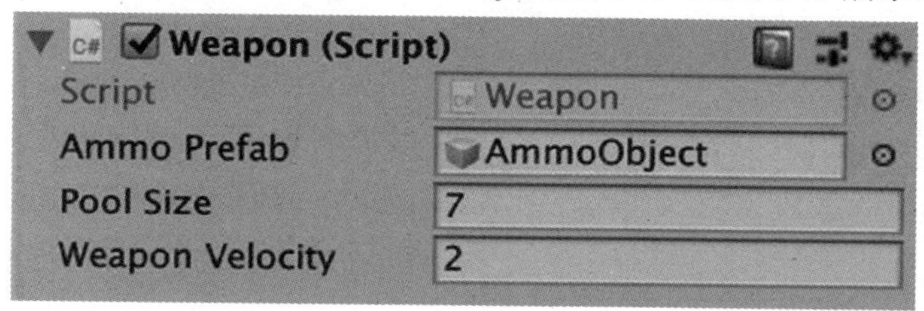

图 8-15　配置 Weapon.cs 脚本

我们使用 0.5 作为子弹的运动持续时间，因为感觉这是弹弓子弹运动比较自然的时间。可以随意调整这个值，使之显得自然而有趣。

我们准备好了。单击 Play 按钮，单击一个敌人并射击，你会射出枪林弹雨并杀死敌人。

太棒了！弹弓发射了子弹，但子弹不会以弧形轨迹运动。下一步我们来解决这个问题。

8.6.8　沿弧线运动

在 Visual Studio 中切换回 Arc.cs 脚本。我们将对 Arc.cs 脚本进行一些调整，使子弹真正以弧形轨迹运动。

修改 Arc.cs 脚本中的 while()循环，如下所示：

```
while (percentComplete < 1.0f)
{
        // 只保留现有的一行
        percentComplete += Time.deltaTime / duration;
        // 1
        var currentHeight = Mathf.Sin(Mathf.PI * percentComplete);
        // 2
```

```
        transform.position = Vector3.Lerp(startPosition,
        destination, percentComplete) + Vector3.up * currentHeight;
        // 保留下面的现有行
        percentComplete += Time.deltaTime / duration;
        yield return null;
    }
```

下面对以上代码进行详解。

// 1

想要理解这里发生的事情，我们需要一点高中知识。波的“周期”是完成一个完整波形所需的时间。正弦波的周期为 2 * π，正弦波周期的一半是 π，如图 8-16 所示。

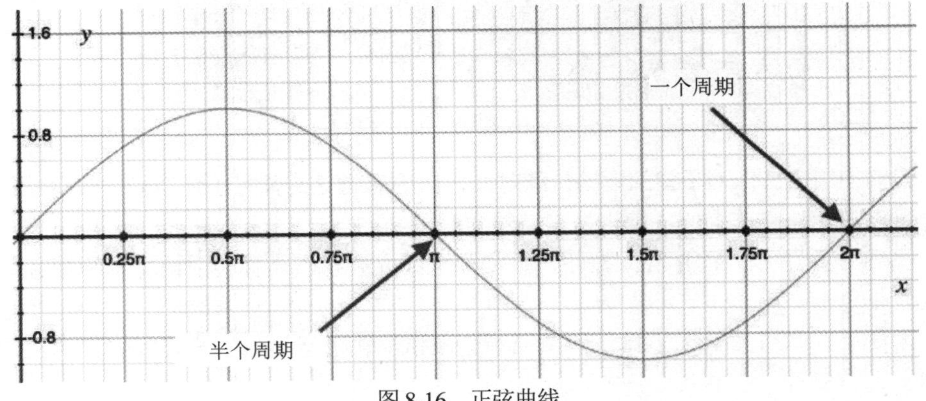

图 8-16　正弦曲线

通过传递 percentComplete*Mathf.PI 的结果作为正弦函数的参数，在每颗子弹的运动时间内，这个表达式将从 0 变化为 PI，得到的结果是子弹沿正弦曲线轨迹运动半个周期。将结果赋值给变量 currentHeight。

// 2

Vector3.up 是 Unity 提供的变量，表示 Vector3(0,1,0)。将 Vector3.up * currentHeight 与 Vector3.Lerp()函数调用的结果相加，以调整子弹的 *y* 轴位置，使 AmmoObject 不是沿直线运动，而是在向 endPosition 运动的过程中先沿 *y* 轴先朝上再朝下运动。

保存脚本，返回 Unity 编辑器，然后单击 Play 按钮，发射子弹并注意子弹是如何以弧形运动的。

你会注意到，当玩家射击时，实际上并没有播放任何类型的射击动画。我们将在 8.7 节中解决这个问题。

8.7　添加弹弓动画

我们创建了武器并编写了射击代码，但玩家看起来有点奇怪，因为当子弹神秘出现并飞向目标时，玩家只是呆呆地站在那里。在本节中，我们将构建一些功能来播放玩家射击的动画，你还将学习一种简化动画状态管理的新方法。

为了简单起见，我们首先将这种新的状态管理方法应用于行走动画，因为我们已经熟悉了状态机的工作原理以及动画的视觉表现。一旦我们对新方法感到满意，就会将之用于射击。

动画和混合树(Blend Tree)

回忆一下第 3 章，我们为玩家设置了动画状态机，它由包含动画剪辑的动画状态组成。这些动画状态通过转换进行连接，我们可通过在 Animator 组件上设置动画参数来控制转换。

玩家的动画状态机目前类似于图 8-17。

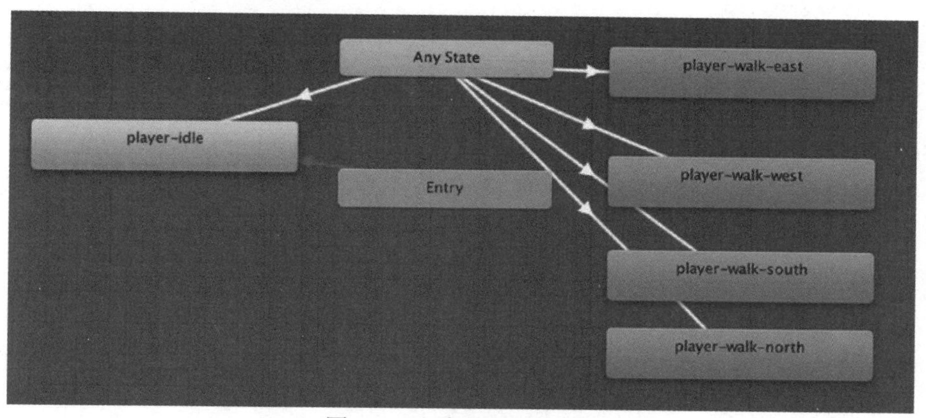

图 8-17　玩家的动画状态机

因为玩家可以向四个不同的方向行走，所以玩家也可以朝四个不同的方向射击。如果我们为四个射击方向添加另外四个动画状态，这个动画状态机将开始显得相当拥挤。如果最终想要向动画状态机添加更多状态，那么事情将很快变得难以管理、视觉混淆，并且会降低整体开发速度。

幸运的是，Unity 为我们提供了一种解决方案——混合树(Blend Tree)。

8.8 混合树

游戏编程经常需要在两个动画之间进行混合，例如当角色行走时，然后逐渐开始跑动。混合树可用于将多个动画平滑地混合成一个动画。虽然我们不会在本书的游戏中混合多个动画，但混合树还有第二种用途。

当混合树用作动画状态机的一部分时，可用来从一个动画状态平滑过渡到另一个动画状态。混合树可以将各种动画捆绑到节点中，使游戏架构更清晰、更易于管理。混合树由在 Unity 编辑器中配置并在代码中设置的变量控制。

我们将创建两个混合树。由于已经熟悉了行走动画状态机，我们要创建的第一个混合树将用于重新创建行走状态。我们还将更新玩家的 MovementController 代码以使用混合树。重新创建一些熟悉的东西将是熟悉混合树的好方法。

一旦行走混合树可以正常工作，我们就会创建射击混合树，并将四个射击状态添加到射击混合树，然后更新 Weapon 类以使用射击混合树。

8.8.1 清理动画器

现在是时候对管理动画状态的旧方法说再见了。选择 PlayerObject 后，打开 Animator 窗口。从动画状态机中删除原来的四个玩家行走状态。删除与 Any State 和 Idle State 之间的所有转换，因为我们不再需要它们。

完成后，Animator 窗口应如图 8-18 所示。

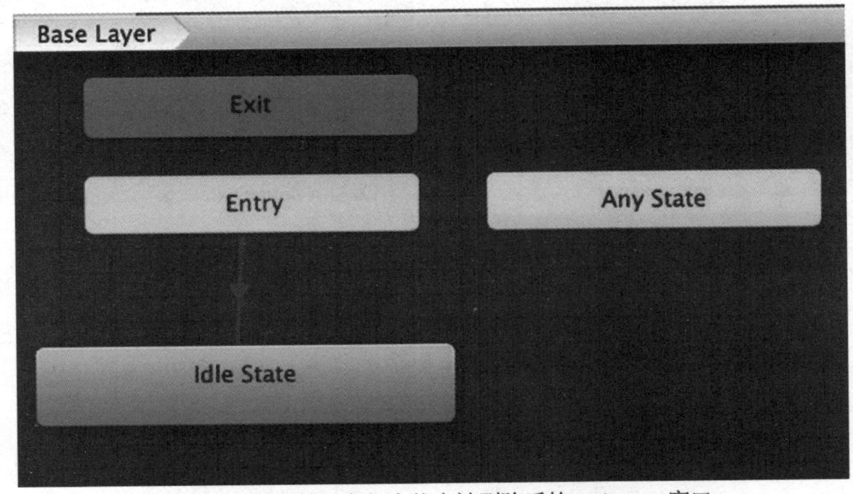

图 8-18　原来的玩家行走状态被删除后的 Animator 窗口

我们将创建一个混合树节点，该节点将充当包含各种行走动画状态的一种容器。包含所有四个行走动画的混合树节点将在 Animator 视图中显示为单个节点。正如你所想象的那样，这种方法使开发人员在状态数量增长时更容易观察和管理这些状态。

8.8.2　构建行走混合树

步骤如下：

(1) 在 Animator 窗口中单击鼠标右键，然后选择 Create State | from New Blend Tree。

(2) 选择创建好的混合树节点，并在 Inspector 面板中将名称更改为 Walk Tree。

(3) 双击 Walk Tree 节点以查看 Blend Tree Graph(混合树图)。

Blend Tree Graph 如图 8-19 所示。

图 8-19　空的 Blend Tree Graph

(4) 选择混合树节点，然后在 Inspector 面板中将 Blend Type 更改为 2D Simple Directional。等配置完混合树之后，我们将详细介绍混合类型。

(5) 选择混合树节点，右击，然后选择 Add Motion(添加动作)。Motion 包含对动画剪辑的引用和相应的输入参数。当使用混合树进行转换时，输入参数用于确定应该播放什么动作。

(6) 在 Inspector 面板中，单击刚才添加的 Motion 旁边的点状按钮(见图 8-20)以打开 Select Motion 选择器。

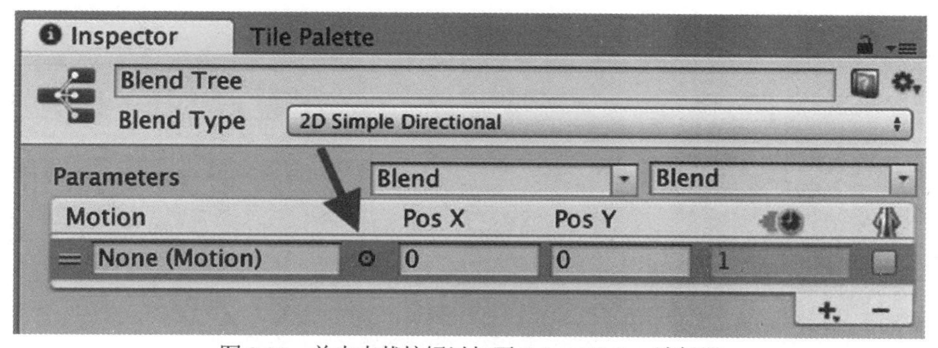

图 8-20　单击点状按钮以打开 Select Motion 选择器

(7) 打开 Select Motion 选择器后，选择 player-walk-east 动画剪辑。Motion 现在应该看起来如图 8-21 所示。

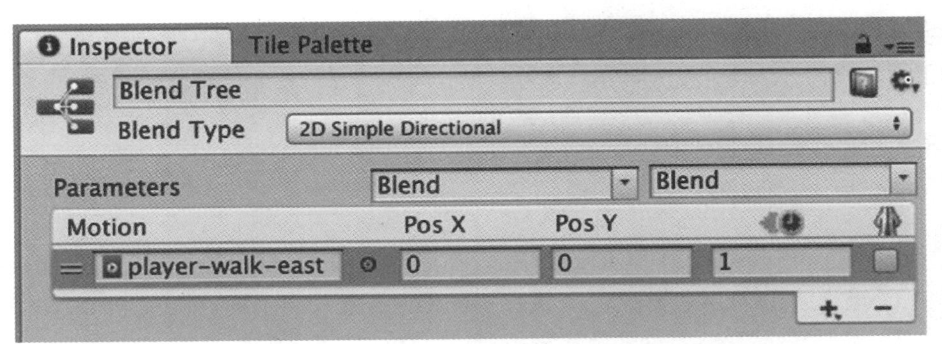

图 8-21　在 Motion 中使用 player-walk-east 动画剪辑

(8) 再添加三个 Motion 并添加动画剪辑 player-walk-south、player-walk-west 和 player-walk-north，如图 8-22 所示。

当添加了所有四个 Motion 后，Animator 窗口应如图 8-23 所示。每个 Motion 都显示为混合树节点的子节点。

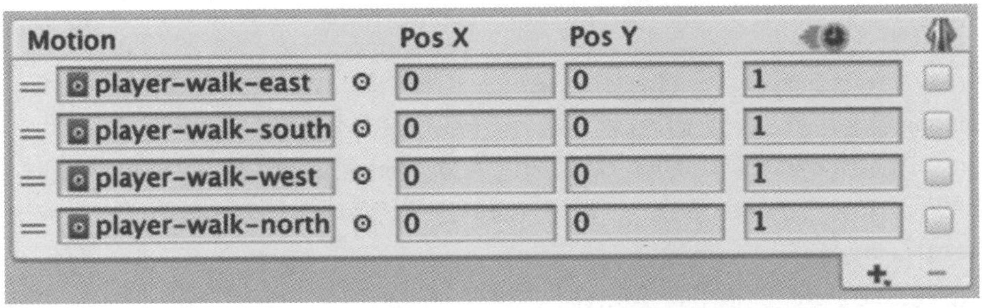

Motion	Pos X	Pos Y	
player-walk-east	0	0	1
player-walk-south	0	0	1
player-walk-west	0	0	1
player-walk-north	0	0	1

图 8-22　混合树中的四个 Motion 以及对应的四个动画剪辑

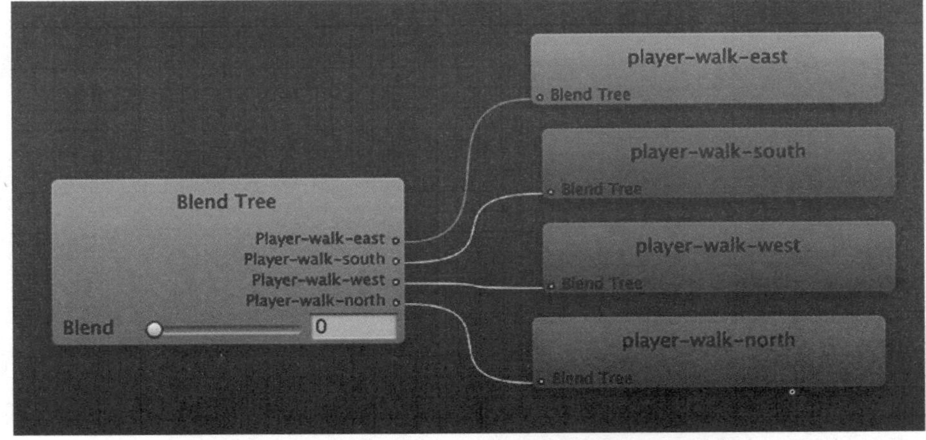

图 8-23　混合树有四个包含了动画剪辑的 Motion 节点

8.8.3　层和多层嵌套

我们在这里所做的是将所有四个动画状态打包到单个容器(混合树节点)中。混合树节点位于 Base Layer 的子层中。如果单击 Animator 窗口左上角的 Base Layer 按钮，如图 8-24 所示，Animator 窗口将返回 Base Layer 并显示单个混合树节点。使用 Animator 窗口时，可以将层嵌套在子层中(假设这符合你的设计要求)。

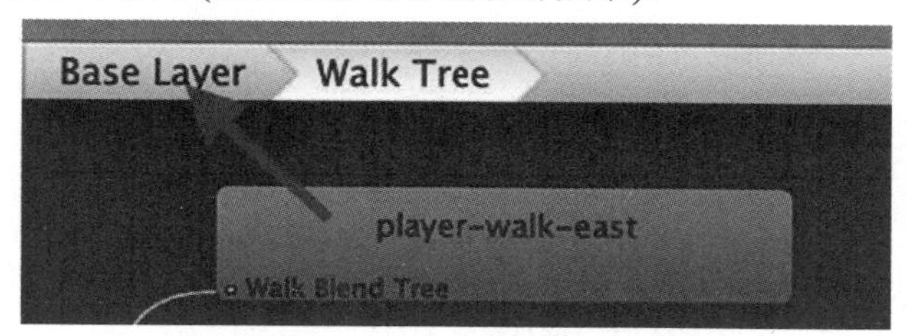

图 8-24　单击 Base Layer 按钮以返回 Animator 窗口

如图 8-25 所示，这种简化的状态管理方法将使你的游戏架构在未来保持整洁且方便管理。Walk Tree 是 Animator 窗口中的单个节点。

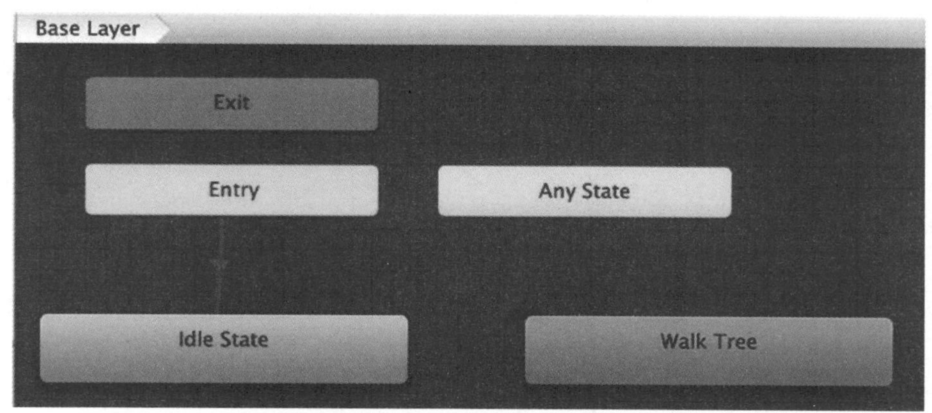

图 8-25　Animator 窗口中的 Base Layer 含有单个混合树(Walk Tree)节点

8.8.4　关于混合类型(Blend Type)

混合类型用于描述混合树应该如何混合动作。如你所知，我们实际上并没有混合动作，因此 Blend Type 这个术语有点误导人。我们只在动作之间进行转换，因此将混合树配置为使用 2D Simple Directional Blend(2D 简单定向混合)。此混合类型接收两个参数，最适合表示不同方向的动画，例如向北行走、向南行走等。因为我们使用混合树在东、西、南、北之间进行转换，所以 2D Simple Directional Blend 非常适合这种情况。

8.8.5 Animation Parameter(动画参数)

我们之前使用过 Animation Parameter，那是我们第一次为玩家配置动画状态机并创建 AnimationState 参数时。

删除 Animator 窗口左侧的 AnimationState 参数，因为我们已经删除了依赖该参数的动画转换。我们将使用混合树及其参数替换这个参数和关联的状态。

创建如下三个动画参数。注意字母大小写，因为我们将在代码中引用这些参数。

isWalking 类型：Bool

xDir 类型：Float

yDir 类型：Float

参数 Blend 是在创建动画时创建的。请随意删除 Blend 参数，因为我们已不再需要。

Animator 窗口的动画参数部分如图 8-26 所示。

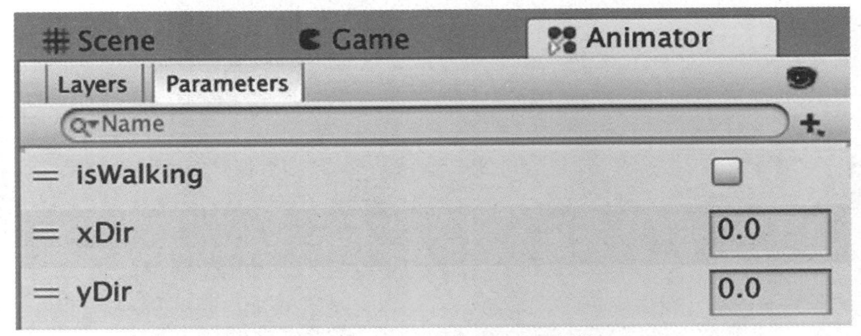

图 8-26　行走混合树的动画参数

提示　创建动画参数时，常犯的错误是使用错误的数据类型创建它们。

8.8.6 使用参数

选择混合树后，从 Inspector 面板的下拉列表中选择 xDir 和 yDir 参数，如图 8-27 所示。我们稍后将使用这两个参数。

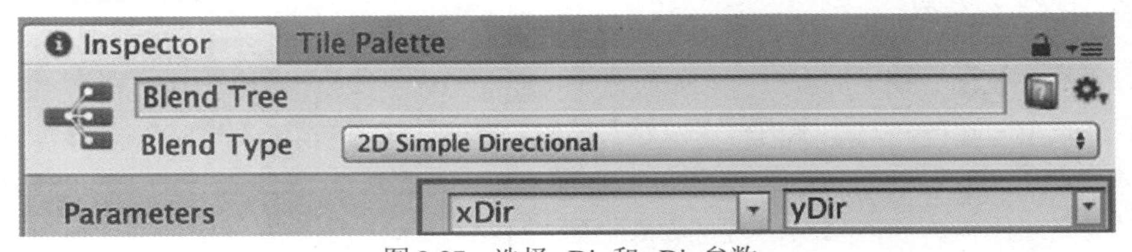

图 8-27　选择 xDir 和 yDir 参数

选择混合树节点后，在 Inspector 面板的 Parameters 部分查看 Visualization Window(可视化窗口)。一旦向混合树添加了多个动作，Visualization Window 将自动出现。

想象有个笛卡尔坐标平面穿过窗口的中心(见图 8-28)。四个坐标(1,0)、(0，−1)、(−1,0)和(0,1)可以相应地映射到下面的虚线的末端。可视化窗口的目的是帮助开发人员进行可视化配置。

在图 8-28 中，有四个蓝点在坐标(0,0)处聚集在一起，你无法看到它们，因为它们被红色中心点覆盖了。这些点中的每一个都代表我们之前添加的四个动作之一。

设置第一个动作的 Pos X 和 Pos Y，使代表 player-walk-east 动作的蓝点位于坐标(1,0)，如图 8-29 所示。

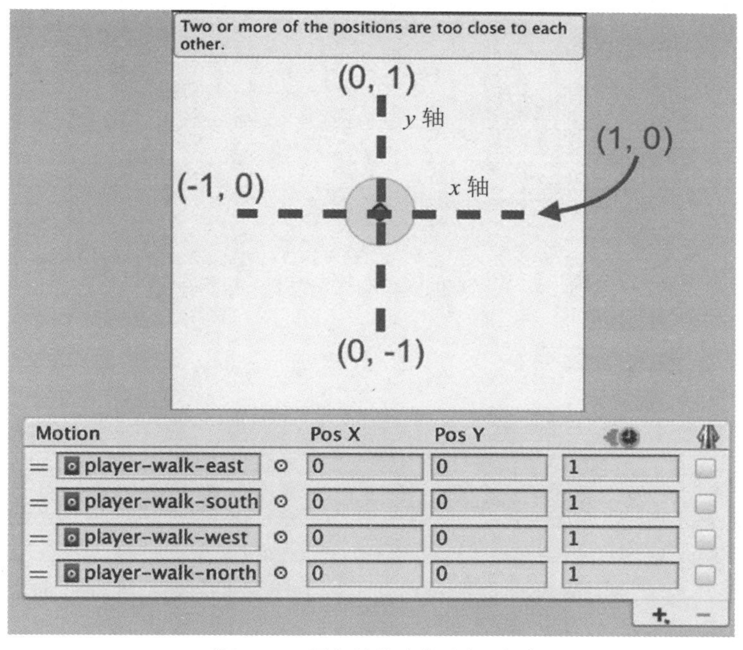

图 8-28　想象的笛卡尔坐标平面

我们还要相应地设置其他三个动作的 Pos X 和 Pos Y。例如，player-walk-south 动作的位置应设置为(0，−1)。设置所有四个动作的位置，如图 8-29 所示。

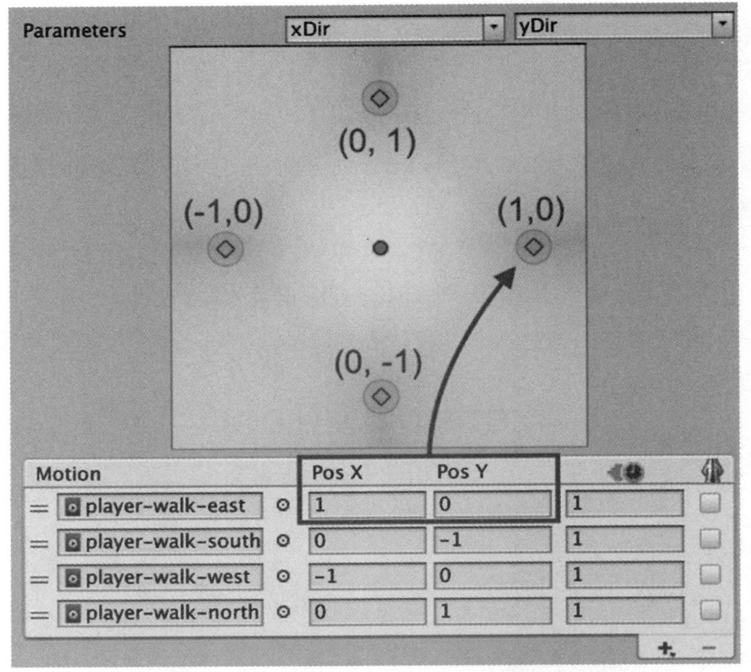

图 8-29　为所有的四个动作设置 Pos X 和 Pos Y

8.8.7　好了，但为什么呢

到此，我们已经设置了混合树来使用动画参数，并为每个动作设置了 Pos X 和 Pos Y。但是，这都是为了什么呢？

正如 8.8 节开头提到的，我们可以通过在 Animator 组件中设置变量来管理混合树中的 2D 状态转换，就像在第 3 章中设置动画状态机上的变量一样。

换句话说，为了使用混合树，我们将编写如下代码。此刻不要在任何类中编写这些代码——这些代码仅做示意之用。

```
// 1
movement.x = Input.GetAxisRaw("Horizontal");
movement.y = Input.GetAxisRaw("Vertical");

// 2
animator.SetBool("isWalking", true);

// 3
animator.SetFloat("xDir", movement.x);
```

```
animator.SetFloat("yDir", movement.y);
```

下面对以上代码进行详解。

```
// 1
```

获取用户的输入值。变量 movement 的类型为 Vector2。

```
// 2
```

设置动画参数isWalking的值为true，这表示玩家正在行走。这将转换到Walking Blend Tree。

```
// 3
```

设置混合树使用的动画参数以转换为特定的动作。它们的类型为 Float，因为 movement Vector2 包含的是 Float 类型。

当用户按下向右的方向键时，输入值将为(0,1)。如果在 Animator 窗口中设置这个值，混合树将会播放 player-walk-right 动画剪辑。

8.8.8　循环时间

依次选择混合树的四个子节点中的每一个，如果 Loop Time 属性默认情况下未勾选，那么请勾选，如图 8-30 所示。Loop Time 属性用于指示 Animator 窗口在此状态下连续循环播放动画剪辑。

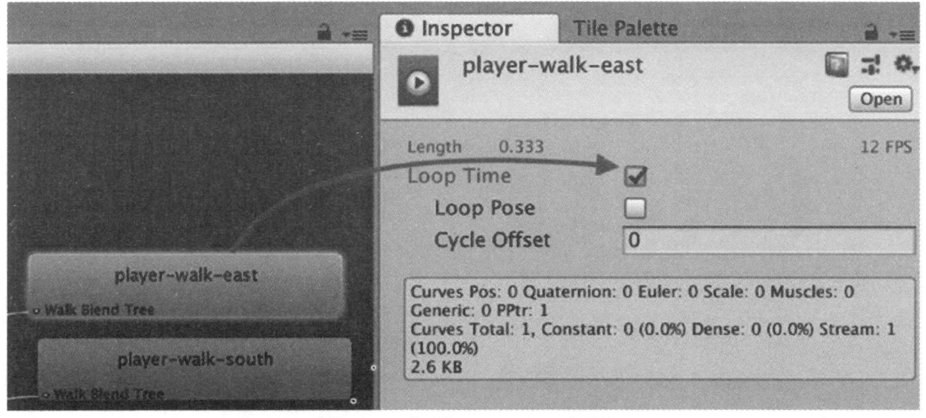

图 8-30　勾选 Loop Time 属性

如果我们没有勾选 Loop Time 属性，动画将只播放一次，然后停止。

8.8.9 创建转换

最后，我们需要在空闲状态和新的行走混合树之间创建转换。

右击 Animator 窗口中的 Idle State 节点，然后选择 Make Transition。将转换连接到 Walking Blend Tree。选中转换并使用以下设置。

Has Exit Time(退出时间)：不勾选

Fixed Duration(固定持续时间)：不勾选

Transition Duration(转换持续时间)：0

Transition Offset(转换偏移)：0

Interruption Source(中断源)：None

使用我们创建的 isWalking 变量创建条件，设置为 true。

在 Walking Blend Tree 和空闲状态之间创建另一个转换。选择该转换并使用与前面相同的设置，除了创建的 isWalking 条件，这次将条件设置为 false。

8.9 更新运动控制器

是时候使用 Walking Blend Tree 了。打开 MovementController 类。

从 MovementController 中删除下面这行代码，因为我们已不再需要：

```
string animationState = "AnimationState";
```

删除整个 CharStates 枚举：

```
enum CharStates
{
    walkEast = 1,
    walkSouth = 2,
    // 等等
}
```

将现有的 UpdateState()方法替换为：

```
void UpdateState()
{

   // 1
   if (Mathf.Approximately(movement.x, 0) && Mathf.
   Approximately(movement.y, 0))
```

```
    {
        // 2
        animator.SetBool("isWalking", false);
    } else {
        // 3
        animator.SetBool("isWalking", true);
}
        // 4
        animator.SetFloat("xDir", movement.x);
        animator.SetFloat("yDir", movement.y);
}
```

下面对以上代码进行详解。

```
// 1
```

检查 movement 向量是否约等于 0，如果等于 0，则表示玩家静止不动。

```
// 2
```

因为玩家站着不动，所以设置 isWalking 为 false。

```
// 3
```

否则，movement.x 或 movement.y 为非零数字，也可能两者都是非零数字，这意味着玩家正在移动。

```
// 4
```

使用新的 movement 值更新动画器。

保存脚本并切换回 Unity 编辑器。单击 Play 按钮，并让玩家在场景中走动。你已经摆脱了旧的动画状态，并使用混合树重建了行走动画。

8.9.1　导入战斗精灵

第一步是导入用于玩家战斗动画的精灵。将名为 PlayerFight32x32.png 的精灵表拖动到 Sprites | Player 文件夹中。

选择 PlayerFight32x32.png 精灵表，并在 Inspector 面板中进行如下导入设置。

Texture Type(纹理类型)：Sprite (2D and UI)

Sprite Mode(精灵模式)：Multiple

Pixel Per Unit(每单位像素数)：32

Filter Mode(过滤模式)：Point (no filter)

确保在底部单击 Default 按钮，并将 Compression(压缩)设置为 None。单击 Apply 按钮，打开 Sprite Editor。

从 Slice 菜单中选择 Grid By Cell Size 并将 Pixel Size 设置为 32。单击 Apply 按钮并关闭 Sprite Editor。

8.9.2 创建动画剪辑

下一步是创建动画剪辑。在前面的章节中，我们通过为动画的每个帧选择精灵来创建动画剪辑，然后将它们拖到 GameObject 上。Unity 会自动创建动画剪辑并添加动画控制器(如果尚未存在的话)。

我们这次将以不同的方式创建一些动画剪辑，因为我们将创建混合树来管理动画。

转到 Sprites | Player 文件夹并展开我们刚刚切片的精灵表。选择前四帧，如图 8-31 所示。这些精灵对应于玩家拉开弹弓并射击。

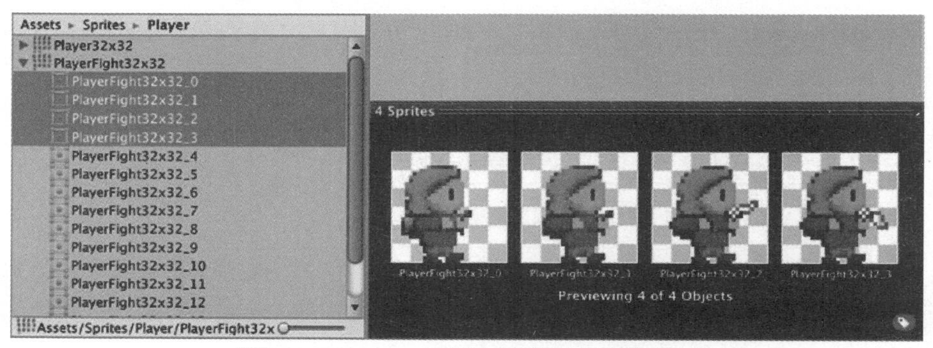

图 8-31　在 Project 视图中选择前四个战斗精灵

右击并选择 Create | Animation，如图 8-32 所示。

重命名创建的动画为 player-fire-east。选择接下来的四个战斗精灵，然后按照相同的步骤进行操作。命名得到的动画为 player-fire-west。

朝北射击的动画只有两帧：PlayerFight32x32_8 和 PlayerFight32x32_9。使用这些帧创建动画 player-fire-north。

朝南射击的动画有三帧：PlayerFight32x32_10、PlayerFight32x32_11 和 PlayerFight32x32_12。使用这些帧创建动画 player-fire-south。

将刚刚创建的所有动画剪辑移动到 Animations | Animations 文件夹。

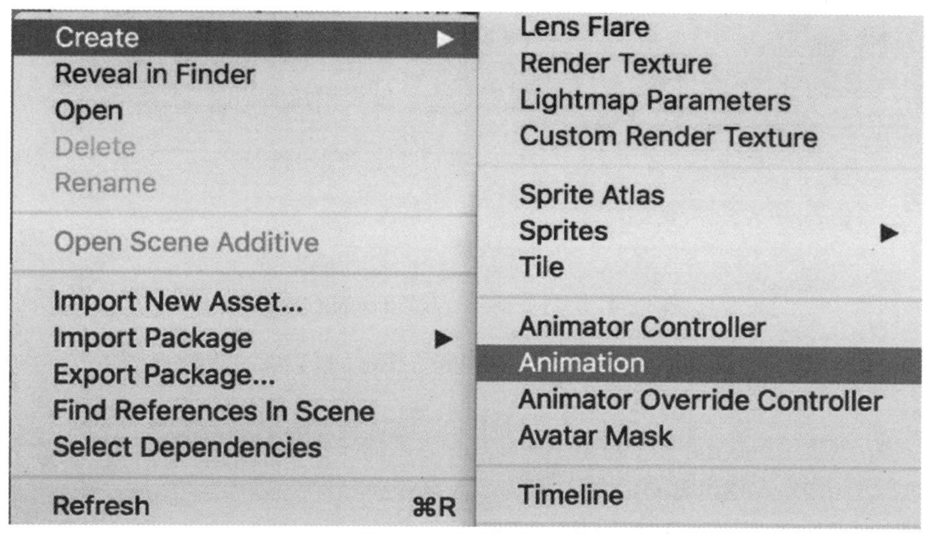

图 8-32　手动创建动画

8.9.3　构建战斗混合树

具体步骤如下：

(1) 在 Animator 窗口中右击，然后选择 Create State | From New Blend Tree。

(2) 选择刚才创建的混合节点，并在 Inspector 面板中将名称更改为 Fire Tree。

(3) 双击 Fire Tree，查看 Blend Tree Graph(混合树图)。

(4) 选择混合树节点，然后将 Inspector 面板中的 Blend Type 更改为 2D Simple Directional。

(5) 选择混合树节点，右击，然后选择 Add Motion。

(6) 在Inspector面板中，单击刚刚添加的Motion旁边的点状图标以打开Select Motion选择器。

(7) 选择 player-fire-east 动画剪辑。

(8) 再添加三个动作(Motion)，并分别添加用于 player-fire-south、player-fire-west 和 player-fire- north 的动画剪辑。

(9) 创建以下动画参数：isFiring(Bool 类型)、fireXDir(Float 类型)、fireYDir(Float 类型)，并删除 Blend 参数。

(10) 配置混合树以使用下拉列表框中的动画参数，如图 8-33 所示。

图 8-33　配置动画参数

(11) 为每个 Motion 设置 Pos X 和 Pos Y，如图 8-34 所示。

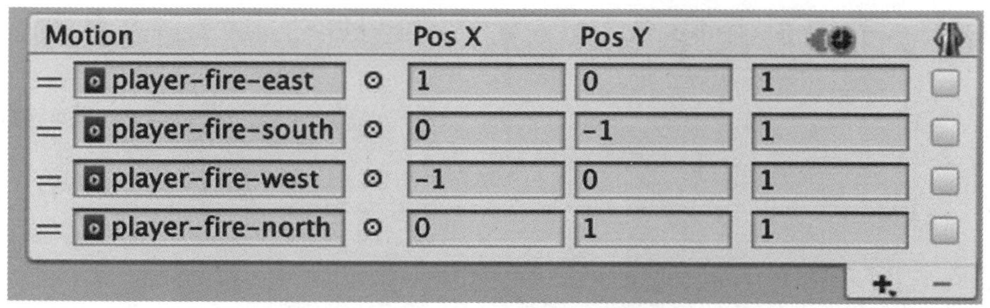

图 8-34　为每个 Motion 设置 Pos X 和 Pos Y

(12) 不要勾选 Blend Tree 子节点中的 Loop Time 复选框。我们只想播放一次射击动画。

(13) 创建空闲状态和新的 Fire Blend Tree 之间的转换。选择该转换并使用以下设置。

Has Exit Time(退出时间)：不勾选

Fixed Duration(固定持续时间)：不勾选

Transition Duration(转换持续时间)：0

Transition Offset(转换偏移)：0

Interruption Source(中断源)：None

使用先前创建的 isFiring 变量在转换中创建条件，设置为 true。

(14) 在 Fire Blend Tree 和空闲状态之间创建另一个转换。选择该转换并使用与之前相同的设置，但有两个不同之处：

- 创建 isFiring 条件时，将条件设置为 false。
- 勾选 Exit Time 属性并将 Exit Time 的值设置为 1。

8.9.4　Exit Time(退出时间)

转换对象的 Exit Time 属性用于告知动画器，当动画播放到设定的百分比之后，转换才应该发生。通过将 Fire Blend Tree | Idle 转换的 Exit Time 属性设置为 1，我们希望在转换之前播放 100%的射击动画(播放完射击动画才转换到空闲状态)。

8.9.5　更新 Weapon 类

下一步是更新 Weapon 类以使用刚刚构建的 Fire Blend Tree。

将 RequireComponent 特性添加到 Weapon 类的顶部：

```
[RequireComponent(typeof(Animator))]
public class Weapon : MonoBehaviour
```

我们即将添加的代码需要一个 Animator 组件，因此请确保始终有一个可用的 Animator 组件。

8.9.6 添加变量

我们需要一些额外的变量来为玩家设置动画。将以下变量添加到 Weapon 类的顶部：

```
// 1
bool isFiring;

// 2
[HideInInspector]
public Animator animator;

// 3
Camera localCamera;

// 4
float positiveSlope;
float negativeSlope;

// 5
enum Quadrant
{
    East,
    South,
    West,
    North
}
```

下面对以上代码进行详解。

```
// 1
```

描述玩家目前是否正在射击的布尔型变量。

```
// 2
```

将[HideInInspector]特性和 public 访问修饰符一起使用，以便可以从 Weapon 类的外部访问动画器，但又不会在 Inspector 面板中显示。没有理由在 Inspector 面板中显示动画器，因为我们计划以编程方式获取对 Animator 组件的引用。

```
// 3
```

使用 localCamera 存储对摄像机的引用，这样我们就不必在每次需要时获取了。

```
// 4
```

存储象限计算中使用的两条直线的斜率，我们将在本章后面进行计算。

```
// 5
```

用于描述玩家射击方向的枚举类型。

8.9.7 Start()方法

添加 Start()方法，我们将用它来初始化和设置整个 Weapon 类中需要的变量。

```
void Start()
{
    // 1
    animator = GetComponent<Animator>();
    // 2
    isFiring = false;
    // 3
    localCamera = Camera.main;
}
```

下面对以上代码进行详解。

```
// 1
```

获取 Animator 组件的引用，用于优化，这样我们就不必在每次需要时都获取了。

```
// 2
```

将 isFiring 变量设置为 false，作为起始状态。

```
// 3
```

获取并保存对本地摄像机的引用，这样我们就不必在每次需要时都获取了。

8.9.8　更新 Update()方法

对 Update()方法进行两处小的修改，如下所示：

```
void Update()
{
    if (Input.GetMouseButtonDown(0))
    {
        // 1
        isFiring = true;
        FireAmmo();
    }
    // 2
    UpdateState();
}
```

下面对以上代码进行详解。

```
// 1
```

单击鼠标后，将 isFiring 变量设置为 true，可在 UpdateState()方法中检查该变量。

```
// 2
```

无论用户是否单击了鼠标，UpdateState()方法都会每帧更新动画状态。我们稍后将编写这个方法。

8.9.9　确定方向

为了确定要播放哪个动画剪辑，我们需要确定用户相对于玩家单击的方向。如果用户单击玩家的西边，却播放向东射击的动画，这看起来就很奇怪了。

为了确定用户单击的方向，我们将屏幕划分为四个象限：东、南、西、北。由于应该将用户的所有单击都视为相对于玩家的操作，因此这四个象限以玩家为中心，如图 8-35 所示。

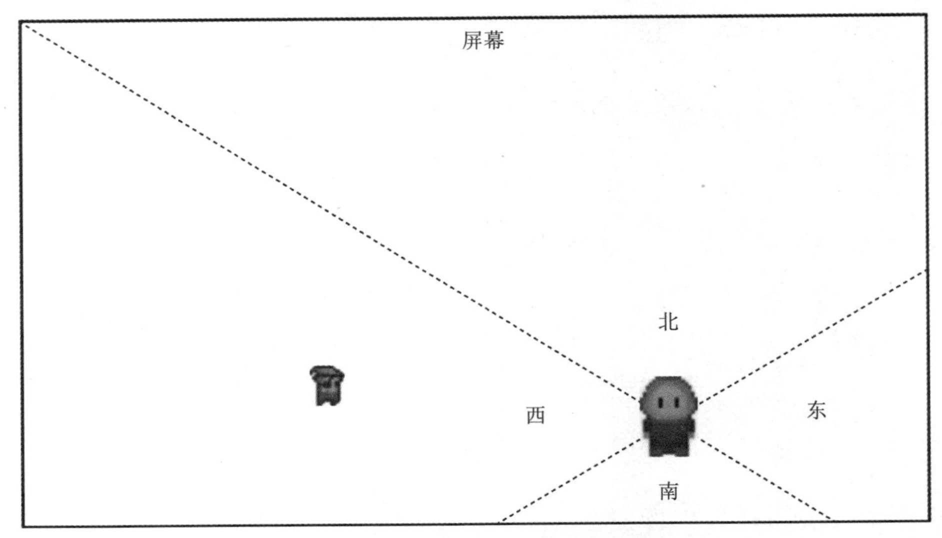

图 8-35　基于玩家当前位置的四个象限

我们可以检查用户单击的象限，以确定玩家发射的方向，以及要播放的正确动画剪辑。

根据玩家位置将屏幕划分为象限是有道理的，但我们如何以编程方式确定用户单击的象限呢？

回想一下高中数学中直线的斜率截距形式：

$$y = mx + b$$

其中：

m 是斜率(可以是正斜率或负斜率)。

x 和 y 是点的坐标。

b 是 y 轴截距，或是直线与 y 轴相交的点。

这种形式允许我们找到直线上的任何一点。如图 8-35 所示，通过创建两条线，将屏幕划分成四个象限。考虑用户在屏幕上的任何一点单击鼠标，我们可以想象出在该点出现的另一组两条直线。

诀窍是：根据单击的正斜率线是否高于或低于玩家的正斜率线，结合单击的负斜率线位于玩家负率斜线的上方或下方，从而确定用户单击的象限。

查看图 8-36，以获得可视化帮助。请记住，向上倾斜的线具有正斜率，向下倾斜的线具有负斜率。

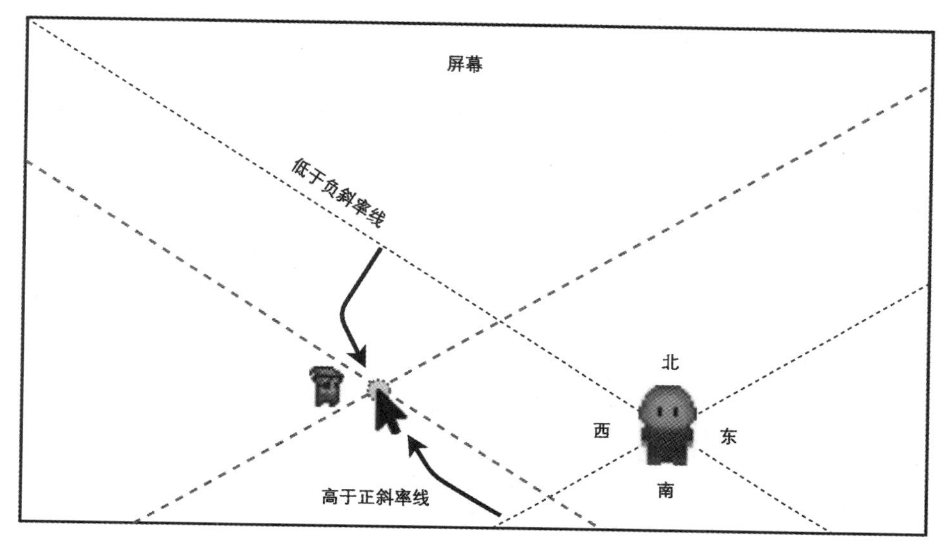

图 8-36　用户单击的象限

具有相等斜率的两条线意味着它们彼此平行。

要检查一条线是否位于斜率相同的另一条线的上方，只需要比较它们的 y 轴截距。如图 8-36 所示。如果用鼠标单击的直线的 y 轴截距低于负玩家线但高于正玩家线的 y 轴截距，则说明用户单击了西象限。

你需要理解和吸收关于这种方法的一些基本事实和规律。如果玩家站在屏幕的正中心，那么每条线都会从屏幕的一个角连接到对角(例如从屏幕左下角到右上角，以及从屏幕左上角到右下角)。当玩家在场景中移动时，直线会随玩家一起移动。象限的可见尺寸虽然会发生改变，但划分屏幕的两条直线的斜率保持不变。每条直线的斜率保持不变，因为屏幕尺寸永远不会改变——只有直线的位置发生了变化。

当我们编写代码时，将重新组织直线的斜率截距表示形式 $y = mx + b$，以便更容易比较 y 轴截距。因为比较的是 y 轴截距，需要求解 b，所以移项后的形式是 $b = y-mx$。

让我们继续编写代码。

8.9.10　斜率方法

给定一条直线中的两个点，用于计算直线的斜率的标准方程是$(y_2-y_1)/(x_2-x_1)= m$，其中 m 为斜率。

文字描述如下：用第二个点的 y 坐标减去第一个点的 y 坐标的结果，除以用第二个点的 x 坐标减去第一个点的 x 坐标的结果。

在 Weapon 类中添加以下方法，以计算直线的斜率：

```
float GetSlope(Vector2 pointOne, Vector2 pointTwo)
{
    return(pointTwo.y-pointOne.y)/(pointTwo.x-pointOne.x);
}
```

8.9.11 计算斜率

让我们使用 GetSlope()方法。将以下代码添加到 Start()方法中：

```
// 1
Vector2 lowerLeft = localCamera.ScreenToWorldPoint(new
Vector2(0, 0));
Vector2 upperRight = localCamera.ScreenToWorldPoint(new
Vector2(Screen.width, Screen.height));
Vector2 upperLeft = localCamera.ScreenToWorldPoint(new
Vector2(0, Screen.height));
Vector2 lowerRight = localCamera.ScreenToWorldPoint(new
Vector2(Screen.width, 0));

// 2
positiveSlope = GetSlope(lowerLeft, upperRight);
negativeSlope = GetSlope(upperLeft, lowerRight);
```

下面对以上代码进行详解。

```
// 1
```

创建四个向量来表示屏幕的四个角。Unity 屏幕坐标(与我们用于创建背包和生命条的 GUI 坐标不同)从左下角的(0,0)开始。

在赋值之前，我们还将每个点从屏幕坐标转换为世界坐标。这样做是因为计算的斜率将用于与玩家相关。而玩家在世界空间中移动，使用的是世界坐标。如本章前面所述，世界空间是实际的游戏世界，并且在大小方面没有限制。

```
// 2
```

使用 GetSlope()方法获取每条直线的斜率。一条直线从屏幕的左下角到右上角，另一条直线从屏幕的左上角到右下角。因为屏幕尺寸将保持不变，所以斜率也是如此。我们计算出斜率并将结果保存到变量中，这样就不必在每次需要时重新计算了。

8.9.12　比较 y 轴截距

HigherThanPositiveSlopeLine()方法负责计算用鼠标单击的点是否高于经过玩家的正斜率线。将以下代码添加到 Weapon 类中：

```
bool HigherThanPositiveSlopeLine(Vector2 inputPosition)
{
    // 1
    Vector2 playerPosition = gameObject.transform.position;

    // 2
    Vector2 mousePosition = localCamera.ScreenToWorldPoint(input
    Position);

    // 3
    float yIntercept = playerPosition.y-(positiveSlope *
    playerPosition.x);

    // 4
    float inputIntercept = mousePosition.y-(positiveSlope *
    mousePosition.x);

    // 5
    return inputIntercept > yIntercept;
}
```

下面对以上代码进行详解。

```
// 1
```

为了清晰起见，保存对当前 transform.position 的引用。由于脚本附加的是 Player 对象，因此这将是玩家的位置。

```
// 2
```

将 inputPosition(鼠标位置)转换为世界坐标并保存引用。

```
// 3
```

移项 $y = mx + ba$ 以求解 b。这样可以轻松比较每条直线的 y 轴截距。直线的形式是：$b = y-mx$。

```
// 4
```

使用移项后的形式 $b=y-mx$，计算使用 inputPosition 创建的正斜率线的 y 轴截距。

```
// 5
```

比较用鼠标单击的 y 轴截距与经过玩家的直线的 y 轴截距，如果用鼠标单击的 y 轴截距更高，则返回 true，否则返回 false。

8.9.13 HigherThanNegativeSlopeLine()方法

HigherThanNegativeSlopeLine()方法与 HigherThanPositiveSlopeLine()方法相同，只是对用鼠标单击的 y 轴截距与经过玩家的负斜率直线进行比较。将以下代码添加到 Weapon 类中：

```
bool HigherThanNegativeSlopeLine(Vector2 inputPosition)
{
    Vector2 playerPosition = gameObject.transform.position;
    Vector2 mousePosition = localCamera.ScreenToWorldPoint(
    inputPosition);
    float yIntercept = playerPosition.y-(negativeSlope *
    playerPosition.x);
    float inputIntercept = mousePosition.y-(negativeSlope *
    mousePosition.x);
    return inputIntercept > yIntercept;
}
```

这里省略了对 HigherThanNegativeSlopeLine()方法的解释，因为该方法与前一个方法几乎完全相同。

8.9.14 GetQuadrant()方法

GetQuadrant()方法负责确定用户单击了四个象限中的哪一个，并返回被单击的象限。GetQuadrant()方法需要使用之前编写的 HigherThanPositiveSlopeLine()和 HigherThanNegativeSlopeLine()方法。

```
// 1
Quadrant GetQuadrant()
{
```

```
    // 2
    Vector2 mousePosition = Input.mousePosition;
    Vector2 playerPosition = transform.position;
    // 3
    bool higherThanPositiveSlopeLine = HigherThanPositiveSlopeLine(
    Input.mousePosition);
    bool higherThanNegativeSlopeLine = HigherThanNegativeSlopeLine(
    Input.mousePosition);
    // 4
    if (!higherThanPositiveSlopeLine && higherThanNegativeSlopeLine)
    {
    // 5
        return Quadrant.East;
    }
    else if (!higherThanPositiveSlopeLine &&
    !higherThanNegativeSlopeLine)
    {
        return Quadrant.South;
    }
    else if (higherThanPositiveSlopeLine &&
    !higherThanNegativeSlopeLine)
    {
        return Quadrant.West;
    }
    else {
        return Quadrant.North;
    }
}
```

下面对以上代码进行详解。

// 1

返回描述了用户单击位置的象限。

// 2

获取对用户单击位置和当前玩家位置的引用。

// 3

检查用户是否单击了正斜率线和负斜率线的上方(即是否高于正斜率线或负斜率线)。

// 4

如果用户的单击位置不高于正斜率线，但高于负斜率线，则说明用户单击了东象限。如果这不容易理解，请参阅图 8-36。

// 5

返回 Quadrant.East 枚举值。
其余的 if 语句检查剩余的三个象限并返回各自的象限值。

8.9.15 UpdateState()方法

UpdateState()方法检查玩家是否正在射击，还检查用户单击的象限并更新 Animator 窗口，以便混合树可以显示正确的动画剪辑。

```
void UpdateState()
{
    // 1
    if (isFiring)
{

        // 2
        Vector2 quadrantVector;

        // 3
        Quadrant quadEnum = GetQuadrant();

        // 4
        switch (quadEnum)
        {

        // 5
        case Quadrant.East:
            quadrantVector = new Vector2(1.0f, 0.0f);
            break;
```

```
        case Quadrant.South:
            quadrantVector = new Vector2(0.0f, -1.0f);
            break;
        case Quadrant.West:
            quadrantVector = new Vector2(-1.0f, 1.0f);
            break;
        case Quadrant.North:
            quadrantVector = new Vector2(0.0f, 1.0f);
            break;
        default:
            quadrantVector = new Vector2(0.0f, 0.0f);
            break;
        }

        // 6
        animator.SetBool("isFiring", true);

        // 7
        animator.SetFloat("fireXDir", quadrantVector.x);
        animator.SetFloat("fireYDir", quadrantVector.y);

        // 8
        isFiring = false;
    }
    else
    {
        // 9
        animator.SetBool("isFiring", false);
    }
}
```

下面对以上方法进行详解。

```
// 1
```

在 Update()方法中，我们检查用户是否单击了鼠标。如果单击了，就将 isFiring 变量设置为 true。

```
// 2
```

创建 Vector2 以保存我们将要传递给混合树的值。

```
// 3
```

调用 GetQuadrant()方法以确定用户单击的象限并将结果赋值给 quadEnum。

```
// 4
```

对象限(quadEnum)使用 switch 语句。

```
// 5
```

如果 quadEnum 是 East，就将值为(1, 0)的 Vector2 类型的对象赋值给 quadrantVector。

```
// 6
```

将动画器中的 isFiring 参数设置为 true，从而它将转换为 Fire Blend Tree。

```
// 7
```

将动画器中的 fireXDir 和 fireYDir 变量设置为用户单击的象限的相应值。这些变量将由 Fire Blend Tree 使用。

```
// 8
```

将 isFiring 设置为 false。动画将在停止前一直播放，因为我们将转换中的 Exit Time 设置成 1 了。

```
// 9
```

如果 isFiring 为 false，就将动画器中的 isFiring 参数设置为 false。

保存 Weapon.cs 脚本并返回到 Unity 编辑器。

单击 Play 按钮并在场景周围的各个位置单击鼠标以发射子弹。注意观察 Player 动画如何显示玩家在特定方向上发射子弹，然后返回到空闲状态。

8.10 受到伤害时闪烁

当角色在视频游戏中受到伤害时，视觉效果有助于表明它们被伤害。为了给游戏添加一些亮点，让我们创建一种效果，让任何角色变成红色并持续十分之一秒的短暂时间，以表明它们受到了伤害。这种闪烁效果将在多帧上发生，因此将其作为协程实现比较恰当。

打开 Character 类并将以下代码添加到代码的底部：

```
public virtual IEnumerator FlickerCharacter()
{
    // 1
    GetComponent<SpriteRenderer>().color = Color.red;
    // 2
    yield return new WaitForSeconds(0.1f);
    // 3
    GetComponent<SpriteRenderer>().color = Color.white;
}
```

下面对以上代码进行详解。

// 1

将 Color.red 赋值给 SpriteRenderer 组件会将精灵着色为红色。

// 2

暂停执行 0.1 秒。

// 3

默认情况下，SpriteRenderer 组件使用白色着色。将 SpriteRenderer 组件更改回默认颜色。

更新 Player 和 Enemy 类

打开 Player 和 Enemy 类并更新每个类中的 DamageCharacter()方法。更新 DamageCharacter()方法时，请务必将 StartCoroutine()调用添加到 while 循环的顶部。

```
public override IEnumerator DamageCharacter(int damage, float interval)
{
    while (true)
    {
        StartCoroutine(FlickerCharacter());
            // 以前的代码
```

在上述代码中，启动 FlickerCharacter()协程，暂时将角色着色为红色。

完成了！单击 Play 按钮，然后向敌人发射子弹。当敌人被击中时，会瞬间闪烁红色。如果敌人追上玩家并伤害了玩家，玩家也会闪烁红色。

8.11 在其他平台上运行游戏

在本节中，我们将学习如何编译游戏以在 Unity 编辑器之外的多个平台上运行。

转到菜单栏中的 File | Build Settings，你应该会看到如图 8-37 所示的窗口。

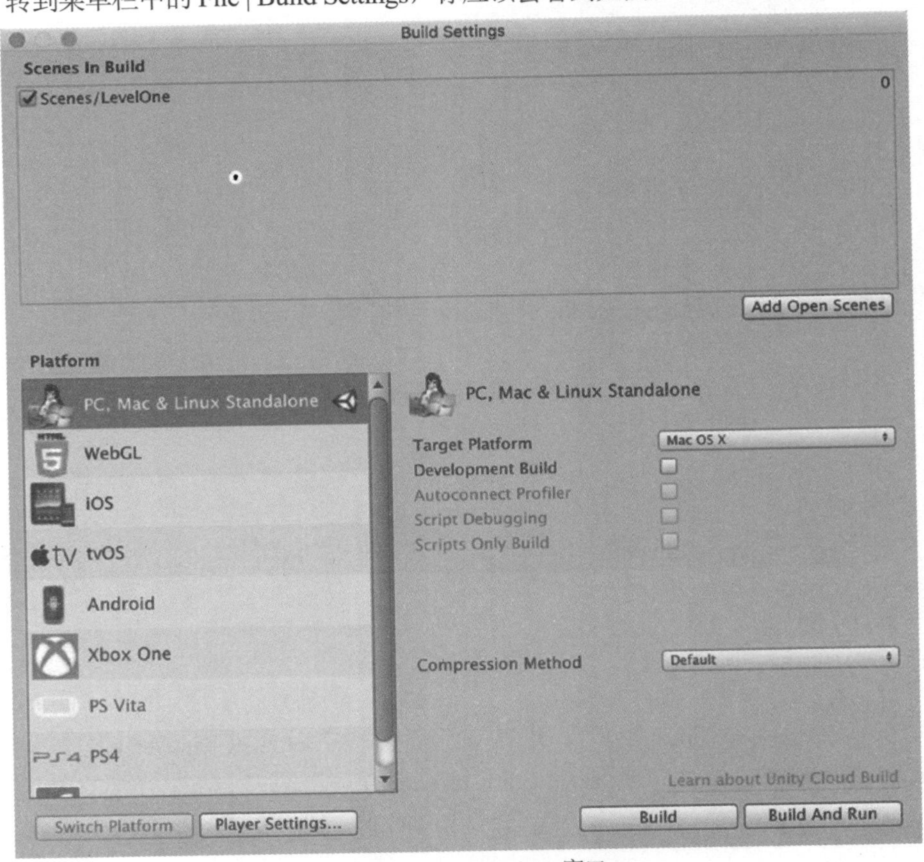

图 8-37 Build Settings 窗口

Build Settings 窗口允许你选择目标平台，调整一些设置，选择要包含在构建中的场景，然后创建构建。如果游戏包含多个场景，请单击 Add Open Scene 按钮以添加它们。

我们将选择 Mac OS X，但如果正在使用 PC，那么应该已经选择了它。

单击 Build 按钮。选择二进制文件的名称和保存位置，然后单击 Save 按钮。Unity 将开始创建构建，并在成功后提示你。

要玩游戏，请转到保存的位置，然后双击图标。当出现如图 8-38 所示的窗口时，请确保为正在使用的计算机选择正确的分辨率。如果使用了错误的分辨率，游戏可能会显得不稳定。

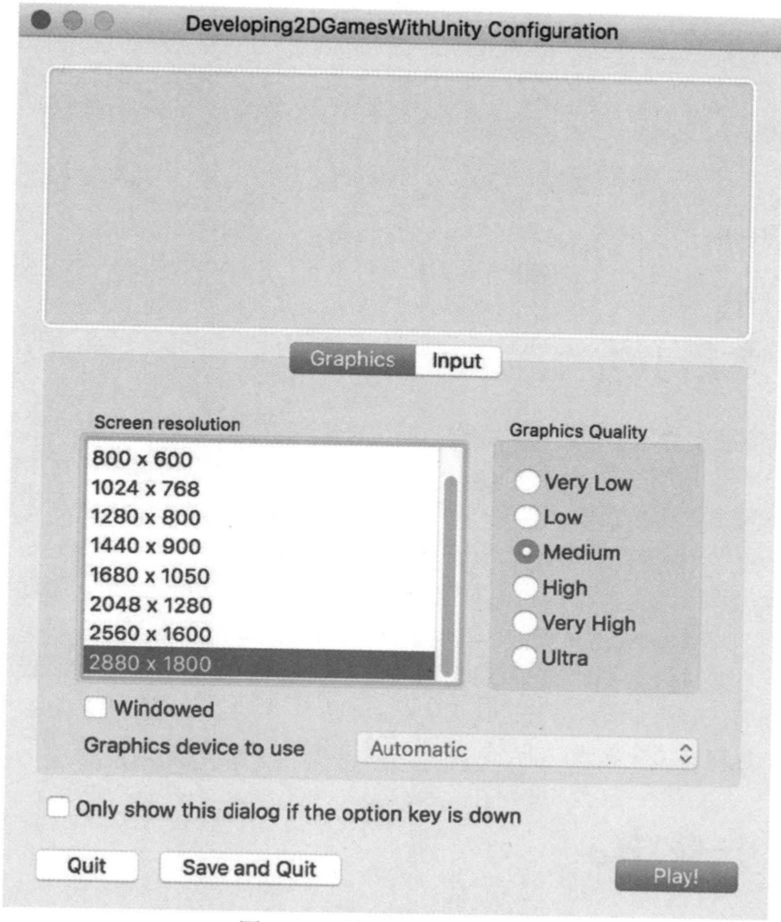

图 8-38　选择计算机的分辨率

在图 8-38 中还允许用户选择图形质量，这对于使用较旧的机器很重要。

单击 Play!按钮，就可以玩游戏了！

8.12　退出游戏

在本节中，我们将学习如何构建允许用户按下 Esc 键即可退出游戏的功能。

当在 Unity 编辑器中玩游戏时，游戏结束功能将不起作用，该功能只适用于在编辑器外运行的情形。

打开 RPGGameManager 类并添加以下代码：

```
void Update()
{
    if (Input.GetKey("escape"))
    {
        Application.Quit();
    }
}
```

Update()方法将在每帧都检查以查看用户是否按下了 Esc 键。如果按下了，则退出游戏。

8.13 本章小结

我们在本章中介绍了很多内容。我们使用协程来构建智能追逐行为，从而为游戏玩家设置第一个真正的挑战。玩家现在会死亡，它们需要能够保护自己，为此我们制造了弹弓，可以向敌人发射子弹。弹弓采用了一种广泛使用的优化技术，称为对象池。我们借助一些三角学知识实现了弧形弹道。我们学习了混合树，以及混合树如何帮助我们更好地组织游戏架构，并简化了动画状态机，以方便我们在未来添加更多的动画。我们还了解到为 PC 或 Mac 构建游戏并在 Unity 之外运行是多么简单。

你可能对如何改变并改进游戏有一些想法。你现在有能力这样做了！试验、拆解东西、修改脚本、阅读文档，并查看他人的代码以从中学习。你所能构建的游戏质量的唯一限制在于你愿意投入多少努力。

8.14 未来方向

你可能想知道下一步该如何提升你的游戏开发知识并构建更好的游戏。一个很好的起点是在游戏开发者社区进行交流与协作。

8.14.1 社区

没有人天生是某方面的专家。成为更好的开发人员的关键是向更有经验的开发人员学习。

Meetup.com 是一个发现游戏开发者每月聚会的好地方。Meetup.com 还列出了官方 Unity 用户组的 Meetups 列表。你所在的城市可能有一个 Unity Meetup 而你却不知道。世界各地都有官方 Unity 用户组。如果你所在的城市没有本地的 Unity Meetup，请考虑组建一个！

Discord 是专为游戏玩家设计的语音和文字聊天应用程序，还是一个与开发人员进行虚拟会面的好地方。在 Discord 社区，你可以回答问题，也可以与社区进行有益的互动。有时，游戏开发者会为他们的游戏创建专用的 Discord 服务器，在那里收集反馈、错误报告并分发早期版本。

任何关于社区的讨论如果不提及 Twitter 的话，那就太不专业了。Twitter 可以帮助你宣传和营销游戏以及与其他 Unity 开发人员建立联系。

Reddit(一个社交新闻站点)为游戏开发者维护两个活跃的子 reddit，分别是/r/unity2d 和/r/gamedev。这两个子 reddit 是发布演示版本、收集反馈，以及与其他热情的游戏开发者进行讨论的好地方。子 reddit/r/gamedev 也有自己的 Discord 服务器。

8.14.2　了解更多信息

Unity 在网站 https://unity3d.com/learn/上提供了大量经常更新的教育内容，内容适合各个层次的开发人员阅读，你一定要看看。

网站 https://80.lv 上有很多游戏开发者感兴趣的主题文章。有些文章是针对 Unity 的，而另一些文章介绍的是更通用的技术。

YouTube 对学习新技术也很有帮助，尽管内容质量可能参差不齐。在 YouTube 上可以轻易找到许多 Unity 会议的资料。

8.14.3　去哪里寻求帮助

每个人在某些时候都可能会遇到问题，不管问题怎样，就是无法解决。为了应对这种情况，有几个重要的资源需要了解一下。

Unity Answers(https://answers.unity.com)是一个有用的资源，它采用问答(Q&A)形式，而不是深入讨论。例如，一个问题的标题可能是“调试移动脚本时碰到问题。”

Unity 论坛(https://forum.unity.com)是 Unity 员工和其他游戏开发人员经常光顾的活动留言板。Unity 论坛旨在围绕主题进行讨论，而不是进行直接的问答互动。你会发现很多有用的诸如“优化这个问题有哪些技术”的互相讨论，人气比 Unity Answers 要活跃得多。

最后但同样重要的是，https://gamedev.stackexchange.com 属于问答网站 Stack Exchange。它虽然不像 Unity 网站那么有人气，但如果遇到问题，绝对值得你花时间去查看。

8.14.4　Game Jams

Game Jams 是用于构建视频游戏的黑客马拉松。通常有时间限制，例如 48 小时，这意味着要向参与者施加压力，让他们只关注游戏中必要的内容以及鼓励创造。Game Jams 需要所有类型的参与者：艺术家、程序员、游戏设计师、声音设计师和作家。有时 Game Jams 会有特定的主题，在开始之前通常会保密。

Game Jams 是一种会见本地(或远程)游戏开发者的绝佳方式，它能扩展你的知识，并带走你(希望能)完成的游戏。Global Game Jam(https://globalgamejam.org)是一年一度的全球性 Game Jams，全世界各地有数百名参与者。Ludum Dare(https://ldjam.com)是每四个月举办一次的周末 Game Jams。如果想要目睹并制作一些精彩的游戏，这两种 Game Jams 都很适合参与。另一个发现在线 Game Jams 的好地方是 itch.io/ jams。

8.14.5 新闻和文章

gamasutra.com 是游戏新闻、工作和行业事件的旗手。另一个优秀网站是 indiegamesplus.com，上面提供新闻、评论和对独立游戏开发者的采访。

8.14.6 游戏和资源

如第 1 章所述，Unity Asset Store 包含数千个免费和付费游戏资源，以及脚本、纹理和着色器。关于 Unity Asset Store，你应该注意的常见问题是：原封不动地使用商店中的资源制作的游戏往往看起来“雷同”。

itch.io 是一个广为人知的社区，用于发布独立游戏和资源。你可以上传自己制作的游戏，免费玩其他独立游戏，或通过购买游戏来支持其他开发者。itch.io 也是为你的游戏购买美术或声音资源的好地方。gamejolt.com 与 itch.io 类似，但前者完全专注于独立游戏，并且没有资源商店。

OpenGameArt.org 上拥有用户发布的大量游戏美术资源，可在各种许可下使用。

8.15 超越

如果阅读完了本书，那么说明你有足够的毅力去阅读一本几百页的编程书。这种坚韧不拔的精神将在游戏编程中为你提供巨大的帮助，因为尽管有大量的示例和书籍教授游戏编程的基础知识，但真正独特且有趣的游戏通常涉及书中没有介绍的元素。制作有趣且好玩的游戏可能非常困难，不过这些少有的创意活动本身就是给你的最好回报。最重要的是要记住，要想在游戏编程方面取得更好的成绩，只有通过不断地制作游戏才能成功！游戏开发就像任何其他学科一样——持续练习，哪天当你回顾时，你会对自己取得的进步大吃一惊。